定期テスト対策 高校入試

改訂版 高校入試

中学数学

が面白いほどわかる本

横関 俊材

• **受験勉強のための参考書です。**

　教科書内容の理解はほぼできている生徒が，**高校入試に向けて受験勉強を始めるための参考書**です。「中学校の定期テストではそこそこ得点できるのに，入試問題はほとんど解けない」という生徒が多くいます。

　数学という教科の特性で，学校で習った内容が入試問題で使えるようになるのには時間がかかるのです。

　その理由は何でしょうか。

　定期テストが学校で学習した単元に限定して出題されるのに対して，高校入試問題は，中学1年生から3年生までに学習した全範囲の中から出題され，「どの知識や考え方を使えば解けるのか」を身につけていないと得点に結びつかないからです。

　本書では，基礎的な内容の説明や計算は思い切って省き，「**今まで学習したことをどこでどのように使えばよいか**」に焦点を絞って解説しています。もし，単元によって基礎の理解があやふやなところがあれば，教科書等である程度基礎を習得した上で取り組んでください。

• 自学自習できるよう，授業の実況中継を盛り込みました。

　私の講師経験を活かし，どう説明すれば理解しやすく，定着しやすいか，そして自分の力で得点力を上げるにはどんな問題演習が必要かを考慮して書きました。

　式や解き方しか書いていない本で勉強するのは，その意味を自分で解釈する力が備わっていないと困難です。その点を解決すべく，**例題解説**は授業で説明する流れを再現した，いわば授業の**実況中継**となっています。「なぜそうなるのか」がわかるように，生徒が疑問に思う点の説明も交えて解説してあります。

　自学自習しやすいことを念頭に置いて解説しましたので，ぜひ，じっくり読んでほしいと思います。そして，そこで**学習した内容の類題を解くことで理解が定着**し，自力で得点できる力を養成していきます。

　生徒諸君が本書にじっくり取り組んでくれれば，入試問題での得点力が飛躍すると確信しています。

よこぜきとしき
横関俊材

改訂版　高校入試　中学数学が面白いほどわかる本

も く じ

第3章　図　　形

第**4**章 データの活用

カバーイラスト：日向あずり
本文イラスト（顔アイコン）：けーしん
本文デザイン：田中真琴（タナカデザイン）
校正：多々良拓也
組版：ニッタプリントサービス

＋ イントロダクション ＋ ：テーマごとの、学習項目が書かれています。
ここを意識して取り組んでみましょう。

中1 中2 中3 ：そのテーマを主に学習する学年がハイライトされています。これを参考に学習計画を立ててください。

確認しよう ：そのテーマにおけるチェックのための基礎問題です。この問題が解けることが前提で本編の解説がされているので、この問題に自信がない場合には、教科書等で基本的な解き方や考え方をふりかえっておいてください。

練習しよう ：基本的な考え方を解説した後、それを使えるようにするための定着問題です。スムーズに使えるまで練習してください。

例題 ：それぞれのテーマにおける典型問題を取り上げて解説しています。決して読み飛ばすことなく、じっくり理解できるまで読み込んでください。

類題 ：例題で理解できた内容を使って、自力で解けるレベルに引き上げるための問題です。したがって、例題の解説を理解しただけで満足せず、類題にも取り組んでください。
なお、類題の解答・解説は巻末に掲載してあります。

数と式

テーマ ① 分配・過不足・集金に関する文章題

中1　中2　中3

■■ イントロダクション ■■

◆ 未知数を文字でおく ⇒ 何を x とおくか
◆ 等しい関係を式にする ⇒ 条件より，2つの等しい数量をみつけよう
◆ 問題の答えにする ⇒ 問われているものを答える

例題 1

　　1000円を兄と弟で分けるのに，兄が弟の2倍より200円少なくなるようにしたい。兄と弟はそれぞれいくら受け取ればよいか。〈分配する問題〉

　兄と弟のどちらを x とおけばよいでしょうか。

　「兄が弟の2倍より…」という文から，弟の受け取る金額を x とおけば，兄の金額は，x を使って表せますね。弟の受け取る金額を x 円とおきます。

　兄は，$2x-200$（円）受け取り，2人の合計金額が1000円なので，

$$x+(2x-200)=1000$$

兄　　　　　弟
$(2x-200)$　　x
└── 計1000円 ──┘

　これを解くと，$x=400$ となり，兄の受け取った金額は600円です。

❷ **兄が600円，弟が400円受け取る**

　　兄をx，弟をyとしてもできますか？

　はい。そのようにすると，$\begin{cases} x+y=1000 \\ x=2y-200 \end{cases}$ という連立方程式になります。

それでも，もちろんよいですよ。解いてみてください。

類題 1

　　姉は妹の2倍のおはじきを持っていた。姉が妹に10個あげたら，姉のおはじきが妹のおはじきより4個多くなった。はじめに，姉，妹が持っていたおはじきの個数を，それぞれ求めよ。

類題 2

　　1個200円のケーキと1個130円のシュークリームを合わせて14個買ったところ，代金の合計が2380円になった。買ったケーキとシュークリームの個数をそれぞれ求めよ。　　　　　　　　　　（富山県・改）

例題 2

みかんを子どもに分けるのに，1人に5個ずつ分けると13個余り，一人に7個ずつ分けると5個不足する。子どもの人数とみかんの個数をそれぞれ求めよ。　　　　　　　　　　　〈過不足の問題〉

みかんの個数と子どもの人数がわかっていませんね。どちらを x とおいた方が，式が立てやすいでしょうか。

どちらを x とおいてもできますが，**数が少ないほうを x とおくと楽です。** この問題の場合，みかんの個数と子どもの人数では，どちらが数が少ないですか？　そう，子どもの人数ですね。それを x 人としてみましょう。

そして，みかんの個数を，x を用いて表していくわけです。

子どもの人数を x 人とする。

みかんの個数は，「1人に5個ずつ分けると13個余る」ことより，$5x+13$（個）と表せますね。

そして，「1人に7個ずつ分けると5個不足する」ことより，$7x-5$（個）とも表せます。

その個数が等しいことから，

$$5x+13=7x-5$$

これを解くと，$x=9$

子どもの人数が9人だから，みかんの個数は，$5x+13$ か $7x-5$ のどちらかに $x=9$ を代入して求めます。

みかんの個数は，$5×9+13=58$（個）と求まります。

（答）　**子どもの人数9人，みかんの個数58個**

数が少ないほうを**x**にして，もう一方を2通りに表すんですね。

例題 3

1年生全員が長いすにすわるのに，長いす1脚に4人ずつすわると15人がすわれない。1脚に6人ずつすわると，9人分の席が余った。生徒の人数と長いすの数をそれぞれ求めよ。

「長いす」って何だか，イメージつきますか？　移動できるベンチみたい

なもので，1脚あたりの，すわる定員は決まっていません。

さて，生徒の人数と長いすの数では，どちらが数が少ないでしょうか？　もちろん長いすですね。

そこで，長いすの数をx脚とします。

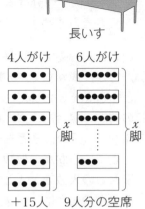

長いす

生徒の人数を2通りに表してみましょう。
まず，「4人がけだと15人がすわれない」ので，生徒は$4x+15$（人）と表せますね。
また，「6人がけだと9人分の空席」なので，生徒は$6x-9$（人）とも表せます。

その人数が等しいことから，

$$4x+15=6x-9 \quad となります。$$

解いてみてください。

> $x=12$となりました。これは長いすの数ですね。

その通りです。

生徒の人数は，$4x+15$に$x=12$を代入して，63（人）と求まります。

㊪　生徒63人，長いす12脚

類題 3

何人かの子どもにお菓子をくばるのに，1人に3個ずつくばると8個余り，1人に5個ずつくばると4個不足する。子どもの人数とお菓子の数をそれぞれ求めよ。

類題 4

ある団体が長いすにすわるのに，長いす1脚に6人ずつすわると13人がすわれない。1脚に8人ずつすわると7人分の席が余った。団体の人数と長いすの数をそれぞれ求めよ。

例題 4

生徒が長いすにすわるのに，長いす1脚に4人ずつすわると25人がすわれなかった。そこで，1脚に6人ずつすわると長いすが5脚あまり，最後の1脚には3人しかすわらなかった。生徒の人数を求めよ。

長いすの数を x 脚とします。生徒は，「4人がけだと25人がすわれない」ので，$4x+25$（人）と表せます。

　あとの条件を式にするのが難しそうですね。

　右の図をよく見てください。

6人がびっしりすわっている長いすは$x-6$（脚） となります。そこには$6(x-6)$人がすわっています。

　よって，生徒の人数は，$6(x-6)+3$（人）です。

$$4x+25=6(x-6)+3$$

これを解いて，$x=29$（脚）

生徒の人数は，$4×29+25=141$（人）　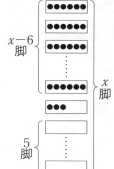

第1章 数と式
第2章 関数
第3章 図形
第4章 データの活用

例題 **5**

> 　クラス会のために集金をするのに，1人300円ずつ集めると1200円余り，1人250円ずつ集めると600円不足する。このとき，クラスの人数とクラス会の費用を求めよ。　〈集金の問題〉

　クラスの人数を x 人とします。**クラス会の費用を2通りに表します。**

　クラス会の費用は，「1人300円ずつ集めると1200円余る」から，$300x-1200$（円）と表せます。また，「1人250円ずつ集めると600円不足する」から，$250x+600$（円）とも表せます。

　よって，$300x-1200=250x+600$

> 余るのに-1200円，不足するのに$+600$円ですか？

　そうなんです。右の図を見てください。
必要な費用は，$300x$円より1200円少なく，$250x$円より，600円多いわけです。
集金の問題は，過不足の問題とは＋，－が逆になるんですね。$x=36$と求まります。

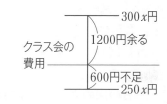

答 **クラスの人数36人，クラス会の費用9600円**

類題 **5**

> 　あるクラスで花束を買うのに，1人60円ずつ集めると100円余り，1人50円ずつ集めると250円不足する。花束の値段を求めよ。

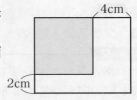

② 図形に関する文章題

:: イントロダクション ::

◆ 未知数を文字でおく ➡ どの長さを x とおくと式が立てやすいか

◆ おく文字は1つ ➡ x だけを用いて式を立てる

◆ 解を吟味する ➡ 答えとしてふさわしいものを選ぶ

例題 1

　正方形ABCDがある。辺ABを3cm，辺ADを2cm長くして長方形をつくったところ，長方形の周の長さが30cmになった。もとの正方形の1辺の長さを求めよ。　　　　　　　　　　　〈変形する問題〉

　図で考えてみましょう。

右の図のような長方形ができますね。

これを長方形EFGHとします。

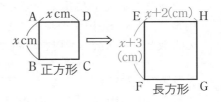

　正方形の1辺を x cmとする。

長方形の辺EFは $x+3$ (cm)，

辺EHは $x+2$ (cm)です。

　周の長さは，どうやって式にできますか？

> 　周の長さは，縦と横の長さの和の2倍になると思います。

　そのとおりです。縦と横をたすだけでは周ではありませんね。

　すると，$2\{(x+3)+(x+2)\}=30$

という方程式ができます。整理すると，$2(2x+5)=30$

　これを解いて，$x=5$　　**答　5cm**

　もう1題やってみましょう。

例題 2

　右の図のように，正方形の縦の長さを2cm長くし，横の長さを4cm長くして長方形をつくった。できた長方形の面積は，もとの正方形の面積の2倍よりも8cm²大きくなった。

　もとの正方形の1辺の長さを求めよ。

もとの正方形の1辺を x cmとする。

できる長方形の縦の長さは，$x+2$（cm），横の長さは，$x+4$（cm）なので，その面積は $(x+2)(x+4)$ cm² となりますね。

一方，もとの正方形の面積は x^2 cm² なので，問題文にしたがって式を立てると，

$(x+2)(x+4)=2x^2+8$ となります。

これは2次方程式です。解いてみてください。

$x=0，6$ となりました。

はい，正解です。

ところが，x は正方形の1辺の長さなので，正の数ですね。

つまり，$x>0$ より，$x=6$

このように，出た解のうち，文章題の答えとしてふさわしいものを選ばなければなりません。このことを，解の吟味（ぎんみ）といいます。

😊 **6cm**

> （解の吟味）
> 求められた解のうち，文章題の答えとしてふさわしいものを選ぶ

類題 1

右の図のように，縦の長さが7cm，横の長さが1cmの長方形がある。縦と横の長さをそれぞれのばして，周の長さが38cmの長方形をつくる。縦の長さを x cmだけのばしたとき，（ア）～（ウ）の各問に答えよ。

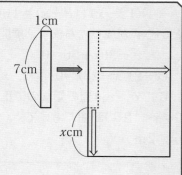

（ア） 縦の長さを3cmだけのばしたとき，のばしてできる長方形の横の長さを求めよ。

（イ） 縦の長さを x cmだけのばしたとき，のばしてできる長方形の横の長さを x を用いて表せ。

（ウ） のばしてできる長方形の面積が60cm²になるのは，縦の長さを何cmのばしたときか，求めよ。

（佐賀県）

縦が12m，横が18mの長方形の土地がある。この土地に，右の図のように，縦と横に同じ幅の道をつくり，残りを花だんにしたい。花だんの面積を160m²にするとき，道の幅は何mにしたらよいか。

〈道をつくる問題〉

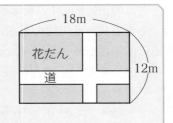

道の幅を x mとする。

この問題の解きにくいところは，道によって花だんが分かれていることです。

このままの状態で式を立てることもできますが，ややこしいですね。

そこで，ちょっと工夫してみましょう。

右の図のように，道を土地の端に移動させても，道の面積や花だん全体の面積は変わりません。

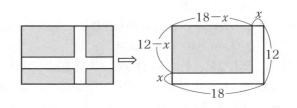

このようにして考えると，花だんの面積は，縦 $12-x$(m)，横 $18-x$(m) の長方形の面積と等しくなるので，

$$(12-x)(18-x)=160$$

という式が成り立ちます。展開して整理すると，

$$x^2-30x+56=0$$

$(x-2)(x-28)=0$ より，$x=2$，28

ここで，x は道の幅なので正の数で，12mより短いので，$0<x<12$ の範囲で考えて，$x=2$ ←解の吟味

答 **2m**

道をはじに寄せるのがコツなんですね。

はい，そうです。このコツを知っていれば，このタイプの問題は解きやすくなります。

類題 2

右の図のように，横の長さが縦の長さの2倍であるような，長方形の土地に，2mの幅の道をつくった。残りの土地の面積が84m²になったとすると，もとの長方形の土地の縦の長さは何mか。

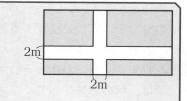

類題 3

右の図のように，縦12m，横16mの長方形の土地に，縦に2本，横に1本の同じ幅の道をつくり，残りの部分を花だんにすることにした。

花だんの面積を90m²にするとき，道の幅を求めよ。

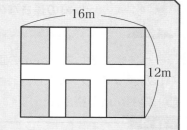

例題 4

横の長さが縦の長さの2倍である長方形の厚紙がある。その4すみから1辺2cmの正方形を切り取り，右の図のように点線で折り曲げて，ふたのない直方体の箱をつくった。

この直方体の箱の容積が192cm³であるとき，もとの長方形の縦，横の長さをそれぞれ求めよ。

〈直方体を組み立てる問題〉

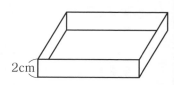

どんな直方体の箱ができるか，イメージできますか？　右のような箱ですね。

もとの長方形の縦の長さを x cmとする。横の長さは，$2x$ cmです。

この直方体の底面は，縦が $x-4$（cm），横が $2x-4$（cm）の長方形になります。

そして，高さは2cmですから，容積について，

$$2(x-4)(2x-4)=192$$

という式ができますね。

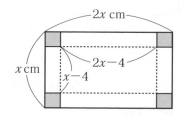

両辺をまず2でわって，$(x-4)(2x-4)=96$

カッコをはずして整理すると，

$$x^2-6x-40=0$$

となります。$(x-10)(x+4)=0$ より，$x=10$，-4

では，解の吟味をしてください。

xは縦の長さなので，負の数ではありません……よね？

そうです。そして，2cmの正方形を切り取るので，4cmより長いですね。
したがって，$x>4$より，$x=10$　　横の長さは20cmです。

答 縦10cm，横20cm

類題 4

横が縦より3cm長い長方形の厚紙がある。この厚紙の4すみから1辺4cmの正方形を切り取り，ふたのない直方体の容器を作る。次のア〜ウに答えよ。

ア　図1のように，長方形の縦が10cmのとき，直方体の容器の容積を求めよ。

イ　図2のような厚紙で直方体の容器を作ったとき，容積が280cm³であった。

　長方形の縦の長さを$x$cmとして，方程式をつくれ。

ウ　イのとき，長方形の縦の長さを求めよ。

（青森県）

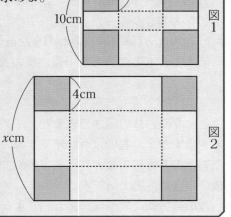

どうですか？　もうこのタイプはマスターできましたか。

容器の底面の縦と横の長さを表すのがポイントなんですね。

類題 5

縦32cm，横46cmの長方形の厚紙の4すみから，同じ大きさの正方形を切り取ってふたのない直方体の箱を作った。

その底面積を480cm²にするとき，切り取る正方形の1辺の長さを何cmにすればよいか。

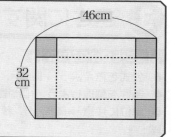

違うタイプの入試問題を紹介しましょう。

例題 5

右の図のような，AB＝2cm，AD＝x cm の長方形ABCDがある。

この長方形を，直線ABを軸として1回転させてできる立体の表面積は96π cm²であった。このとき，x の方程式をつくり，辺ADの長さを求めよ。

（栃木県）

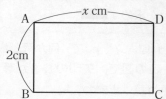

できる立体は，右の図のような円柱ですね。表面積を求めるには……そう，展開図！

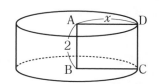

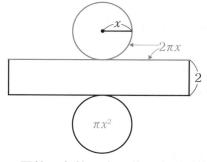

底面は半径 x cmの円なので，底面積は πx^2 cm²

側面は長方形で，縦は2cm，横は底面の円周と等しいので，$2\pi x$ cm ですね。

円柱や角柱の表面積＝底面積×2＋側面積 なので，表面積は，

$\pi x^2 \times 2 + 2 \times 2\pi x = 2\pi x^2 + 4\pi x$ となります。

よって，$2\pi x^2 + 4\pi x = 96\pi$ という方程式ができます。

πを含む方程式は，あまり慣れていないかも知れませんが，両辺をπでわると，$2x^2 + 4x = 96$

$x^2 + 2x - 48 = 0$

$(x-6)(x+8) = 0$ より，$x = 6$，-8

$x > 0$ なので，$x = 6$ 答 **6cm**

③ 速さに関する文章題

▆▆ イントロダクション ▆▆

◆ **公式を覚えよう** ➡ 時間＝，道のり＝　の公式を正確に
◆ **条件を整理しよう** ➡ 図や絵をかいて，等しい関係を式にする
◆ **単位に注意** ➡ 時間，分，秒や km，m などの単位をそろえる

例題 1

> 弟が家を出発してから10分後に，兄が同じ道を通って弟を追いか
> けた。弟が分速80mで進み，兄は分速120mで進むとき，兄が出発
> してから何分後に弟に追いつくか，追いつくのは家から何mの地点
> か求めよ。　　　　　　　　　　　　　　　　　　〈追いつく問題〉

「追いつく」って，何が等しいんでしょうか。図をかいて考えてみましょう。

この図で，矢印の長さが等しいこと
がわかりますね。

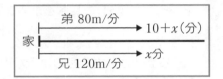

つまり，弟と兄の進んだ「道のり」
が等しいわけです。

> 「追いつく」のは，「進んだ道のりが等しい」んですね。

兄が出発してから x 分後に追いつくとします。

道のりが等しいことを方程式にしてみましょう。

そこで，公式の確認です。道のりを求める公式はどうでしたか。

> 道のり＝速さ×時間　で求められます。

そうです。**道のり＝速さ×時間** です。覚えておきましょう。

兄は，分速120mで x 分間歩いたので，進んだ道のりは，「速さ×時間」
にあてはめて，$120x$（m）であることがわかります。

弟は，分速80mなので，$80x$（m）ですか？　ちょっと待ってください。
弟は兄より10分前に出発していますね。追いつかれるのは兄が出発して x
分後ですから，弟が歩いた時間は $10+x$（分）なのです。

したがって，弟が進んだ道のりは，速さ×時間 にあてはめると，$80(10+x)$ m ということになります。

兄と弟の進んだ道のりが等しいので，次の式ができます。

$$120x=80(10+x)$$

中1で習った1次方程式になりました。解いてみてください。

解は，$x=20$ と求まりました。

正解です。よって，兄が出発して20分後に追いつくとわかりました。では，追いつく地点は家から何mはなれたところかを考えます。
兄が進んだ道のり $120x$（m）に $x=20$ を代入して，$120×20=2400$m
よって，追いつくのは，家から2400mの地点とわかりますね。

⚫ 兄が出発してから20分後に，家から2400mの地点で追いつく

類題 1

Aさんが家を出発してから12分たって，Bさんが自転車で同じ道を追いかけた。Aさんの歩く速さは分速60m，Bさんの自転車の速さは分速240mである。Bさんが出発してから何分後にAさんに追いつくか。また，追いつくのは，家から何mの地点か求めよ。

練習しよう　　次のとき，進む道のりをそれぞれ求めよ。

(1) 時速5kmの速さで3時間歩いた。

(2) 時速12kmの速さで45分走った。

(3) 分速100mの速さで5分24秒歩いた。

(4) 秒速24mの電車が1分15秒走った。

解 答　道のり＝速さ×時間 の公式にあてはめて求めましょう。

(1) $5×3=15$（km）

(2) 単位が違いますね。速さの単位は時速で，時間の単位は分です。
この場合，時間を，速さの単位にそろえるのが楽です。

$$45分=\frac{45}{60}時間=\frac{3}{4}時間 \ なので，\ 12×\frac{3}{4}=9 \ (km) \ となります。$$

(3) $5分24秒=5\frac{24}{60}分=5\frac{2}{5}分=\frac{27}{5}分 \ なので，\ 100×\frac{27}{5}=540 \ (m)$

(4) $1分15秒=75秒 \ なので，\ 24×75=1800 \ (m)$

> A地からB地を通ってC地まで行く道のりは11kmである。A地とB地の間を毎時3kmの速さで，B地とC地の間を毎時5kmの速さで歩くと，A地からC地まで行くのに全部で3時間かかる。A地からB地までの道のりと，B地からC地までの道のりをそれぞれ求めよ。
>
> 〈速さが変わる問題〉

まず，図をかいてみましょう。

この問題で，結論部分は

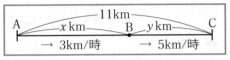

「全部で3時間かかる」ですね。

したがって，時間に関する式を作ることになります。

そこで，公式の確認です。時間を求める公式はどうでしたか。

時間＝道のり÷速さ で求められます。

そうです。分数の形で，時間＝$\dfrac{道のり}{速さ}$ です。覚えておきましょう。

A地からB地までを x km，B地からC地までを y kmとする。

（A地からB地を x kmとして，B地からC地を $11-x$（km）と表すこともできます。そうやって式を立てると1次方程式になりますね。）

道のりの和が11kmだから，$x+y=11$

A地からB地まで行くのにかかる時間は，公式にあてはめて，$\dfrac{x}{3}$（時間）

B地からC地まで行くのに $\dfrac{y}{5}$（時間）かかり，合わせて3時間だから，

$\dfrac{x}{3}+\dfrac{y}{5}=3$ となります。したがって，次の連立方程式ができます。

$$\begin{cases} x+y=11 & \cdots\cdots① \quad ←道のりの条件から \\ \dfrac{x}{3}+\dfrac{y}{5}=3 & \cdots\cdots② \quad ←時間の条件から \end{cases}$$

あとは，これを解けばいいですね。さあ，解いてみてください。

解は，$x=6$，$y=5$ と求まりました。

正解です。 答 **A地からB地まで6km，B地からC地まで5km**

例題 3

A地から峠を越えてB地まで行った。A地から峠までの上り道より峠からB地までの下り道の方が3km長い。上り道を毎時3kmで歩き，下り道を毎時6kmで歩いたら，全部で3時間30分かかった。A地から峠までの道のりと，峠からB地までの道のりをそれぞれ求めよ。

例題 2 と同じ「考え方」が使えそうですね。

A地から峠までの道のりをx km，峠からB地までの道のりをy kmとする。

図をかいてみましょう。

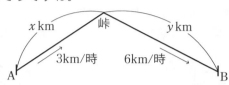

3時間30分$=3\dfrac{30}{60}$時間$=3\dfrac{1}{2}$時間$=\dfrac{7}{2}$時間

$$\begin{cases} y=x+3 & \cdots\cdots① \quad \leftarrow\text{道のりの条件から} \\ \dfrac{x}{3}+\dfrac{y}{6}=\dfrac{7}{2} & \cdots\cdots② \quad \leftarrow\text{時間の条件から} \end{cases}$$

①の式を，$-x+y=3$ と変形して，加減法で解くこともできますが，①が「$y=$」となっているので，**代入法**で解いてみましょう。

解は，**$x=6$，$y=9$** と求まりました。

よくできました。

答 A地から峠まで6km，峠からB地まで9km

類題 2

地点Aから3km離れた地点Bまで行くのに，地点Aから途中の地点Cまでは分速120mで，地点Cから地点Bまでは分速210mで走ったところ，全体で16分かかった。□に適切な数や式を入れよ。

地点Aから地点Cまでの道のりをx m，地点Cから地点Bまでの道のりをy mとすると，

$$\begin{cases} \boxed{}=3000 \\ \boxed{}=16 \end{cases}$$ これを解くと，$x=\boxed{}$，$y=\boxed{}$

よって，地点Aから地点Cまで$\boxed{}$m，地点Cから地点Bまで$\boxed{}$m

（三重県・改）

例題 4

　電車が，長さ260mの鉄橋を渡り始めてから渡り終えるまでに22秒かかり，長さ470mのトンネルにさしかかってから通過し終えるまでに36秒かかった。この電車の秒速と長さを求めよ。ただし，電車は一定の速さで走り続けていたものとする。

〈通過する問題〉

　どうですか。いかにも難しそうな感じがしますね。しかし，実はさほど難しい問題ではありません。条件をしっかり整理して考えてみましょう。

　電車の秒速を x m，長さを y m とする。絵をかいてみましょう。

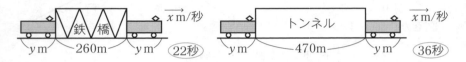

　イメージはできましたか？

　文字が x，y の2つありますから，**鉄橋を渡るところで式を1つ，トンネルを通過するところで式を1つ立て**，連立方程式にすればよさそうです。

　さて，まず，鉄橋を渡るところの絵をじっくり見てください。電車が鉄橋を渡り終えるまでに何m進んでいるでしょうか。

　260mですか？　$260+y$（m）ですか？　$260+2y$（m）ですか？

　わかりづらいですね。では，**電車の先頭に注目**してください。右の図のように，先頭がどれだけ進んだかを見れば，$260+y$（m）であることがわかります。

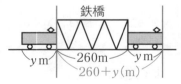

　　電車の先頭に注目すれば，わかりやすいんですね。

　では，この22秒間で，電車は何m進むことができるでしょうか。

　道のりを求める公式を思い出してください。 例題 **1** で使いましたね。

道のり＝速さ×時間 です。

　この問題では，速さは秒速 x m，時間は22秒なので，進むことのできる道のりは，$22x$（m）です。

　よって，$260+y=22x$ という式ができます。

　つまり，**進んだ道のりを，2通りに表して等式にした**わけです。

トンネルを通過したときについても，進んだ道のりは，$470+y$(m)，36秒間に進む道のりは，$36x$(m)なので，$470+y=36x$ という式ができます。

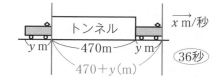

$$\begin{cases} 260+y=22x & \cdots\cdots① \\ 470+y=36x & \cdots\cdots② \end{cases}$$

あとは，これを解けばいいわけです。

解は，$x=15$，$y=70$ と求まりました。

正解です。よって，**電車の秒速は15m，電車の長さは70m** 答
コツがわかれば，意外と簡単ですね。

練習しよう 秒速 x m，長さ y m の電車が，次のように走るとき，道のりについての等式を立てよ。

(1) 電柱の前にさしかかってから，通過し終えるのに5秒かかった。

(2) 長さ800mのトンネルに，完全にかくれている時間が35秒であった。

解答 簡単な絵をかいて，電車が進んだ道のりを考えましょう。先頭に注目するのがポイントでしたね。

(1)

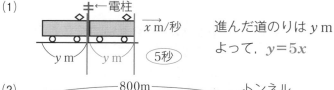

進んだ道のりは y m
よって，$y=5x$

(2)

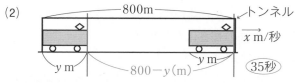

進んだ道のりは，
$800-y$(m) だから，
$800-y=35x$

類題 3

　ある列車が，長さ210mの鉄橋を渡り始めてから渡り終えるまでに20秒かかった。また，この列車が，長さ690mのトンネルに完全にかくれている時間が30秒であった。この列車の秒速と長さを求めよ。ただし，列車は一定の速さで走り続けていたものとする。

　池のまわりに，一周2kmの道がある。この道をAさんは自転車で，Bさんはジョギングでまわることにした。AさんとBさんが同じ所から反対の方向に同時に出発したら5分後に出会った。同じ方向に同時に出発したら25分後に，BさんはAさんにはじめて追いぬかれた。AさんとBさんの速さは，それぞれ分速何mか。〈出会う・追いぬく問題〉

　どうですか？　「解ける気がしない」というのが正直な感想ではありませんか？　めげずに，とりあえず図をかいてみましょう。

　同じ方向に走るとBさんがAさんに追いぬかれるので，Aさんのほうが速いですね。

　Aさんの速さを分速 x m，Bさんの速さを分速 y mとする。

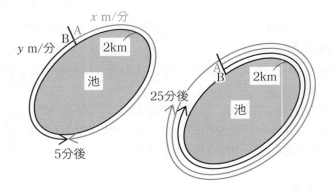

　反対方向で出会うことで式を1つ，同じ方向で追いぬくことで式を1つ立てて連立方程式にすればよさそうです。

　まず，反対方向で出会う条件を，式にしてみましょう。

　図を見て，Aさんの進んだ道のり（赤の線）とBさんの進んだ道のり（黒の線）をあわせると……。そう，一周の長さになります。

　では，Aさんの進んだ道のりは何mでしょうか。

　道のり＝速さ×時間　ですから，$x×5＝5x$（m）ですね。Bさんの進んだ道のりは $y×5＝5y$（m）で，その和が一周2kmなので，

$5x＋5y＝2000$　という式ができます。右辺は2ではありません。

単位がmですから　2000（m）です。

　次に，同じ方向で追いぬく条件を式にしてみましょう。

　Aさんの進んだ道のり（赤の線）から，Bさんの進んだ道のり（黒の線）を

ひくと，ちょうど一周の長さになるのがわかります。

　Aさんの進んだ道のりは $25x$(m)，Bさんの進んだ道のりは $25y$(m)
で，その差が一周2kmなので，
$25x-25y=2000$ となります。

> 出会うときは道のりの和が一周，
> 追いぬかれるときは道のりの差が一周 なんですね。

$$\begin{cases} 5x+5y=2000 & \cdots\cdots① \\ 25x-25y=2000 & \cdots\cdots② \end{cases}$$

となります。

　では，解いてみてください。

> 解は，$x=240$，$y=160$ と求まりました。

　正解です。
よって，
Aさん…分速240m，Bさん…分速160m 答

類題 4

　一周1800mの池のまわりを，A，Bの2人が同じ地点から一定の速さで同時に歩きはじめます。2人が反対の向きに歩くと10分後に出会います。また，2人が同じ向きに歩くと50分後にBがAを追いぬきます。A，Bの歩く速さをそれぞれ毎分 x m，y mとして方程式を作り，x，y の値を求めよ。
（東京電機大高・改）

類題 5

　一周が6kmの遊歩道がある。この遊歩道を，兄は自転車で，弟は徒歩で，同じ地点を出発して反対の方向にまわる。
　2人が同時に出発すると30分後に出会い，兄が弟よりも40分遅れて出発すると，兄が出発してから20分後に出会う。兄，弟それぞれの速さは分速何mか。

④ 整数に関する文章題

::: **イントロダクション** :::

◆ 文字を用いて整数を表す ⇒ 正確に文字を用いて式を立てよう
◆ 位の入れかえを正確に ⇒ 十の位と一の位の数の入れかえに慣れよう
◆ 問題の答えにする ⇒ 解を吟味し，問われているものを答える

例題 1

次の問に答えよ。

(1) ある整数から3をひいた数の4倍は，もとの数の2倍に6を加えた数に等しい。ある整数を求めよ。

(2) ある整数に2を加えてから4でわった数は，もとの数より4小さい。ある整数を求めよ。

(3) 連続する3つの整数があり，その和が45である。この3つの整数を求めよ。

(4) 連続する3つの偶数があり，最大の数は，他の2つの数の和よりも6小さい。この3つの偶数を求めよ。

与えられた条件にそって，方程式を立てていきます。

(1) ある整数を x とする。

x から3をひいた数の4倍は，$4(x-3)$ です。

もとの数とは x のことなので，x の2倍に6を加えた数は，$2x+6$

したがって，$4(x-3)=2x+6$

これを解いて，$x=9$　答えとしてふさわしいので，**ある整数は9** 答

(2) ある整数を x とする。

条件文にそって方程式を立てましょう。

$\dfrac{x+2}{4}=x-4$ となりますね。解いてください。

$x=6$ となりました。

はい，正解です。　答　**ある整数は6**

(3) 3つの整数のうち，どれかを x とおいてみましょう。

一番小さい整数を x とする。　←まん中の数を x とおいてもOK

他の2つの数は，$x+1$，$x+2$ と表せます。

これら3つの数の和が45だから，

$x+(x+1)+(x+2)=45$ となります。

3つの連続する整数

x，$x+1$，$x+2$

これを解いて，$x=14$

3つの整数が問われていますから，答 14，15，16

(4) 一番小さい偶数を x とする。

他の偶数は，どう表せるでしょうか。

次の偶数は，2増えるので$x+2$，その次の偶

3つの連続する偶数

x，$x+2$，$x+4$

数は，さらに2増えるので，$x+4$ と表せます。

条件文にそって式を立てると，$x+4=x+(x+2)-6$ となります。

これを解いて，$x=8$　偶数なので，答えとしてふさわしいですね。

ゆえに，3つの偶数は，8，10，12 答

類題 1

次の問に答えよ。

(1) ある整数から2をひいて3倍した数は，もとの整数の2倍より1大きい。ある整数を求めよ。

(2) 連続する3つの整数があり，最大の数は他の2つの数の和より10小さい。この3つの整数を求めよ。

例題 2

次の問に答えよ。

(1) 十の位の数が5である2けたの整数がある。十の位の数と一の位の数を入れかえた数は，もとの数より18小さい。もとの整数を求めよ。

(2) 2けたの整数がある。その整数は各位の数の和の3倍より2大きい。また，十の位の数と一の位の数を入れかえた整数は，もとの整数より36大きい。もとの整数を求めよ。

〈位の数を入れかえる問題〉

---

(1) この2けたの数を x とおいたのでは，式が立てられませんね。

十の位の数はわかっているので，一の位の数を x としましょう。

一の位の数を x とする。

十の位の数が5，一の位の数が x であるような2けたの数は，文字式でどう表しますか？　十の位の数は10倍，一の位の数は1倍(そのまま)なので，$50+x$ と表せますね。

第1章　数と式

第2章　関数

第3章　図形

第4章　データの活用

十の位の数と一の位の数を入れかえると，十の位にx，一の位に5がきますから，$10x+5$ となります。

あとは，問題文どおりに式を立て，
$$10x+5=(50+x)-18$$
これを解くと，$x=3$ と求まります。

よって，十の位に5，一の位に3がくる2けたの整数なので，**53** ㊡

もとの数 $\boxed{5\ |\ x}$ …$50+x$

入れかえた数 $\boxed{x\ |\ 5}$ …$10x+5$

(2) 今度は，十の位の数も一の位の数もわかっていません。

文字を2つ使いましょう。十の位の数をx，一の位の数をyとする。

もとの数は $10x+y$，入れかえた数は$10y+x$ と表せますね。

「各位の数の和」といったときは，x，yをそのまま（10倍しない）でたすので，$x+y$ と表せます。

条件文にそって式を立てると，
$$\begin{cases} 10x+y=3(x+y)+2 \\ 10y+x=(10x+y)+36 \end{cases}$$
となります。連立方程式になりましたね。解いてみてください。

もとの数 $\boxed{x\ |\ y}$ …$10x+y$

入れかえた数 $\boxed{y\ |\ x}$ …$10y+x$

$x=2$，$y=6$ と求まりました。

はい，よくできました。㊡ 26
入れかえる問題の解き方がわかりましたか？
よく出る問題なので，練習してマスターしてください。

類題 2

次の問に答えよ。

(1) 2けたの正の整数があり，十の位の数と一の位の数の和は12である。また，十の位の数と一の位の数を入れかえてできる整数は，もとの整数より18小さい。このとき，もとの整数を求めよ。（千葉県）

(2) 2けたの正の整数がある。その整数は，各位の数の和の4倍に等しく，また，十の位と一の位の数を入れかえてできる整数は，もとの整数の2倍より9だけ小さい。このとき，もとの整数を求めよ。

（愛知県）

例題 **3**

次の問に答えよ。

(1) 2つの正の整数があり，その差は10で，積は24である。この2つの数を求めよ。

(2) 連続する3つの自然数があり，中央の数の20倍は，他の2数の平方の和より2だけ小さい。この3つの自然数を求めよ。

(3) 十の位の数と一の位の数の和が8である2けたの自然数がある。この自然数は，十の位の数と一の位の数の積より14大きい。この2けたの自然数を求めよ。　　　　　　　　　　　〈2次方程式になる問題〉

(1) 2つの整数を x, y とおいて，式を立てることもできます。

「2つの数の差が10」となっていますから，大きいほうの数を x とおくと，小さいほうの数はどうやって表せるでしょうか？

> 小さいほうの数は，大きいほうの数 x より10小さいので，$x-10$ と表せるんじゃないでしょうか。

そうですね。そうすると文字は x だけで式が立てられそうです。

大きいほうの数を x とする。

小さいほうの数は $x-10$ と表され，その積が24であることから，

$$x(x-10)=24$$
$$x^2-10x-24=0$$
$$(x-12)(x+2)=0 \ \ より，\ x=12,\ -2$$

どちらも正の整数なので，$x>10$　←かくれた条件で解の吟味

よって，$x=12$ 小さいほうの数は2　　**答**　**12と2**

2次方程式になる問題は $\begin{cases} 文字を1つにして式を立てるのがコツ \\ 解の吟味も忘れずに \end{cases}$

(2) 一番小さい自然数を x とする。

他の2つの数は，$x+1$, $x+2$ と表せます。

「平方」とは2乗のことなので，できる式は，

$$20(x+1)=x^2+(x+2)^2-2$$

整理して，$x^2-8x-9=0$

$$(x-9)(x+1)=0 \ \ より，\ x=9,\ -1$$

「自然数」とは，「正の整数」のことですから，

> 連続する3つの自然数
> x, $x+1$, $x+2$

> 自然数➡正の整数

$x>0$ より，$x=9$　←解の吟味

これが一番小さい自然数なので，3つの自然数は，9，10，11　㊙

(3)　十の位の数をxとする。

「十の位の数と一の位の数の和が8」なので，一の位の数は　$8-x$　です。

この自然数は，$10x+(8-x)$　と表せます。　←文字を1つに

よって，$10x+(8-x)=x(8-x)+14$

整理して，$x^2+x-6=0$

$(x+3)(x-2)=0$　より，$x=-3$，2

x は十の位の数なので，$x>0$　より，$x=2$　←解の吟味

このとき，一の位の数は6となるから，この自然数は，26　㊙

類題 3

次の問に答えよ。

(1)　連続する2つの自然数があり，それぞれを2乗した数の和が113になるとき，小さいほうの自然数を求めよ。　　　(神奈川県)

(2)　連続する4つの自然数について，それぞれの2乗の和が366となるとき，4つの中の最小の自然数を求めよ。　　　(明治大附明治高)

例題 4

次の問に答えよ。

(1)　ある整数 n を5でわったら商が m で余りが3，m を4でわったら商が3で余りが1であった。整数 n の値を求めよ。

(2)　整数 a を7でわると4余り，整数 b を7でわると3余る。ab を7でわったときの余りを求めよ。　　　〈商と余りの問題〉

(1)　「n を5でわったら商が m で余りが3」を式にしてみてください。

$\dfrac{n}{5}=\cdots$　とやってはいけません。

分数の形では，商と余りが表せません。

正しい式は，$n=5m+3$　です。

「m を4でわったら商が3で余りが1」なので，

$m=4\times3+1$

となって，$m=13$　と求まります。

これを $n=5m+3$ に代入して，

$$n = 5 \times 13 + 3 = 68 \quad \text{㊨}$$

(2) a を7でわった商を m とすると,
余りが4なので,

$a = 7m + 4$ と表せますね。

b を7でわった商を n とすると,

$b = 7n + 3$ です。

ここで, ab を計算してみます。

$$ab = (7m + 4)(7n + 3)$$
$$= 49mn + 21m + 28n + 12 \quad \leftarrow \text{やや複雑な式になりました。}$$

この式を, 7の倍数の部分と, そうでない部分に分けていきます。

$49mn$, $21m$, $28n$ は, いずれも7の倍数ですね。

12は, $7 + 5$ なので,

$$ab = 49mn + 21m + 28n + 7 + 5$$

ここまでが7の倍数

$$= 7(7mn + 3m + 4n + 1) + 5 \quad \leftarrow \text{7でくくる}$$

カッコの中は商で, 5が余りです。 ㊨ **余りは5**

> a を b でわった商が m で余りが n
> ➡ $a = bm + n$
> 余りの n は, $0 \leqq n < b$ の整数

わる数の倍数の部分と, それ以外の部分に分けるんですね。

その通りです。難しく感じるかもしれませんが, よく練習しておいてください。

類題 4

次の問に答えよ。

(1) 自然数 a を7で割ると, 商が b で余りが c となった。b を a と c を使った式で表せ。 (香川県)

(2) 自然数 n を5でわったときの余りは3である。n^2 を5でわったときの余りを求めよ。

ヒント! (1) $a = \cdots$ の式を作り, できた式を b について解く。

5 食塩水に関する文章題

::: イントロダクション :::

◆ 公式を覚えよう ➡ 食塩の重さを求める公式を正確に
◆ 食塩の重さについて式を立てよう ➡ ビーカーの図をかいて,式にする
◆ できた方程式を簡単に ➡ 解き方のコツを身につける

例題 1

次の問に答えよ。

(1) 濃度 x %の食塩水200gに濃度 y %の食塩水300gを加えたら,8%の食塩水ができた。濃度 x %の食塩水400gに濃度 y %の食塩水100gを加えたら,6%の食塩水ができた。x,y の値を求めよ。

(2) 濃度が8%と20%の食塩水がある。この2つの食塩水を混ぜ合わせ,12%の食塩水を600gつくりたい。8%と20%の食塩水をそれぞれ何gずつ混ぜ合わせればよいか。〈2種類の食塩水を混ぜる問題〉

まず,食塩水に溶けている食塩の重さは,どうやって求めるんでしょうか。覚えていますか？

> 食塩の重さは,食塩水の重さ×$\dfrac{濃度(\%)}{100}$ で求められます。

はい,そのとおりです。
食塩水の問題は,ほぼ毎回,この公式を使います。

覚えよう！

$$食塩の重さ＝食塩水の重さ×\dfrac{濃度(\%)}{100}$$

しっかり覚えてください。
ちょっと練習してみましょう。

・濃度3%の食塩水200gに溶けている食塩の重さは,

$$200×\dfrac{3}{100}＝6(g)$$ となります。

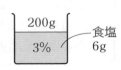

・濃度 a %の食塩水500gに溶けている食塩の重さは,

$$500×\dfrac{a}{100}＝5a(g)$$ です。

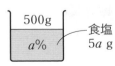

どうですか？ 使い方はわかったでしょうか。

では，例題を解いてみます。

(1) 表を作って式を立てることもできますが，ここでは，ビーカーの図を
かいて考えていきます。

$$
\begin{array}{ccccc}
\text{A} & & \text{B} & & \text{C} \\
\boxed{\begin{array}{c}200\text{g}\\x\%\end{array}} & + & \boxed{\begin{array}{c}300\text{g}\\y\%\end{array}} & \rightarrow & \boxed{\begin{array}{c}500\text{g}\\8\%\end{array}}
\end{array}
$$

まず，第1の条件を図にしてみました。

できる8%の食塩水の重さは，200＋300＝500（g）です。

それぞれのビーカーに入った食塩水に溶けている食塩の重さを求めます。

Aのビーカー …$200 \times \dfrac{x}{100} = 2x$（g）

Bのビーカー …$300 \times \dfrac{y}{100} = 3y$（g）

Cのビーカー …$500 \times \dfrac{8}{100} = 40$（g）

AとBのビーカーに溶けていた食塩の合計が，Cのビーカーに溶けている食塩の重さに等しい ので，

$2x + 3y = 40$　……① という式が立ちます。

第2の条件から，

$$
\begin{array}{ccccc}
\boxed{\begin{array}{c}400\text{g}\\x\%\end{array}} & + & \boxed{\begin{array}{c}100\text{g}\\y\%\end{array}} & \rightarrow & \boxed{\begin{array}{c}500\text{g}\\6\%\end{array}}
\end{array}
$$

それぞれの食塩水に溶けている食塩の重さについて，

$$400 \times \dfrac{x}{100} + 100 \times \dfrac{y}{100} = 500 \times \dfrac{6}{100}$$

約分して，$4x + y = 30$　……②

①と②を連立して解いてください。

ポイント

食塩の重さについての式を立てる

 $x=5$，$y=10$ と求まりました。

はい，正解です。　㊗　$x=5$，$y=10$

(2) 8％の食塩水を x g，20％の食塩水を y g混ぜるとする。

同じように，ビーカーの図をかいて考えてみましょう。

x g		y g		600g
8%	+	20%	→	12%

$$\begin{cases} x+y=600 \quad \cdots\cdots① \quad \leftarrow 食塩水について \\ x\times\dfrac{8}{100}+y\times\dfrac{20}{100}=600\times\dfrac{12}{100} \quad \cdots\cdots② \quad \leftarrow 食塩について \end{cases}$$

②の式は，ちょっと複雑ですね。どうしたらよいでしょうか。

約分することはできますが，もっとよい方法があります。

分数を含んだ方程式ではありますが，分母が100に統一されていますね。そこで，②の式の両辺を100倍するとどうなるでしょうか。

$$8x+20y=7200 \quad \cdots\cdots②'$$

このように，すぐにきれいな式になるんです。

> 食塩水問題の方程式は「約分するより100倍する」ですね。

そのとおりです。食塩水問題では，分母が100なので，それが鉄則です。注意点としては，②の右辺も100倍するのを忘れないようにしましょう。よくやるミスとして，右辺は約分してそのままにしてしまう人が多いのです。注意しましょう。

$$\begin{cases} x+y=600 \quad \cdots\cdots① \\ 8x+20y=7200 \quad \cdots\cdots②' \end{cases}$$

これを解いて，$x=400$，$y=200$ となります。

答 8％の食塩水400g，20％の食塩水200g

類題 1

次の問に答えよ。

(1) a％の食塩水100gに11％の食塩水200gを混ぜたら，10％の食塩水になった。aの値を求めよ。　　　　　　　　（駿台甲府高）

(2) 8％の食塩水 x gと3％の食塩水 y gを混ぜると，5％の食塩水が50gできるとき，xとyの値をそれぞれ求めよ。（東京都立産業技術高専）

(3) 2％の食塩水100gに5％の食塩水を加えて，4％の食塩水をつくりたい。5％の食塩水を何g加えればよいか。

次の問に答えよ。

(1)　14%の食塩水が200gある。これに水を加えて8%の食塩水をつくりたい。水を何g加えればよいか。

(2)　8%の食塩水に水を加えて，6%の食塩水を400gつくりたい。8%の食塩水何gに水を何g加えればよいか。〈食塩水に水を加える問題〉

(1)　水を加える問題のポイントは何でしょうか。

　　今まで，食塩の重さについての式を立ててきました。

　　では，水には何gの食塩が含まれているでしょう。もちろん含まれていませんね。それがポイントです。

　　水には食塩が含まれていない。 つまり，0gなんです。

　　そのことがわかった上で，この問題を考えてみましょう。

　　水を x g加えるとする。できる8%の食塩水の重さは，$200+x$ (g) です。

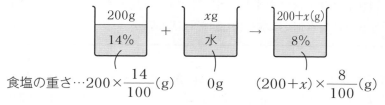

食塩の重さ…$200 \times \dfrac{14}{100}$ (g)　　　0g　　　$(200+x) \times \dfrac{8}{100}$ (g)

よって，$200 \times \dfrac{14}{100} = (200+x) \times \dfrac{8}{100}$　←1次方程式ですね。

両辺を100倍して，$2800 = 8(200+x)$

これを解いて，$x = 150$　　🅰 水を150g加える

　　　水を，濃度0%の食塩水と考えてもいいですか？

　　はい，それでもかまいません。

　　水 x gを，濃度0%の食塩水 x gと考えると，

　　　　食塩の重さ $= x \times \dfrac{0}{100} = 0$ (g)

　　どちらにしても0gになりますね。

(2)　前の問題は1次方程式になりましたが，この問題は文字を2つ使って，連立方程式で解いていきましょう。

第**1**章　数と式

第**2**章　関数

第**3**章　図形

第**4**章　データの活用

8%の食塩水 x gに水を y g加えるとすると，次の式ができます。

| xg
8% | + | yg
水 | → | 400g
6% |

$$\begin{cases} x+y=400 & \cdots\cdots① \\ x\times\dfrac{8}{100}=400\times\dfrac{6}{100} & \cdots\cdots② \end{cases}$$

←食塩水について

←食塩について

②の両辺を100倍して，$8x=2400$ より，$x=300$

①に代入して，$y=100$　　圏　8%の食塩水300gに水を100g加える

類題 2

次の問に答えよ。
(1) 12%の食塩水が200gある。これに水を加えて10%の食塩水を
つくりたい。水を何g加えればよいか。
(2) 18%の食塩水に水を加えて，10%の食塩水を360gつくりたい。
18%の食塩水何gに水を何g加えればよいか。

例題 3

4%の食塩水が100gある。これに食塩を加えて20%の食塩水をつ
くりたい。食塩を何g加えればよいか。　　〈食塩を加える問題〉

食塩を x g加えるとする。図をかいてみましょう。

| 100g
4% | + | 食塩 x g | → | 100+x(g)
20% |

できる食塩水は，$100+x$ (g) です。

食塩 x gは，それ全体が食塩の重さなので，次の式が立ちます。

$$100\times\frac{4}{100}+x=(100+x)\times\frac{20}{100}$$

両辺を100倍すると，$400+\underline{100x}=20(100+x)$ となります。

100倍を忘れずに

これを解いて，$x=20$　　圏　食塩を20g加える。

食塩を，濃度100%の食塩水と考えてもいいですか？

はい，それでもかまいません。

類題 **3**

　4％の食塩水が300gある。これに食塩を加えて10％の食塩水をつくりたい。食塩を何g加えればよいか。

例題 **4**

　濃度が6％と10％の食塩水がある。これらの食塩水を何gずつか混ぜ，さらに水を20g加えて，8％の食塩水を200gつくりたい。6％，10％の食塩水をそれぞれ何gずつ混ぜればよいかを求めよ。

〈3種類のものを混ぜる問題〉

3種類のものを混ぜるときも，考え方は変わりません。それぞれに含まれる食塩の重さについての式を立てればよいのです。

6％の食塩水を x g，10％の食塩水を y g混ぜるとする。

x g		y g		20g		200g
6％	$+$	10％	$+$	水	$\rightarrow$	8％

$$\begin{cases} x+y+20=200 & \cdots\cdots① \\ x\times\dfrac{6}{100}+y\times\dfrac{10}{100}=200\times\dfrac{8}{100} & \cdots\cdots② \end{cases}$$

←食塩水，水の重さ

←食塩の重さ

整理して，$\begin{cases} x+y=180 & \cdots\cdots①' \\ 6x+10y=1600 & \cdots\cdots②' \end{cases}$ となります。

解いてみてください。

$x=50$，$y=130$ と求まりました。

はい，正解です。　🔑　6％の食塩水50g，10％の食塩水130g

類題 **4**

　5％の食塩水120gに，8％の食塩水と9％の食塩水を加えて，7％の食塩水を300gつくりたい。8％，9％の食塩水をそれぞれ何g加えればよいかを求めよ。

イントロダクション

◆ 金額を正確に表す ➡ 「利益を見込む」・「値引き」は，どう表すか
◆ 値段の関係を理解する ➡ 原価・定価・売り値・利益の関係を知る
◆ 関係を式にする ➡ 何と何が等しいかを理解する

このテーマをあつかう上で必要な知識から，確認しよう。

まず，歩合（○○割），百分率（○○％）を正確に式にできなければなりません。たとえば，歩合の「割」は $\dfrac{1}{10}$，百分率の「％」は $\dfrac{1}{100}$ でしたね。

では，次の4つを式に直してみてください。

(1)　x 円の3割　　　　　　(2)　x 円の3％
(3)　x 円の2割増し　　　　(4)　x 円の10％引き

(1)と(2)は，そのまま分数をかけます。

(1)　$x \times \dfrac{3}{10} = \dfrac{3}{10} x$ （円）　　(2)　$x \times \dfrac{3}{100} = \dfrac{3}{100} x$ （円）

「〜増し」や「〜引き」は，次のようにやります。

(3)は，$x \times \left(1 + \dfrac{2}{10}\right) = \dfrac{6}{5} x$ （円）で，

(4)は，$x \times \left(1 - \dfrac{10}{100}\right) = \dfrac{9}{10} x$ （円）です。

ポイント

x 円の a 割増し➡

$x\left(1 \oplus \dfrac{a}{10}\right)$ 円

x 円の a ％引き➡

$x\left(1 \ominus \dfrac{a}{100}\right)$ 円

練習しよう　次の金額を式で表せ。

(1)　x 円の3割増し　　　(2)　x 円の20％引き

解答

(1)　$x \times \left(1 + \dfrac{3}{10}\right) = \dfrac{13}{10} x$ （円）　　(2)　$x \times \left(1 - \dfrac{20}{100}\right) = \dfrac{4}{5} x$ （円）

「増し」のときは，$(1 + \square)$ をかけて，
「引き」のときは，$(1 - \square)$ をかければいいんですね。

はい，そうです。慣れてきましたか？
これで，金額を表すことはできるようになりました。

では，次に値段の関係をまとめましょう。

原価 とは，店が商品を仕入れるために支払った金額です。

定価 は，その原価に何割かの利益を見込んでつけた値段です。

売り値 は，その定価を値引きして売った値段です。

利益 は，この売り値から原価をひいた金額です。

この関係を理解するために，次の例で考えてみてください。

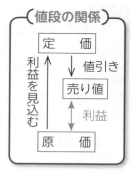

原価1000円の商品がある。この原価に3割の利益を見込んで定価をつけた。定価の100円引きで売ったとき，利益はいくらか。

定価は，1000円に「3割の利益を見込んで」つけたんですね。

この「3割の利益を見込んで」は，「3割増しの」と解釈してください。

つまり，1000円の3割増しです。

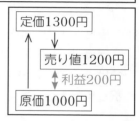

$$1000 \times \left(1 + \frac{3}{10}\right) = 1300 \,(円)$$

が定価となります。そして，売り値は定価の100円引きなので，1200円となります。

○○割の利益を見込む
➡○○割増し

利益＝売り値－原価 ですから，利益は $1200 - 1000 = 200$（円）です。

では，問題を解いてみましょう。

例題 1

ある商店で，定価が1個 a 円の品物が定価の3割引きで売られている。この品物を10個買ったときの代金を，a を使った式で表せ。

（福島県）

この品物の売り値は，定価 a 円の3割引きなので，

$$a \times \left(1 - \frac{3}{10}\right) = \frac{7}{10}a \,(円) \quad です。$$

この品物を10個買ったときの代金は，

$$\frac{7}{10}a \times 10 = 7a \,(円) \quad \text{⊜} \quad 7a \,(円)$$

定価の8%引きで商品を買ったら，定価より300円安く買えた。定価は何円か。ただし，消費税は考えないものとする。 （都立新宿高）

例題 2

次の問に答えよ。

(1) ある品物に原価の2割の利益を見込んで定価をつけ，定価から300円値引きして売ったところ，利益が500円であった。原価を求めよ。

(2) 原価が2000円の商品に定価をつけて，その定価の20％引きで売っても，まだ原価の8％の利益があるようにしたい。定価をいくらにすればよいか。 〈利益に関する問題〉

(1) 原価を x 円とする。

定価は，「原価の2割の利益を見込んで」つけたので，これを「原価の2割増し」と解釈しましょう。すると，定価は，

$$x \times \left(1 + \frac{2}{10}\right) = \frac{6}{5}x \text{（円）}$$

です。そして，そこから300円値引きしたのが売り値なので，$\frac{6}{5}x - 300$（円）

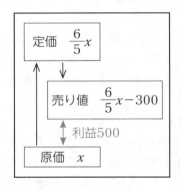

利益＝売り値－原価 から，次の方程式ができます。

$$\left(\frac{6}{5}x - 300\right) - x = 500$$

これを解いて，$x = 4000$ 　答　4000円

原価→定価→売り値→利益 の順に考えるんですね。

はい，このように順を追って考えることで，利益に関する問題は解けるわけです。

(2) この問題では，原価がわかっています。

定価を x 円とする。売り値は，「定価の20％引き」ですから，

$$x \times \left(1 - \frac{20}{100}\right) = \frac{4}{5}x \,(\text{円}) \quad \text{となります。}$$

利益＝売り値－原価　で求められ，それが原価
2000円の8％なので，次の方程式ができます。

$$\frac{4}{5}x - 2000 = 2000 \times \frac{8}{100}$$

ケタに注意して，解いてみてください。

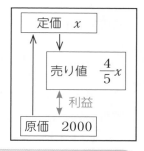

$x = 2700$ と求まりました。

はい，よくできました。　答　2700円

第1章　数と式

第2章　関数

第3章　図形

第4章　データの活用

類題 2

次の問に答えよ。

(1)　ある品物に，原価の3割の利益を見込んで定価をつけた。売れな
かったので，定価の500円引きで売ったところ，700円の利益が
あった。この品物の原価を求めよ。

(2)　原価が1000円の商品に定価をつけて，その定価の20％引きで
売っても，まだ原価の12％の利益があるようにしたい。定価をい
くらにすればよいか。

例題 3

原価が2000円の品物に原価のx割の利益を見込んで定価をつけた
が，売れないので定価のx割引きで売り，80円の損失となった。xの
値を求めよ。

定価は，原価2000円の x 割増しだから，$2000\left(1 + \dfrac{x}{10}\right)(\text{円})$

ここでは，**あえてカッコははずさないでおきます。**　←ポイント

売り値は，定価の x 割引きなので，$2000\left(1 + \dfrac{x}{10}\right)\left(1 - \dfrac{x}{10}\right)(\text{円})$

この売り値が2000円よりも80円安かった（だから損した）んですから，

$$2000\left(1 + \frac{x}{10}\right)\left(1 - \frac{x}{10}\right) = 2000 - 80$$

という方程式ができます。2次方程式になりましたね。

この方程式は，$\left(1+\dfrac{x}{10}\right)\left(1-\dfrac{x}{10}\right)$ の部分を先に展開したほうが楽です。

$$2000\left(1-\dfrac{x^2}{100}\right)=1920$$

ここでカッコをはずして，$2000-20x^2=1920$

整理して，$x^2=4$ より，$x=\pm2$

$x>0$ より，$x=2$ 答

このように，割増し，値引きの両方が文字で表される問題は2次方程式になります。そして，先ほど示した計算の工夫をしてください。

類題 3

次の問に答えよ。

(1) 原価1000円の品物に，原価の x 割の利益を見込んで定価をつけた。売れないので定価の x 割引きで売り，90円の損失となった。x の値を求めよ。

(2) 原価10000円の品物に，原価の $2x$ 割の利益を見込んで定価をつけた。ところが売れないので，定価の x 割引きで売ったら，利益は1200円になった。x の値を求めよ。

例題 4

ある商品は，値段を10円下げると，売り上げ個数が4個増える見込みであるという。この商品を定価の500円で売ったら，100個売れた。この商品をある値段で売って，売り上げ総額が54000円になるようにしたい。1個の値段をいくらにすればよいか。

〈値段と売れる個数が連動する問題〉

これは，何を x におけば，式が作りやすいでしょうか。値段を x 円とすると，売り上げ個数が表しづらいですね。ちょっと考えてみましょう。

10円下げて490円で売れば，104個売れる。

20円下げて480円で売れば，108個売れる。……

そこで，**10x 円値下げ**したとすれば，式ができそうです。

10円の x 倍値下げしたと考えるんですね。

定価から$10x$円値下げしたとする。

　表を作って考えてみましょう。1個の値段は $500-10x$（円）で，売り上げ個数は $100+4x$（個）なので，売り上げ総額はそれらをかければよいわけです。

1個の値段	売り上げ個数	売り上げ総額
$500-10x$（円）	$100+4x$（個）	$(500-10x)(100+4x)$

したがって，$(500-10x)(100+4x)=54000$
整理すると，$x^2-25x+100=0$
　　$(x-20)(x-5)=0$　より，$x=20,\ 5$
1個の値段は，いくらといえますか？

> **200円値引きで300円または，50円値引きで450円です。**

　はい，そのとおりです。どちらも適していますね。

⊛　**300円　または　450円**

　このタイプの問題は，値下げ幅の x 倍とおくことと，表で考えることが解法のテクニックなんです。

ポイント

- 値下げ幅の x 倍値下げしたとおく
- 表を作って整理する

類題 4

次の問に答えよ。
(1)　ある商品は，1個50円の値段で売ると1日200個売れる。この商品の値段を1円下げるごとに，売れる個数が8個ずつ増える。この商品の1日の売上金額を11200円になるようにするには，いくら値下げしたらよいか。　　　　　　　　　　　　（中央大杉並高）
(2)　ある美術館では，現在入場料が300円で，一日の平均入場者は1500人である。今までの経験から，15円値上げするごとに一日に平均して50人ずつ入場者が減るという。値上げ幅を100円以内にするとして，一日の入場料の合計が462000円になるように値上げしたい。新しい入場料は，いくらにすればよいか。（郁文館高）

テーマ 7 増減に関する文章題

イントロダクション

中1 中2 中3

◆ 式を立てやすいように未知数を文字でおく ➡ もとになる数を x, y とする
◆ 条件にあった式を立てる ➡ 表を作って整理する
◆ 問題の答えにする ➡ 問われているものに直す

ここでは，主に人数が増えたり減ったりする問題の解き方を学びます。はじめに，○○％増えた，○○％減ったというのを式にする練習をしましょう。分数を用いて表すこともできますが，この種の問題は百分率（％）で与えられることが多いので，**小数でやっていきます**。

練習しよう 次の人数を，小数を用いた x の式で表せ。

(1) x人の10%   (2) x人の4%
(3) x人の12%増   (4) x人の6%減

解 答 1%は，小数で0.01なので，次のようになります。

(1) $x \times 0.1 = 0.1x$（人）   (2) $x \times 0.04 = 0.04x$（人）
(3) $x \times (1+0.12) = 1.12x$（人）   (4) $x \times (1-0.06) = 0.94x$（人）

> 増えるときは，$(1+\Box)$ をかけて，
> 減るときは，$(1-\Box)$ をかければいいんですね。

はい，そうです。これで増えたり減ったりした人数を表せますね。

例題 1

> ある図書館で，先月と今月の中学生と高校生の利用者数を調べた。先月は，中学生と高校生合わせて510人であった。今月は，先月にくらべて，中学生が10%増え，高校生が20%減ったので，高校生が中学生より9人多かった。今月の中学生，高校生の利用者数をそれぞれ求めよ。

一見複雑そうですね。まず，何を文字でおけば式が立てやすいかを考えます。求めるものは，今月の中学生，高校生の人数です。

しかし，今月は「先月にくらべて……」と書かれています。つまり，もとになっているのは，今月ではなくて先月ですね。

もとになっている数を文字でおくほうが，式が立てやすくなります。

したがって，この問題の場合は，先月の人数を文字でおきます。

先月の中学生の人数を x 人，高校生の人数を y 人とする。

与えられた条件を式にするには，**表で整理する**のが効果的です。

右のような表ができます。

今月の中学生は，x 人の10％
増なので，$x(1+0.1)=1.1x$（人），
今月の高校生は，y 人の20％減
なので，$y(1-0.2)=0.8y$（人）
となります。

	中学生	高校生	合計
先月	x 人	y 人	510人
今月	+10%　$1.1x$ 人	−20%　$0.8y$ 人	

$$x(1+0.1)　　　y(1-0.2)$$

この表ができたら，問題文にそって式を立てます。

$$\begin{cases} x+y=510 & \cdots\cdots① \quad \leftarrow\text{先月の人数について} \\ 0.8y=1.1x+9 & \cdots\cdots② \quad \leftarrow\text{今月の高校生と中学生の関係} \end{cases}$$

連立方程式になりました。②の式は10倍して整理してから解きましょう。

$x=210$，$y=300$ と求まりました。

はい，正解です。でも，ここで安心してはいけませんよ。

この x や y は，何を表していましたか？

そう！「先月の」人数ですよね。最後に，問われている「今月の」人数を求めなければなりません。

今月の中学生は，$1.1x$ 人なので，これに $x=210$ を代入して，

$$1.1\times210=231（人）$$

┌─ 増減問題の解法ポイント ─┐
1. もとになる数を文字でおく
2. 表をつくって条件を整理する
3. 問われている数を求める

今月の高校生は，$0.8\times300=240$（人）となります。この計算をせずに答えにしてしまうミスは多く，もったいないので，注意しましょう。

答 中学生231人，高校生240人

類題 1

ある中学校で，図書館の利用者数を調べた。先月は，男女合わせて660人であった。今月は，先月にくらべて男子が5％増え，女子が10％減ったので，女子が男子より9人多かった。今月の男子，女子の人数を求めよ。

ある学校の生徒数は，昨年は，650人であった。今年は昨年とくらべて男子は2%減り，女子は7%増えて，全体としては14人増えた。今年の男子，女子の生徒数をそれぞれ求めよ。

問われているのは，今年の男子と女子の生徒数ですが，**もとになっているのが昨年の生徒数**ですから，昨年の生徒数の方を文字でおきます。

昨年の男子の生徒数を x 人，女子の生徒数を y 人とする。

表を作ると，右のようになります。昨年の生徒数，今年の生徒数について，それぞれ式を立てます。

$$\begin{cases} x+y=650 \\ 0.98x+1.07y=664 \end{cases}$$

さあ，解いてみてください。

	男子	女子	合計
昨年	x人	y人	650人
今年	−2% $0.98x$人	+7% $1.07y$人	+14人 664人

$x(1-0.02)$　　$y(1+0.07)$

計算がかなり複雑になって，たいへんです！

そうですよね。では，中断して結構です。

この連立方程式はもちろん正しい式ですから，がんばって計算すれば，必ず正解にたどり着けます。しかし，かなり繁雑ですよね。

そこで，もう少し楽に解ける式を立てられないか，考えましょう。

上の表をもう一度じっくり見てください。

赤文字で表したところは，何を表していますか？ 「昨年にくらべてどれだけ増えたか」を表していますね。実は，それを式にすると，楽に解けます。

どんな式ができるか，考えてください。

男子は，$-0.02x$ 人，女子は $+0.07y$ 人，合計は $+14$ 人ですね。

したがって，$-0.02x+0.07y=14$ という式ができます。昨年の生徒数に関する式と組み合わせて，

$$\begin{cases} x+y=650 & \cdots\cdots① \\ -0.02x+0.07y=14 & \cdots\cdots② \end{cases}$$

はじめに立てた連立方程式よりも，ずっと解きやすいはずです。解いてみてください。

> $x=350$，$y=300$ です。増加分で式を立てるんですね。

　はい，そのとおりです。このコツは，ぜひマスターしてください。

ポイント
増加分についての式を立てる

　よって，今年の男子は，$0.98x$ に $x=350$ を代入して，$0.98×350=343$（人）

　今年の女子は，$1.07y$ に $y=300$ を代入して，$1.07×300=321$（人）

答　男子343人，女子321人

　増減に関する文章題のポイントを，もう一度ふり返っておきましょう。まず，**もとになる数を文字でおき，表を作って整理し，出た解を用いて問われているものを求める**んでしたね。そして，式が複雑になるときは，**増加分についての式を立てましょう。**

　では，類題で練習してみてください。

類題 2

　次の問に答えよ。
(1)　ある学校の生徒数は，昨年1000人であった。今年は昨年にくらべて，男子が6％減少し，女子が10％増加して，全体で4人増えた。今年の男子，女子の生徒数をそれぞれ求めよ。
(2)　ある高校の入学者数は，昨年700人であった。今年は昨年にくらべて，男子が2％減少し，女子が6％増加して，全体としては2％増加した。今年の男子，女子の入学者数をそれぞれ求めよ。

ヒント！　(2)　増加分についての式を考えるとき，全体として何人増えたのかを考えてください。

第1章 数と式

第2章 関数

第3章 図形

第4章 データの活用

8 動点に関する文章題

■■ イントロダクション ■■

◆ **点の動きを正確に理解しよう** ⇒ **始点・速さ・方向・終点は？**

◆ **必要な長さを正確に表す** ⇒ **出発してからの時間を用いて表す**

◆ **変域に注意** ⇒ **出発してからの時間の条件を確認**

　図形の辺上を点が動く，いわゆる「動点」がテーマです。

　入試での出題頻度は高いので，重要な単元ですが，苦手な人も多くいます。しかし，訓練で確実に解けるようになりますから，がんばってください。まず，単純な例で特訓しましょう。

練習しよう　右の図のように，縦4cm，横6cmの長方形ABCDがある。

　点Pが，頂点Aを出発して，毎秒1cmの速さで，長方形の辺上をA→B→C→D→Aと移動し，頂点Aで止まる。点Pが頂点Aを出発してからの時間を x 秒とする。

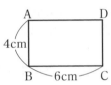

　点Pの動き，わかりましたか？

　始点はAで，辺上を反時計まわりに，毎秒1cmでまわりますね。

(1)　**点Pが辺AB上にあるとき，PAとPBの長さ，x の変域を求めよ。**

解答　点PがAB上にある図をかいて考えます。

　出発して x 秒たったとき，Pが動いた距離が x cmなので，**PA$=x$ cm**です。

　PB$=$AB$-$PA$=4-x$ (cm) となります。

　Pが辺AB上にあるのは，0秒後（PはAにある）から4秒後（PはBにある）までなので，xの変域は，**$0 \leqq x \leqq 4$**

(2)　**点Pが辺BC上にあるとき，PBとPCの長さ，x の変域を求めよ。**

解答　点Pが動いた距離（赤い線の長さ）が x cmで，ABの長さをひけば，PBの長さとなります。

　よって，**PB$=x-4$ (cm)**

　AB$+$BC$=10$cm で，x cmをひくとPCの長さとなるので，**PC$=10-x$ (cm)**

　PがBにくるのは4秒後で，Cに着くのは10秒後なので，x の変域は，**$4 \leqq x \leqq 10$**

(3) **点Pが辺CD上にあるとき，PCとPDの長さ，x の変域を求めよ。**

解答　右の図を見ながら，やってください。

PC= □ － □ （cm）

PD= □ － □ （cm）

x の変域は，□ $\leqq x \leqq$ □

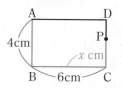

PC=$x-10$（cm），PD=$14-x$（cm），$10 \leqq x \leqq 14$ です。

正解です。よくできました。慣れてきましたか？

では，最終ラウンドです。

(4) **点Pが辺DA上にあるとき，PDとPAの長さ，x の変域を求めよ。**

PD= □ － □ （cm）

PA= □ － □ （cm）

x の変域は，□ $\leqq x \leqq$ □

□をうめてみてください。

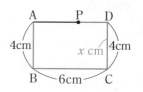

解答　PD=$x-14$（cm），PA=$20-x$（cm），

x の変域は，$14 \leqq x \leqq 20$

例題 1

右の図の直角三角形ABCにおいて，点Pが，頂点A を出発して，毎秒1cmの速さで，三角形の辺上を A→B→C→Aと移動し，頂点Aで止まる。点Pが頂点 Aを出発してからの時間を x 秒とする。

点Pが辺AC上にあるとき，PCの長さ，PAの長さ，x の変域を求めよ。

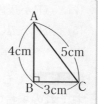

PCの長さは，x cmから $4+3=7$cm をひいて，

　　PC=$x-7$（cm）　㊜

PAの長さは，$4+3+5=12$cm から x cmをひいて，

　　PA=$12-x$（cm）　㊜

x の変域は，$7 \leqq x \leqq 12$　㊜

右の図は1辺12cmの正方形である。

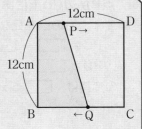

いま，2つの動点P，Qが同時に動き始め，点Pは秒速2cmでAからDまで動き，点Qは秒速3cmでCからBまで動くとき，次の問に答えよ。ただし，2つの動点は，それぞれD，Bに到達したら止まるものとする。

(1) 四角形ABQPが長方形になるのは何秒後か。

(2) 2点P，Qが動き始めてからx秒後の，四角形ABQPの面積を，xを用いて表せ。

(3) 四角形ABQPの面積が60cm²になるのは，2点P，Qが動き始めてから何秒後か。

例題 2

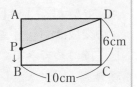

右の図のような，縦6cm，横10cmの長方形ABCDがある。点Pが頂点Aを出発し，辺上を毎秒1cmの速さで A→B→C→D と動き，Dで止まる。点Pが出発してからx秒後の，△APDの面積を$y$cm²とする。次のそれぞれの場合について，yをxの式で表せ。また，xの変域も求めよ。

(1) 点Pが辺AB上にあるとき

(2) 点Pが辺BC上にあるとき

(3) 点Pが辺CD上にあるとき 〈動点と面積の問題〉

類題 1 でもありましたが，動点と面積の関係は，よく出題されます。それぞれの場合の図をかいて考えてみましょう。

これを面倒くさがってはいけません。

(1) **点Pが辺AB上にあるとき**

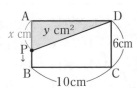

△APDの底辺をAPと考えれば，AP$=x$cm

なので，$y=x\times10\times\dfrac{1}{2}$ より，$y=5x$ 答

点Pが辺AB上にあるのは，0秒後から6秒後までなので，xの変域は，$0\leqq x\leqq6$ 答

このように，練習したとおりにやってみましょう。

(2) 点Pが辺BC上にあるとき

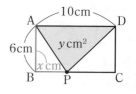

点Pが辺BC上のどこにあっても，$\triangle$APDの底辺は10cm，高さは6cmになりますね。ですから，この場合は，$y=10\times6\times\dfrac{1}{2}$ より，**$y=30$** 答

BPやCPの長さは不要ですね。点Pが辺BC上にあるのは，6秒後から16秒後までなので，x の変域は，**$6\leqq x\leqq16$** 答

(3) 点Pが辺CD上にあるとき

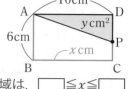

$\triangle$APDの底辺をDPとして，DPの長さは，x を用いるとどうなるか，考えてみてください。

DP＝□ cm なので，$y=$□ cm^2　　x の変域は，□$\leqq x\leqq$□

$$\mathbf{DP=22-x,\ y=-5x+110,\ 16\leqq x\leqq22}\ \text{です。}$$

はい，正解です。特訓の成果で，DPの長さがすぐにわかりましたか？自信のない人は，もう一度練習しておきましょう。

類題 2

右の図は，台形ABCDで，AB＝8cm，BC＝3cm，CD＝4cm，AB⊥BC，AB//DC である。

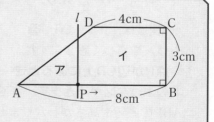

点PはAを出発し，毎秒1cmの速さで辺AB上をBまで動き，Bに到着したら停止する。点Pを通り，辺ABに垂直な直線を l とする。直線 l が台形ABCDを2つの部分に分けるとき，Aを含む側をア，Bを含む側をイとする。次の問に答えよ。

(1) 点PがAを出発してから4秒後のアの面積は何cm^{2}か。

(2) アとイの面積が等しくなるのは，点PがAを出発してから何秒後か。

(鹿児島県・一部略)

ヒント！ (2)は，明らかに l が点Dより右にあるときです。

このとき，アの図形の面積に注目するよりも，イの図形のほうが求めやすいですね。x 秒後に，イの面積が台形の半分になると考えると楽です。

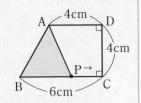

　右の図のような台形ABCDがある。点Pは，Bを出発して台形の周上をC，Dを通ってAまで，毎秒1cmの速さで動き，Aに到達したあとはとどまるものとする。点PがBを出発して x 秒後の△ABPの面積を y cm^2 として，次の問に答えよ。

(1)　次の各場合について，y を x の式で表せ。

　また，そのときの x の変域も求めよ。

　①　点Pが辺BC上にあるとき　　②　点Pが辺CD上にあるとき

　③　点Pが辺DA上にあるとき

(2)　x と y の関係を表すグラフをかけ。

(3)　△ABPの面積が6cm^2 となるのは，点PがBを出発して何秒後か。

〈動点と面積の応用〉

さらにつっこんだ問題です。基本どおり，それぞれの図をかいて考えてみましょう。

(1)① 点Pが辺BC上にあるとき

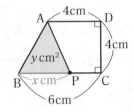

　底辺BPの長さは x cm，高さは4cmですね。

$$y = x \times 4 \times \frac{1}{2} \quad \text{より，} \quad \boldsymbol{y = 2x} \ \text{㉘}$$

x の変域は，$0 \leqq x \leqq 6$　㉘

もう，やさしく感じますね。

② 点Pが辺CD上にあるとき

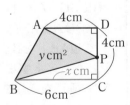

　右のような図ができます。さて，困りました。△ABPの底辺や高さがわかりませんね。

　どうやって面積を求めたらよいか，考えてみてください。

台形の面積から，三角形2つの面積をひけば求まります。

その通りです。ではやってみましょう。

　まず，台形ABCDの面積は，台形の面積公式で求めて，20cm^2 ですね。

　△ADPは，AD＝4cm を底辺とし，高さは，DP＝10－x（cm）です。

したがって，$\triangle \text{ADP} = 4 \times (10 - x) \times \dfrac{1}{2} = 20 - 2x \ (\text{cm}^2)$

次に，$\triangle \text{BCP}$ は，$\text{BC} = 6\text{cm}$ を底辺とし，高さは $\text{PC} = x - 6 \ (\text{cm})$

したがって，$\triangle \text{BCP} = 6 \times (x - 6) \times \dfrac{1}{2} = 3x - 18 \ (\text{cm}^2)$

以上より，$y = 20 - \{(20 - 2x) + (3x - 18)\} = 20 - (x + 2) = -x + 18$
と求まりました。ちょっとたいへん。

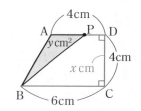

🔵 $y = -x + 18,\ 6 \leqq x \leqq 10$

③ **点Pが辺DA上にあるとき**

底辺APの長さは，$14 - x \ (\text{cm})$ ですね。

高さは4cmなので，

$$y = (14 - x) \times 4 \times \dfrac{1}{2} = -2x + 28$$

🔵 $y = -2x + 28,\ 10 \leqq x \leqq 14$

(2) ここでは，(1)で求めた関係を，グラフに表します。

(1)の①で，$x = 6$ を代入すると，
$y = 12$ なので点$(6, 12)$を通ります。

②で，$x = 6$ を代入すると，$y = 12$，
 $x = 10$ を代入すると，$y = 8$
なので，点$(6, 12)$，$(10, 8)$を結ぶ。

③で，$x = 10$ を代入すると，$y = 8$，
 $x = 14$ を代入すると，$y = 0$
なので，点$(10, 8)$，$(14, 0)$を結んで，
できあがりです。

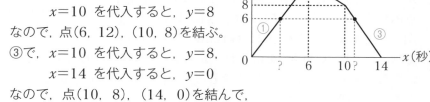

(3) (2)でできたグラフをよく見てください。

 $y = 6$ となるときは，赤の点線とグラフの交点で求められます。

 ですから，①の結果の式に $y = 6$，③の結果の式に $y = 6$ をそれぞれ代入して，x の値を求めてください。

$x = 3$ と，$x = 11$ が求まりました。

正解です。 🔵 3秒後と11秒後

右の図のような直角三角形ABCがある。点Pは，Aを出発して，△ABCの周上をBを通りCまで，毎秒1cmの速さで動くものとする。点PがAを出発してから x 秒後の，△APCの面積を y cm^2 とするとき，次の問に答えよ。

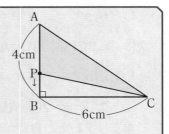

(1) 次の各場合について，y を x の式で表せ。また，x の変域も求めよ。

 ① 点Pが辺AB上にあるとき

 ② 点Pが辺BC上にあるとき

(2) x と y の関係を，グラフで表せ。

(3) △APCの面積が6cm^{2}になるのは，点PがAを出発してから何秒後か。

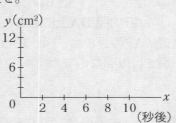

右図のように，AB＝10cm，CD＝6cm，DA＝4cm，∠A＝∠D＝90°の台形ABCDがある。点P，Qは点Aを同時に出発して，点Pは辺AD，DC上を点Cまで，点Qは辺AB上を点Bまで，それぞれ毎秒1cmの速さで動く。点P，Qが点Aを出発してから x 秒後の線分PQによって分けられる図形のうち，頂点Aを含むほうの図形の面積を y cm^2 とするとき，次の問に答えよ。

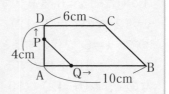

(1) x の変域が $0 \leqq x \leqq 4$ のとき，y を x の式で表せ。

(2) x の変域が $4 \leqq x \leqq 10$ のとき，y を x の式で表せ。

(1) 点Pは辺AD上にあり，点Qは辺AB上にありますね。

 右の図のとおり，AP＝AQ＝x cm です。

 △APQ＝AQ×AP×$\dfrac{1}{2}$ なので，

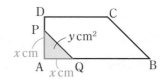

$y＝x×x×\dfrac{1}{2}$　つまり，$\boldsymbol{y＝\dfrac{1}{2}x^2}$ 答

(2) 点Pは辺DC上，点QはAB上ですね。

このとき，AQ=x cm で，

DP=$x-4$（cm）です。

台形AQPDの面積がyなので，

$y=\{(x-4)+x\}\times 4\times\dfrac{1}{2}$ より，$y=4x-8$ ⬿

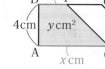

条件にあった図をかければ，求められることがわかりました。

類題 4

右の図のような，OA∥CBである台形OABCがあり，OA=25cm，AB=8cm，BC=21cm，∠OAB=∠ABC=90° である。

点Oを通り，線分OAに垂直な直線をひく。この直線上に，直線OAについて2点B，Cと同じ側に OD=25cm となる点Dをとる。

点Pは，点Oを出発して毎秒1cmの速さで線分OA上を点Aまで動く点である。点Qは，点Oを点Pと同時に出発して，OQ=OP となるように，線分OD上を動く点である。

2点P，Qが点Oを出発してからx秒後に，台形OABCを線分PQが分けてできる図形のうち，点Oを含む図形を S とするとき，次のア，イの問に答えよ。

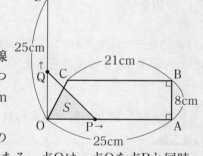

ア　点Pが点Oを出発してから25秒後にできる図形 S の面積は何cm²か。

イ　$12\leqq x\leqq 25$ のとき，図形 S の面積は何cm²か。

（香川県・一部略）

ヒント！　アでは，点PがOを出発して25秒後の，線分PQと辺BCとの交点の位置を考えてみてください。どこかに直角二等辺三角形ができます。イでは，12秒後がポイントとなります。このとき，線分PQは，どこを通るのかを考えてみてください。また，答えはxを用いて表します。

⑨ 方程式の解と係数

■■ イントロダクション ■■

◆ 解の正確な処理をしよう ➡ 解が与えられたら代入する
◆ 方程式どうしの関係を知る
◆ 2次方程式の解の性質を知る

例題 1

次の問に答えよ。

(1) x についての方程式 $4x+3a=5x-1$ の解が -2 のとき，a の値を求めよ。

(2) x についての方程式 $\dfrac{3x+a}{3}-\dfrac{x-a}{2}=-3$ の解が $\dfrac{2}{3}$ のとき，a の値を求めよ。　　　　　　　　　　　　　〈1次方程式と解〉

1次方程式・連立方程式・2次方程式などの方程式で，解が与えられる問題は，たいへん多く出題されます。どうすればよいでしょうか？

> 確か，解が与えられたら代入するんでした。

はい，そのとおりです。方程式の解とは，その方程式を成り立たせる文字の値で，代入したときにその式が成り立つからですね。

(1) 解の -2 は，a と x のどちらに代入すべきでしょうか。ここで，問題文をよく読んでください。「**x についての方程式**」と書かれています。これは，**未知数が x である**ことを示しているんです。

ポイント

解が与えられたら
⬇
代入する

したがって，この場合，解とはこの式を成り立たせる x の値なので，x に -2 を代入します。$x=-2$ を代入すると，$-8+3a=-10-1$

これを解いて，$a=-1$　答　$a=-1$

(2) これも，代入して解くことになりますが，ちょっと式が複雑ですね。そのまま解を代入するよりも，**式を整理してから代入する**ほうが楽です。

両辺を6倍します。

$$2(3x+a)-3(x-a)=-18$$

整理して，$3x+5a=-18$

ここに $x=\dfrac{2}{3}$ を代入して，$2+5a=-18$

これを解いて，$a=-4$　答　$a=-4$

 方程式が複雑なときは，式を整理してから代入するんですね。

はい。そうすることで，計算も楽になり，ミスも減ります。

類題 1

　次の問に答えよ。

(1) x についての方程式 $3x-a=ax+1$ の解が3であるとき，aの値を求めよ。

(2) x についての方程式 $\dfrac{x}{5}-\dfrac{ax-4}{4}=4$ の解が-10であるとき，aの値を求めよ。

例題 2

x，y についての連立方程式 $\begin{cases} ax-by=4 \\ bx-ay=5 \end{cases}$ の解が $(x, y)=(2, -1)$

であるとき，a，b の値を求めよ。　　　　　　　〈連立方程式と解〉

連立方程式も，解を代入すると式が成り立つので，**代入します。**

$$\begin{cases} ax-by=4 & \cdots\cdots① \\ bx-ay=5 & \cdots\cdots② \end{cases}$$

①に $x=2$，$y=-1$ を代入します。

　　$2a+b=4$　　……③

このとき，まちがってaやbに代入しないようにしてください。←注意

②に $x=2$，$y=-1$ を代入します。

　　$2b+a=5$

aとbの順をそろえて，$a+2b=5$　……④

③，④を連立して解くと，$(a, b)=(1, 2)$

答　$a=1$，$b=2$

次の問に答えよ。

(1) x, y についての連立方程式 $\begin{cases} ax+by=7 \\ bx+ay=2 \end{cases}$ の解が $x=4, y=5$ で

あるとき，a, b の値を求めよ。 （函館ラ・サール高）

(2) x, y についての連立方程式 $\begin{cases} ax-y=b \\ bx+2ay=14 \end{cases}$ の解が $x=2, y=3$

であるとき，定数 a, b の値を求めよ。 （都立墨田川高）

(3) x, y の連立方程式 $\begin{cases} 2x+ay=2b \\ bx+\dfrac{2}{3}y=-2a \end{cases}$ の解が $x=2, y=-3$ で

あるとき，定数 a, b の値を求めよ。 （東京学芸大附高）

例題 **3**

x, y についての連立方程式 $\begin{cases} x-4y=6 \\ x-ay=5 \end{cases}$ の解が $2x+y=3$ を満

たす。このとき，a の値を求めよ。 〈3つの式〉

この問題では，解が与えられていないので，代入というわけにはいきませんね。何とかして解を求めることはできないでしょうか。

> $x-4y=6$ と，$2x+y=3$ を連立してはどうでしょうか。

そうです。それでいいんです。

解は，どの式も成り立たせるわけですから，**a を含まない式を組み合わせて解けば，解が求まります。**

$\begin{cases} x-4y=6 \\ 2x+y=3 \end{cases}$ を連立して解きます。

これを解いて，$(x, y)=(2, -1)$

この解を，$x-ay=5$ に代入して，

$2+a=5$ より，$a=3$

ポイント

x, y だけでできている式を組み合わせた連立方程式を解く

答 $a=3$

類題 3

次の問に答えよ。

(1) 連立方程式 $\begin{cases} 2x-y=2 \\ x+2y=a \end{cases}$ の解が，$5x+10y=-2$ を満たすとき，

a の値を求めよ。

（和洋国府台女子高）

(2) 連立方程式 $\begin{cases} 2x+y=1 \\ \dfrac{x}{4}-\dfrac{y}{2}=3a \end{cases}$ の解が，方程式 $3x-y=5$ を満たす

とき，a の値と，この連立方程式の解を求めよ。 （立命館高）

例題 4

次の2つの $x,\ y$ についての連立方程式が同じ解をもつとき，$a,\ b$ の値を求めよ。

$\begin{cases} 2x-7y=-8 & \cdots\cdots① \\ ax+by=13 & \cdots\cdots② \end{cases}$ $\begin{cases} 3ax-2by=-11 & \cdots\cdots③ \\ 3x+5y=19 & \cdots\cdots④ \end{cases}$

〈2つの連立方程式の共通解〉

2つの連立方程式が同じ解をもつということは，この4つの方程式が共通な解をもつことを意味します。

簡単にいえば，どの2つの式を連立しても同じ解になるということです。**例題 3** のときにやったのと同じ方法で解けます。

つまり，a や b をふくまない式①と④から連立方程式をつくって，解を求めればよいことがわかりますね。

そして，求まった解を，残りの2つの式②と③に代入すればよさそうです。では，やってみましょう。

$\begin{cases} 2x-7y=-8 & \cdots\cdots① \\ 3x+5y=19 & \cdots\cdots④ \end{cases}$

を解くと，$(x,\ y)=(3,\ 2)$ が求まります。

これを②，③に代入して，

$\begin{cases} 3a+2b=13 & \cdots\cdots②' \\ 9a-4b=-11 & \cdots\cdots③' \end{cases}$

これを解き，$(a,\ b)=(1,\ 5)$

答 $a=1,\ b=5$

ポイント

$x,\ y$ だけでできた式を組み合わせて解く

↓

求まった解を，残りの式に代入する

次の問に答えよ。

(1) 次の2つの連立方程式が同じ解をもつとき，a, b の値を求めよ。

$$\begin{cases} 3x-4y=23 \\ ax-by=-11 \end{cases} \qquad \begin{cases} 5x+3y=19 \\ bx+ay=16 \end{cases}$$

（中央大杉並高）

(2) 次の2組の連立方程式が同じ解をもつとき，定数 a, b の値を求めよ。

$$\begin{cases} 5x+2y=1 \\ 2x-3y=-30 \end{cases} \qquad \begin{cases} ax+4y=11 \\ 3x+by=-25 \end{cases}$$

（法政大女子高）

例題 5

次の問に答えよ。

(1) 2次方程式 $x^2+ax+6=0$ の1つの解が-3のとき，a の値と他の解を求めよ。

(2) 2次方程式 $x^2+6x-m=0$ の1つの解が $x=-3+\sqrt{5}$ のとき，m の値と他の解を求めよ。

(3) x についての2次方程式 $x^2+x-3a=0$ の1つの解が a であるとき，a の値と他の解を求めよ。ただし，$a>0$ とする。

(4) x についての2次方程式 $x^2+ax+2b=0$ の2つの解が-1と4である。このとき，a, b の値を求めよ。　　　　　　　〈2次方程式と解〉

(1) **与えられた2次方程式に，解を代入します。**

$x=-3$を代入して，$9-3a+6=0$ より，$a=5$

もとの2次方程式は，$x^2+5x+6=0$ となります。

これを解くと，$(x+2)(x+3)=0$ より，$x=-2, -3$

他の解とは，-3と異なる解なので，-2　　**答** $a=5$，他の解は-2

(2) $x=-3+\sqrt{5}$ を代入します。平方根の計算を正確にしましょう。

$$(-3+\sqrt{5})^2+6(-3+\sqrt{5})-m=0$$

$$9-6\sqrt{5}+5-18+6\sqrt{5}-m=0$$

これを解いて，$m=-4$

もとの2次方程式は，$x^2+6x+4=0$ となります。解いてみましょう。

左辺は因数分解できません。どうやって解きますか？

解の公式で解いて，$x=-3\pm\sqrt{5}$ となりました。

はい，正解です．因数分解できないときは，解の公式で解けますね．
他の解は，$-3-\sqrt{5}$ となります．

答 $m=-4$，他の解は$-3-\sqrt{5}$

(3) $x^2+x-3a=0$ に解 $x=a$ を代入します．

$a^2+a-3a=0$　　　$a^2-2a=0$

$a(a-2)=0$ より，$a=0, 2$

$a>0$ だから，$a=2$

もとの2次方程式は，$x^2+x-6=0$ となります．

$(x+3)(x-2)=0$ より，$x=-3, 2$

$a=2$ なので，$x=a$ 以外の解は-3です．

答 $a=2$，他の解は-3

ここまでやってきてわかったことをまとめましょう．

まず，1つの解を代入して，定数の値を求めます．次に，定数の値を入れた，もとの2次方程式を「復元」して，それを解くわけです．

ポイント

解を代入して，定数の値を求める

↓

もとの2次方程式を解く

(4) $x^2+ax+2b=0$ に $x=-1$ を代入して，

$1-a+2b=0$ より，$-a+2b=-1$　……①

$x=4$を代入して，$16+4a+2b=0$ より，$4a+2b=-16$　……②

①と②を組み合わせた連立方程式を解けばいいですね．

これを解いて，$(a, b)=(-3, -2)$

答 $a=-3$，$b=-2$

このように，解が2つ与えられたら，それぞれを代入した式を，連立方程式にして解けばよいわけです．

(**別解**) ちょっと工夫した考え方で，解いてみます．

解が $x=-1, 4$ となるのは，$(x+1)(x-4)=0$ ですね．

これは，$x^2-3x-4=0$ なので，

$x^2+ax+2b=0$ は，$x^2-3x-4=0$ と一致する

とわかります．

したがって，$a=-3$，$2b=-4$ より，$b=-2$　速解ですね．

次の問に答えよ。

(1)　2次方程式 $x^2-x+a=0$ の解の1つが3のとき，a の値を求めよ。

（石川県）

(2)　x についての2次方程式 $x^2+kx+2k^2-7=0$ の1つの解が1であるとき，k の値を求めよ。ただし，k の値は正の数とする。

（都立新宿高）

(3)　x の2次方程式 $(x-a)^2-4(x-a)+4=0$ が $x=1$ を解にもつとき，定数 a の値を求めよ。　　　　（豊島岡女子学園高）

(4)　2次方程式 $x^2-2x+a=0$ の解の1つが $x=1+\sqrt{2}$ であるとき，a の値と，2次方程式の他の解を求めよ。　　（土浦日本大学高・改）

(5)　x についての2次方程式 $(x+1)(x-2)=a$ （a は定数）の解の1つが4である。

①　a の値を求めよ。

②　この方程式のもう1つの解を求めよ。　　　　　　（熊本県）

　　2つの2次方程式 $x^2+x-6=0$，$x^2+ax-10=0$ が共通の解をもつとき，整数 a の値を求めよ。　　　　　　　〈2つの2次方程式〉

　与えられた2次方程式のうち，$x^2+x-6=0$ は解けますね。解いてみましょう。$(x+3)(x-2)=0$ より，$x=-3, 2$

　この2つの解のうち，どちらかがもう1つの2次方程式の解になっているわけです。

どちらの解がもう1つの方程式の解か，わかりません〜。

　確かにわかりませんね。わからないので，それぞれを代入してみます。

①　$x=-3$ が $x^2+ax-10=0$ の解のとき，

代入して，$9-3a-10=0$ より，$a=-\dfrac{1}{3}$

a が整数である条件を満たしていません。

② $x=2$ が $x^2+ax-10=0$ の解のとき，代入して，$4+2a-10=0$
より，$a=3$　これは適しています。　**答**　$a=3$
このように，**一方を解いて，解をもう一方の方程式に代入する**のです。

類題 6

a を正の定数とする。x についての2次方程式
$x^2-2x-15=0$　……①　　　$x^2+4x+a=0$　……②　があり，
①の解の1つが②の解になっている。このとき，$a=\boxed{}$で，②のも
う1つの解は $x=\boxed{}$である。
(成城高)

例題 7

x についての2次方程式 $x^2+ax+6=0$ の2つの解が，ともに整数
であるとき，a の値をすべて求めよ。　　　　〈2次方程式の整数解〉

　2つの解が整数であることを，どうやって表せばよいのでしょうか。
2次方程式を解く過程をふり返ってみてください。どんなとき，整数の解
が出ましたか？

確か，$(x-\bigcirc)(x-\triangle)=0$ のようになったときでした。

　そのとおりです。左辺がそのような形
に因数分解できたときですね。
　では，この問題の場合，$x^2+ax+6=0$
が因数分解されるとき，**定数項**※に着目
するとどんなケースが考えられるでしょ
うか。

ポイント

2つの整数解
　↓
$(x-\bigcirc)(x-\triangle)=0$
の形に因数分解できる
($\bigcirc$，$\triangle$ は整数)

$(x+1)(x+6)=0$　……①　　　$(x+2)(x+3)=0$　……②
$(x-1)(x-6)=0$　……③　　　$(x-2)(x-3)=0$　……④
のいずれかです。①のとき，$a=7$，②のとき，$a=5$，③のとき，$a=-7$，
④のとき，$a=-5$となります。　**答**　$a=7，5，-7，-5$

類題 7

x についての2次方程式 $x^2+ax+8=0$ の2つの解が，ともに整数
であるとき，a の値をすべて求めよ。

※定数項…文字を含まない項(数だけでできた項)

⑩ いろいろな式の展開

■■ イントロダクション ■■

◆ 正確な計算力をつけよう ➡ 乗法公式を覚える

◆ 複雑な計算を，工夫してできるようにする ➡ おきかえを利用する

◆ 式の展開を応用する

　まず，式の展開に必要な，乗法公式を確認しよう。

- $(a+b)(c+d) = ac+ad+bc+bd$

（例）　$(x+2y)(a-3b)$
　　　　$= ax-3bx+2ay-6by$

- $(x+a)(x+b) = x^2+(a+b)x+ab$

（例）　$(x+3)(x+5)$ 　　　　　　 $(x-2y)(x+6y)$
　　　　$= x^2+8x+15$ 　　　　　 $= x^2+4xy-12y^2$

- $(x+y)^2 = x^2+2xy+y^2$ 　　　　 - $(x-y)^2 = x^2-2xy+y^2$

（例）　$(x+3)^2$ 　　　　　　　　 $(2x-5y)^2$
　　　　$= x^2+6x+9$ 　　　　　　 $= 4x^2-20xy+25y^2$

- $(x+y)(x-y) = x^2-y^2$

（例）　$(x+6)(x-6)$ 　　　　　　 $(3x+5y)(3x-5y)$
　　　　$= x^2-36$ 　　　　　　　 $= 9x^2-25y^2$

　公式はマスターできていますか？　では，確認してみましょう。

確認しよう　次の計算をせよ。

(1) $(x-4)^2+x(8-x)$ 　　　　　　　　　　（熊本県）

(2) $(x+3)^2-x(x-9)$ 　　　　　　　　　　（高知県）

(3) $(x+y)(x-3y)+2xy$ 　　　　　　　　　（奈良県）

(4) $(a+2)^2+(a-1)(a-3)$ 　　　　　　　（和歌山県）

(5) $(x+3)^2-(x+2)(x-4)$ 　　　　　　　（神奈川県）

(6) $(2x-7)(2x+7)+(x+4)^2$ 　　　　　　（京都府）

(7) $(2x+1)(2x-1)+(x+2)(x-3)$ 　　　　（愛媛県）

(8) $(2x+3)^2-4(x+1)(x-1)$ 　　　　　　（愛知県）

(9) $(4x+y)(4x-y)-(x-5y)^2$ 　　　　　（大阪府）

(10) $(x+2y)^2-(2x+3y)^2-5(x+y)(x-y)$ 　（早稲田実業学校高等部）

| 解 答 | (1) 16 | (2) $15x+9$ | (3) x^2-3y^2 | (4) $2a^2+7$ |

(5) $8x+17$　(6) $5x^2+8x-33$　(7) $5x^2-x-7$　(8) $12x+13$

(9) $15x^2+10xy-26y^2$　(10) $-8x^2-8xy$

　どうでしたか。正確に計算できたでしょうか。まちがえてしまった問題は，正解できるまで解き直しておいてください。

例題 1

　次の式を展開せよ。

(1) $(a+b+c)(a+b-c)$

(2) $(a+b+6)(a+b-3)$

(3) $(x-y+3)^2$

(4) $(2x+y-z)(2x-y-z)$　　　　〈おきかえの利用①〉

　分配法則をくり返し用いて展開することもできますが，かなり複雑な計算となり，計算ミスしやすくなります。ここにある問題は，実は，すべて乗法公式を利用して展開することができます。

(1) このままでは，公式が使えませんね。ところが，2つのカッコの中をよく見てください。$a+b$が共通しています。

　そこで，$a+b=A$ とおきます。

　すると，$(A+c)(A-c)$ という式になって，公式が使えるのです。

　$与式=(A+c)(A-c)$

　　　$=A^2-c^2$　公式を用いる

　　　$=(a+b)^2-c^2$　もとにもどす

　　　$=a^2+2ab+b^2-c^2$　㊈となります。慣れるまで練習しましょう。

(2) $a+b=A$ とおきます。

　$与式=(A+6)(A-3)$

　　　$=A^2+3A-18$

　　　$=(a+b)^2+3(a+b)-18$

　　　$=a^2+2ab+b^2+3a+3b-18$　㊈

おきかえのポイント

- カッコの中の共通なものをAとおく
- 公式を用いて展開する
- Aをもとにもどす

　カッコの中の共通なものをAとおいて公式を用いるんですね。

　はい，そのとおりです。もとにもどすことも忘れないでください。

(3) $(a+b)^2=a^2+2ab+b^2$ という公式がありましたね。でも，この問題では，カッコの中が3つの項でできています。そのままでは，公式が使えません。どうやって公式を使える形にかえたらいいでしょうか。

$x-y$ を A とおいてみるとどうでしょうか。

すると，$(x-y+3)^2=(A+3)^2$ となるので，公式が使えるのです。

$x-y=A$ とおきます。

$$
\begin{aligned}
与式 &=(A+3)^2 \\
&=A^2+6A+9 \\
&=(x-y)^2+6(x-y)+9 \\
&=x^2-2xy+y^2+6x-6y+9 \quad 答 \quad できました！
\end{aligned}
$$

公式を用いる
もとにもどす

文字でおきかえると，カッコの中の項が2つになって公式が使えるんですね。

(4) この問題では，2つのカッコの中の共通なものは何でしょうか？

$2x-z$ が共通です。$(\boxed{2x}+y\boxed{-z})(\boxed{2x}-y\boxed{-z})$ とみます。

$y-z$ ではありません。$+y-z$ と $-y-z$ は同じではないので，注意してください。

$2x-z=A$ とおきます。

$$
\begin{aligned}
与式 &=(A+y)(A-y) \\
&=A^2-y^2 \\
&=(2x-z)^2-y^2 \\
&=4x^2-4xz+z^2-y^2 \quad 答
\end{aligned}
$$

公式を用いる
もとにもどす

類題で，練習してください。

類題 1

次の式を展開せよ。

(1) $(2a+b+3c)(2a+b-3c)$

(2) $(x-2y+z)(x-2y-z)$

(3) $(x-3y+2)(x-3y-5)$

(4) $(2a+b+c)(2a+b+4c)$

(5) $(2a+b+c)^2$

(6) $(3a-2b-c)^2$

(7) $(a+b+c)(a-b+c)$

(8) $(a+2b+3c)(a-b+3c)$

では，さらに次のステップの問題をやってみましょう。

例題 2

次の式を展開せよ。

(1) $(a+b+c)(a-b-c)$

(2) $(2a+b-c)(2a-b+c)$

〈おきかえの利用②〉

(1) 2つのカッコの中の共通なものがわかりますか？

$a+b$ と $a-b$ はちがう式です。$a+c$ と $a-c$ もちがいます。

一見すると，共通なものがないように見えますね。

実は，$+b+c$ と $-b-c$ には，共通なものがかくれているのです。

与式 $=(a+b+c)(a-b-c)$

$\quad = \{a+(b+c)\}\{a-(b+c)\}$ となるからです。

そこで，$b+c=B$ とおいてみましょう。

与式 $=(a+B)(a-B)$

$\quad = a^2-B^2$

$\quad = a^2-(b+c)^2$

$\quad = a^2-(b^2+2bc+c^2)$ ←この式を書くと符号ミスを防げます

$\quad = a^2-b^2-2bc-c^2$ 答

> **（$b+c$ と $-b-c$ の関係）**
> $-b-c=-(b+c)$

(2) これも，共通なものがなさそうに見えます。$+b-c$ と $-b+c$ は，符号がちょうど逆になっています。ここに，共通なものがあるのです。

与式 $=\{2a+(b-c)\}\{2a-(b-c)\}$ となるからです。

$b-c=B$ とおきます。

与式 $=(2a+B)(2a-B)$

$\quad = 4a^2-B^2$

$\quad = 4a^2-(b-c)^2$

$\quad = 4a^2-(b^2-2bc+c^2)$ ←符号ミス防止

$\quad = 4a^2-b^2+2bc-c^2$ 答

> **（$b-c$ と $-b+c$ の関係）**
> $-b+c=-(b-c)$

類題 2

次の式を展開せよ。

(1) $(a+2b+c)(a-2b-c)$

(2) $(x+2y+3z)(x-2y-3z)$

(3) $(2x-y+1)(2x+y-1)$

(4) $(4x-2y+3z)(4x+2y-3z)$

おきかえのやり方は，慣れましたか。何度も練習しておきましょう。

例題 3

次の式を展開せよ。

(1) $(2x+3y)^2(2x-3y)^2$

(2) $(x+1)(x+2)(x+3)(x+4)$

〈複雑な式の展開〉

(1) 与式 $=(4x^2+12xy+9y^2)(4x^2-12xy+9y^2)$

$\quad\quad =\cdots\cdots$

とやっても，計算できますが，もっとよい方法はないでしょうか。

Q. $4^2\times25^2$ を暗算で求めてください。

暗算ではできない気がしますね。

しかし，次のようにできるんです。

A. $4^2\times25^2=(4\times25)^2=100^2=10000$ 　簡単に求められました。

つまり，$A^2\times B^2=(A\times B)^2$ が成り立つわけです。

では，問題にもどります。この考え方を使うと，

$\quad (2x+3y)^2(2x-3y)^2$

$={\{(2x+3y)(2x-3y)\}}^2$ 　　）ポイント

$=(4x^2-9y^2)^2$

$=16x^4-72x^2y^2+81y^4$ 答

(2) カッコが4つあります。一度にはずせませんので，2つのカッコを組にして，それをはずしてみましょう。そのとき，どの2つのカッコを組にするとよいでしょうか。

$\quad(x+1)(x+4)=x^2+5x+4 \quad\quad (x+2)(x+3)=x^2+5x+6$

このように組にすると，x^2+5x が共通なものとして出てきます。

$\quad$与式 $=(x+1)(x+4)\times(x+2)(x+3)$

$\quad\quad =(x^2+5x+4)(x^2+5x+6)$

ここで，$x^2+5x=A$ とおくと，

$\quad$与式 $=(A+4)(A+6)=A^2+10A+24$

$\quad\quad =(x^2+5x)^2+10(x^2+5x)+24$

$\quad\quad =x^4+10x^3+25x^2+10x^2+50x+24$

$\quad\quad =x^4+10x^3+35x^2+50x+24$ 答

同じものが出るような組をつくって，おきかえるんですね。

類題 3

次の式を展開せよ。
(1) $(x+2y)^2(x-2y)^2$
(2) $(x-1)(x-2)(x-3)(x-6)$

ヒント! (2) 定数項(数だけの項)に着目してください。

例題 4

次の問に答えよ。
(1) $(2x^2-3x-4)(3x^2+5x+2)$ を展開したときの, x^2の係数を求めよ。
(2) $(x^2+kx-2k)(x^2+3x-5)$ を展開したときの, x^2の係数は-2であった。このとき, 定数kの値を求めよ。 〈係数を求める〉

(1) 実際に展開する必要はありません。x^2の係数だけ聞かれているので, 項にx^2が出てくる部分だけを考えます。

$(2x^2-3x-4)(3x^2+5x+2)$ この3つの計算をします。

❶から$4x^2$, ❷から$-15x^2$, ❸から $-12x^2$ が出ますから,

x^2の項は, $4x^2-15x^2-12x^2=-23x^2$

よって, **x^2の係数は-23** 答

(2) これも, x^2の項が出る部分だけを計算します。

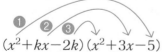

$(x^2+kx-2k)(x^2+3x-5)$

x^2の係数が-2だから, $-5+3k-2k=-2$

これを解いて, **$k=3$** 答

必要なところだけ選んで計算すればいいわけですね。

はい, そのとおりです。見落としがないように, 注意してください。

類題 4

$(5x^2-7x-3)(2x^2-4x-5)$ を展開したときの, x^2の係数を求めよ。

⑪ いろいろな因数分解

∎∎∎ イントロダクション ∎∎∎

◆ **正確な計算力をつけよう** ➡ 因数分解公式を覚える
◆ **複雑な式を因数分解する** ➡ 整理してから因数分解する
◆ **工夫して因数分解する** ➡ おきかえを利用する

はじめに，因数分解公式を確認しましょう。

• $ax+ay=a(x+y)$　このときの a を共通因数といいます。

（例）　$3xy^2-6x^2y$
　　　$=3xy(y-2x)$

• $x^2+(a+b)x+ab=(x+a)(x+b)$

（例）　x^2+5x+6 　　　　　　　　$x^2-2x-15$
　　　$=(x+2)(x+3)$ 　　　　　　$=(x-5)(x+3)$

• $x^2+2ax+a^2=(x+a)^2$ 　　• $x^2-2ax+a^2=(x-a)^2$

（例）　x^2+6x+9 　　　　　　　x^2-4x+4
　　　$=(x+3)^2$ 　　　　　　　$=(x-2)^2$

• $x^2-a^2=(x+a)(x-a)$

（例）　x^2-9 　　　　　　　　　$4x^2-25y^2$
　　　$=(x+3)(x-3)$ 　　　　　$=(2x+5y)(2x-5y)$

因数分解とは，多項式を**いくつかの式の積の形**で表すことです。つまり，積の形になっていないといけないことを意識しておいてください。

公式はマスターできていますか？　では，確認してみましょう。

確認しよう　　次の式を因数分解せよ。

(1) $x^2+2x-15$ 　　　（岩手県）　　(2) $x^2-2x-35$ 　　　（大阪府）

(3) $9x^2-49$ 　　　　（三重県）　　(4) $x^2+8x+16$ 　　　（茨城県）

(5) x^2+x-12 　　　（沖縄県）　　(6) $x^2+9x-36$ 　　　（島根県）

(7) $x^2-14x+49$ 　　（鳥取県）　　(8) $x^2+5x-14$ 　　　（佐賀県）

解答　　(1) $(x+5)(x-3)$ 　　　(2) $(x-7)(x+5)$

(3) $(3x+7)(3x-7)$ 　　(4) $(x+4)^2$ 　　(5) $(x+4)(x-3)$

(6) $(x+12)(x-3)$ 　　(7) $(x-7)^2$ 　　(8) $(x+7)(x-2)$

スラスラできたでしょうか。

例題 1

次の式を因数分解せよ。

(1) $(x+4)(x-4)-6x$

(2) $(2x-1)(x+2)-(x-2)(x+1)$

(3) $(2x+3)(x-2)-(x+2)^2+4$

(4) $(2x+1)(2x-1)-3(x-1)(x+3)$

〈整理してから因数分解する問題〉

このままでは，因数分解はできませんね。いったん**展開して計算**しましょう。**式が整理できてから，因数分解**します。

(1) カッコをはずして計算します。

与式$=x^2-16-6x=x^2-6x-16$

整理できました。これを因数分解します。

答 $(x-8)(x+2)$

カッコをはずして，計算が終わってから因数分解ですね。

はい。式が複雑な形の問題は，こうやって解くものが多いんです。

(2) カッコをはずして計算すると，

与式$=2x^2+4x-x-2-(x^2-x-2)$

整理すると，x^2+4x となります。共通因数の x でくくりましょう。

答 $x(x+4)$

(3) 与式$=2x^2-4x+3x-6-(x^2+4x+4)+4$

整理すると，x^2-5x-6です。 **答** $(x-6)(x+1)$

(4) 与式$=4x^2-1-3(x^2+2x-3)$

$=4x^2-1-3x^2-6x+9$

$=x^2-6x+8$ と整理できました。 **答** $(x-4)(x-2)$

類題 1

次の式を因数分解せよ。

(1) $(x+2)(x-6)-9$ （千葉県）

(2) $(3x+1)^2-2(3x+25)$ （愛知県）

(3) $5(x+2)(x-2)-(2x+1)^2$ （日本大学第三高）

(4) $(3x+4)(4x+3)-(3x+2)^2-2x^2+x+37$ （お茶の水女子大附高）

次の式を因数分解せよ。

(1)　$4x^2 - 36y^2$　　　　(2)　$2x^2 + 8x + 8$

(3)　$ax^2 - 2ax - 8a$　　(4)　$5a^2 - 30a + 45$

(5)　$ax^2 - ay^2$

〈2段階の手順が必要な因数分解〉

(1)　見たとたん，$4x^2$ は $(2x)^2$ で，$36y^2$ は $(6y)^2$ となっているので，

与式＝$(2x + 6y)(2x - 6y)$ となって，安心する生徒は多くいます。

　残念ながら，これは正解ではありません。2つのカッコには，どちらにも共通因数の2が残ってしまっているからです。

　では，どうすれば正解となるのでしょうか。もとの式をもう一度見てください。共通因数の4でくくれるのがわかりますか？

　正解は，与式＝$4(x^2 - 9y^2)$ ↘ さらに因数分解

　　　　　　　　$= 4(x + 3y)(x - 3y)$　㊞　なのです。

　つまり，共通因数があったらまずくくり出し，さらに因数分解できればするということです。

> **ポイント**
> ・共通因数があったらくくる
> ・さらに因数分解できればする

先に共通因数でくくって，必ずうまくいきますか？

　はい，大丈夫です。そうやって失敗することはありません。安心してやってください。

　「共通因数は最強」のイメージを持ちましょう。

共通因数

(2)　共通因数の2でくくってからですね。

与式＝$2(x^2 + 4x + 4)$　↘ さらに因数分解

　　　$= 2(x + 2)^2$　㊞

(3)　共通因数のaでまずくくりましょう。

与式＝$a(x^2 - 2x - 8)$

　　　$= a(x - 4)(x + 2)$　㊞　↘ さらに因数分解

(4)　まず5でくくります。

与式＝$5(a^2 - 6a + 9)$

　　　$= 5(a - 3)^2$　㊞

(5)　aでくくります。

与式＝$a(x^2 - y^2)$

　　　$= a(x + y)(x - y)$　㊞

類題 2

次の式を因数分解せよ。

(1) $2x^2+4x-48$ (京都府)

(2) $2xy^2-18x$ (香川県)

(3) $3x^3y+3x^2y^2-6xy^3$ (國學院大久我山高)

(4) ax^3-ax^2-2ax (明治学院高)

(5) $a^3b+6a^2b-16ab$ (和洋国府台女子高)

例題 3

次の式を因数分解せよ。

(1) $a(b+8)-(b+8)$ (群馬県)

(2) $ax-ay-2bx+2by$

(3) $(x+1)^2-2(x+1)-15$ (神奈川県)

(4) $x^2+4xy+4y^2-25z^2$

〈おきかえの利用①〉

ここでは，共通なものを文字でおくことによって因数分解するものを，練習しよう。

(1) $b+8$ が共通ですね。$b+8=B$ とおいてみましょう。

$$与式=aB-B$$
$$=B(a-1) \quad 共通因数Bでくくって$$
$$=(b+8)(a-1) \; 答 \quad もとにもどす$$

もとにもどすときは，必ずカッコに入れた形でもどします。

(2) このままでは，共通なものが見えません。

そこで，$ax-ay$ を a でくくり，$-2bx+2by$ を $-2b$ でくくってみましょう。つまり，前の2つと後ろの2つをそれぞれくくります。

$$与式=a(x-y)-2b(x-y) \quad ←カッコの中の符号に注意！$$

$x-y$ が共通なものとして，出てきました。$x-y=A$ とおきます。

$$与式=aA-2bA$$
$$=A(a-2b) \quad 共通因数Aでくくって$$
$$=(x-y)(a-2b) \; 答 \quad もとにもどす$$

式を区切って考え，くくって，共通なものを出すんですね。

はい，そうです。区切り方がポイントとなります。

(3) カッコをはずして整理してから因数分解してもできますが，$x+1$ が共通なので，それを文字でおきかえてみましょう。

$x+1=A$ とおくと，

$$与式 = A^2 - 2A - 15$$
$$= (A-5)(A+3)$$ ）公式を用いて因数分解する
$$= (x+1-5)(x+1+3)$$ ）もとにもどす
$$= (x-4)(x+4) \quad 答$$ ）計算する

(4) この式は，$x^2+4xy+4y^2$ と $-25z^2$ に分けて考えます。

$$与式 = (x^2+4xy+4y^2) - 25z^2$$
$$= (x+2y)^2 - 25z^2 \quad \leftarrow これは A^2-B^2 の形の式ですね。$$

$x+2y=A$ とおくと，

$$\boxed{A^2-B^2=(A+B)(A-B)}$$

$$与式 = A^2 - 25z^2$$
$$= (A+5z)(A-5z)$$ ）公式を用いて因数分解
$$= (x+2y+5z)(x+2y-5z) \quad 答$$ ）もとにもどす

このように，共通なものが出てこないとき，A^2-B^2 の形になれば，因数分解できるのです。少し練習が必要ですね。

類題 3

次の式を因数分解せよ。
(1) $x(y-6)-y+6$ （都立産業技術高専）
(2) $2ab-3b+4a-6$ （専修大附高）
(3) $(x-y)^2-14(x-y)+48$ （近畿大附高）
(4) $(a+b)^2-16$ （兵庫県）

では，さらにレベルアップした問題をやってみましょう。

例題 4

次の式を因数分解せよ。
(1) $(2x+y)(2x+y+10)+21$ （東工大附属科学技術高）
(2) $a^2-4a-4b^2+4$ （市川高）
(3) $x^2+2xy+6y-9$ （明治大附中野高）
〈おきかえの利用②〉

(1) 2つのカッコの中に，共通なものとして $2x+y$ があります。

$2x+y=A$ とおけば，与式 $= A(A+10)+21 = A^2+10A+21$

これは，因数分解公式が使えます。

$$与式=(A+3)(A+7)$$
$$=(2x+y+3)(2x+y+7) \quad 答$$

(2) はじめの2項を a でくくってみましょう。
$$与式=a(a-4)-4(b^2-1)$$
$$=a(a-4)-4(b+1)(b-1)$$

これでは，この先が進めませんね。失敗しました！ 問題にもどります。
a^2-4a+4 を組にしてみるとどうでしょうか。
$$与式=(a^2-4a+4)-4b^2$$
$$=(a-2)^2-4b^2$$

ここで，$a-2=A$ とおいてみます。
$$与式=A^2-4b^2$$
$$=(A+2b)(A-2b) \quad \rightarrow A^2-B^2=(A+B)(A-B)$$
$$=(a-2+2b)(a-2-2b) \quad 答$$

これでできました。

うまくいかなかったら，組み合わせを変えてみるんですね。

因数分解では，それが大切なんです。

(3) x^2-9 と $2xy+6y$ に分けてみましょう。
$$与式=(x^2-9)+2xy+6y$$
$$=(x+3)(x-3)+2y(x+3) \quad \leftarrow共通なものを発見$$
$x+3=A$ とおくと，
$$与式=A(x-3)+2yA$$
$$=A\{(x-3)+2y\} \quad \rangle 共通因数Aでくくる$$
$$=(x+3)(x-3+2y) \quad 答 \quad \rangle 中カッコを使わない式に$$

類題 4

次の式を因数分解せよ。
(1) $x^2+4xy+4y^2-2x-4y-3$ （愛光高）
(2) $4x^2-4xy+y^2-64z^2$ （法政大女子高）
(3) $x^2+ax+a-1$ （東邦大付東邦高）

⑫ 平方根の性質を用いた問題

■■■ **イントロダクション** ■■■

◆ 平方根の意味を正確に理解しよう

◆ 平方根の大小を把握する ➡ 比較のしかたをマスターする

◆ 平方根の性質の利用 ➡ どんなときに根号がはずれるか

平方根の意味が正確にわかっているか，確認してみましょう。

例題 1

次の文で正しいものには○をつけ，誤っているものは___部を正しく直せ。

(1) 36の平方根は6である。

(2) 5は25の平方根である。

(3) $x^2=144$ ならば，$x=12$ である。

(4) $\sqrt{49}$ は ±7 である。

(5) $\sqrt{(-9)^2}$ は -9 である。

(6) $-\sqrt{16}$ は -4 である。

(7) $-\sqrt{0.5}$ の2乗は0.25である。

(8) $-\sqrt{3^2}$ は -3 である。

〈平方根の意味〉

どうですか？　改めて問われると，迷ってしまうものはありませんか。

「正確な理解」が求められますね。一つひとつじっくり考えましょう。

(1) 2乗して36になるもとの数は，6と−6なので，36の平方根は **±6** 答

(2) 25の平方根は5と−5です。したがって，5は25の平方根になっているので，正しいことになります。 答 ○

> 5と−5が25の平方根なのに，この文は正しいんですか？

はい。身近な例におきかえて考えてみるとわかりやすくなります。

ある女の人Aさんに，2人の子どもPさんとQさんがいたとします。

「Aさんの子どもはだれか」と聞かれたら「PさんとQさん」と答えなければなりませんね。「25の平方根は何か」の答は「5と−5」です。

「PさんはAさんの子どもか」と聞かれたら，「はい，そうです」となりますね。「5は25の平方根である」が正しいとわかりましたか？

(3) xは144の平方根なので，$x = \pm 12$ 　圏　です。

(4) $\sqrt{49}$ とは，49の平方根のうちの，正の方の数を表します。
したがって，$\sqrt{49}$ は7 　圏　です。

(5) ミスしやすいので，注意が必要です。思わず○と答えてしまいそうです。$\sqrt{(-9)^2} = \sqrt{81}$ なので，$\sqrt{81} = 9$ 　圏　となります。

(6) $-\sqrt{16}$ は，16の平方根のうちの負の方の数なので，　圏　○です。

(7) $(-\sqrt{0.5})^2 = 0.5$ 　圏　です。　　$\boxed{a > 0\text{のとき，}(\sqrt{a})^2 = a}$

(8) $-\sqrt{3^2} = -\sqrt{9} = -3$ なので，　圏　○です。

類題 1

次のア～エで正しいものは□である。ア～エの記号で答えよ。
ア　7の平方根は$\sqrt{7}$ である。
イ　$\sqrt{(-3)^2} = 3$である。
ウ　$\sqrt{25}$ は± 5に等しい。
エ　$\sqrt{5}$ は4より大きい。
　　　　　　　　　　　　　　　　　　　　　　（沖縄県）

例題 2

次の数を，小さい方から順に左から並べよ。
(1) $\sqrt{5}$，3，2，$\sqrt{11}$　　　　(2) 1.5，$\sqrt{6}$，$\sqrt{3}$，2.5
(3) $-\sqrt{7}$，-3，-4，$-\sqrt{15}$　　　　〈平方根の大小①〉

平方根の大小をくらべるとき，一番楽なのは，
2乗して比較することです。

ポイント

平方根の大小
➡2乗して比較

(1) $(\sqrt{5})^2 = 5$，$3^2 = 9$，$2^2 = 4$，$(\sqrt{11})^2 = 11$ です。
2乗した数の小さい順に，もとの数も並ぶので，
$2 < \sqrt{5} < 3 < \sqrt{11}$ 　圏

(2) $1.5^2 = 2.25$，$(\sqrt{6})^2 = 6$，$(\sqrt{3})^2 = 3$，$2.5^2 = 6.25$ ですから，もとの数は，小さい順に $1.5 < \sqrt{3} < \sqrt{6} < 2.5$ 　圏

(3) 負の数の比較は，ちょっと注意が必要です。
まず，**絶対値の比較をします。** つまり，$\sqrt{7}$，3，4，$\sqrt{15}$ を比較するわけですね。それぞれ2乗すると，
$(\sqrt{7})^2 = 7$，$3^2 = 9$，$4^2 = 16$，$(\sqrt{15})^2 = 15$ なので，
$\sqrt{7} < 3 < \sqrt{15} < 4$ です。
そして，負の符号をつけます。そのとき，**大小関係が逆になるのが**ポイントです。つまり，$-4 < -\sqrt{15} < -3 < -\sqrt{7}$ 　圏

負の数の大小は，絶対値の大小と逆になるんですね。

はい。そのとおりです。

類題 2

次の数を，小さいほうから順に左から並べよ。

(1) 4, $2\sqrt{3}$, 5, $3\sqrt{2}$

(2) $-\sqrt{10}$, -3, -2.5, $-\sqrt{6}$

例題 3

次の問に答えよ。

(1) $2<\sqrt{x}<3$ にあてはまる自然数xを，すべて求めよ。

(2) $5\leqq\sqrt{a}\leqq3\sqrt{7}$ にあてはまる自然数aの個数を求めよ。

(3) $2\sqrt{3}<x<3\sqrt{5}$ をみたす自然数xを，すべて求めよ。

(4) $\sqrt{2n}$ を小数第1位で四捨五入したとき，3になる自然数nをすべて求めよ。 〈平方根の大小②〉

平方根を含む不等式の形です。これも，**それぞれの数を2乗します。**

(1) $2<\sqrt{x}<3$

　　$4<x<9$ 〉それぞれを2乗

あてはまる自然数xは，5，6，7，8 🅐

(2) $5\leqq\sqrt{a}\leqq3\sqrt{7}$

　　$25\leqq a\leqq63$ 〉それぞれを2乗

あてはまる自然数 a は，25，26，27，…，63です。何個ありますか？ 指を折り曲げながら数えますか？　ちょっとたいへんですね。

便利な数え方を教えましょう。

n から m までの連続する整数の個数は，$m-n+1$（個）です。

> nからmまでの連続する整数の個数＝$m-n+1$（個）

つまり，［最後の数］－［最初の数］＋1（個）となるわけですね。

したがって，$63-25+1=39$（個）🅐

(3) それぞれ2乗します。$12<x^2<45$ となります。

2乗して12より大きく45より小さい自然数 x は，4，5，6 🅐

(4) この問題は，自分で不等式をつくらなければなりませんね。

「小数第1位で四捨五入すると3」は，どう表したらよいでしょうか。

そのような数は、一番小さいものが2.5です。逆に、大きいほうは何でしょうか？ 3.4ではありません。3.499……までOKですね。

つまり、3.5未満となるわけです。

よって、$2.5 \leqq \sqrt{2n} < 3.5$　←ポイント

それぞれ2乗して、$6.25 \leqq 2n < 12.25$

よって、$2n = 7,\ 8,\ 9,\ 10,\ 11,\ 12$

> ──（四捨五入の表し方）──
> aを小数第1位で四捨五入
> したら3　➡$2.5 \leqq a < 3.5$

このうち、nが自然数となるのは、$2n = 8,\ 10,\ 12$のときなので、

$n = 4,\ 5,\ 6$　㊥

> 四捨五入の表し方がよくわかりました。

類題 3

次の問に答えよ。

(1) $2 < \sqrt{n} < 3$にあてはまる自然数nを、すべて求めよ。　　（鳥取県）

(2) $3 < \sqrt{7a} < 5$を満たす自然数aをすべて求めよ。　　（奈良県）

(3) $\sqrt{n}$の小数第1位を四捨五入したら2である。自然数nをすべて求めよ。

例題 4

次の問に答えよ。

(1) $\sqrt{13}$の整数部分と小数部分を求めよ。

(2) $3\sqrt{5}$の整数部分をa、小数部分をbとするとき、$b(3\sqrt{5} + a)$の値を求めよ。　　〈整数部分・小数部分〉

(1) $\sqrt{13}$を、小数を使って表したとします。

> $\sqrt{13} = \underset{\text{整数部分}}{\bigcirc} . \underset{\text{小数部分}}{\bigcirc\bigcirc\bigcirc}\cdots$

小数点より前の部分を整数部分、小数点以下の部分を小数部分といいます。

しかし、$\sqrt{13}$がどんな小数で表されるかを知っている人はいませんね。

ところが、整数部分は、次のようにすると求められます。

まず、根号の中の数13を、平方数（ある自然数を2乗した数）ではさみます。13は、9と16ではさめます。

> ──（平方数）──
> ある自然数を2乗した数
> 1, 4, 9, 16, 25, 36, …

つまり、$9 < 13 < 16$　となります。

次に，それぞれに$\sqrt{}$をかぶせます。

そのとき，$\sqrt{9}=3$，$\sqrt{16}=4$ なので，$3<\sqrt{13}<4$

つまり，$\sqrt{13}$ は3より大きく4より小さいので，3.○○… です。

このことから，$\sqrt{13}$ の整数部分は，3　㊙　とわかります。

次に，$\sqrt{13}$ の小数部分を求めます。

$$\boxed{\underset{\text{整数部分 \quad 小数部分}}{\sqrt{13}=3.\underbrace{\overbrace{\phantom{\text{○○○}}}}_{}\text{○○○}\cdots}}$$

小数部分は，$\sqrt{13}$ から3をひいた残りの部分です。

よって，$\sqrt{13}$ の小数部分は　$\sqrt{13}-3$　㊙

整数部分の求め方：$\sqrt{}$ の中の数を平方数ではさむ。➡ $\sqrt{}$ をかぶせる
小数部分の求め方：［小数部分］＝［もとの数］－［整数部分］

(2)　$3\sqrt{5}$ は$\sqrt{45}$ と等しいですね。45を平方数ではさみます。

$36<45<49$

それぞれに$\sqrt{}$をかぶせると，$\sqrt{36}=6$，$\sqrt{49}=7$ より，

$6<3\sqrt{5}<7$

よって，**整数部分 $a=6$** です。

小数部分 $b=3\sqrt{5}-6$ です。これを代入しましょう。

$b(3\sqrt{5}+a)$

$=(3\sqrt{5}-6)(3\sqrt{5}+6)$　$\Bigr\}$ $(A-B)(A+B)=A^2-B^2$より

$=45-36$

$=9$　㊙　9

類題 4

正の整数a，b，cがあり，次の条件を満たす。

・$\sqrt{17}<a<\sqrt{65}$　　・bは $2\sqrt{10}$ の整数部分　　・$a\times b\times c=84$

このとき，cを求めよ。　　　　　　　　　　　　（東海大付浦安高・改）

例題 5

次の問に答えよ。

(1)　$\sqrt{90n}$ が整数となる最小の自然数nを求めよ。

(2)　$\sqrt{\dfrac{540}{n}}$ が整数となる最小の自然数nを求めよ。

(3)　$\sqrt{20-n}$ が自然数となる自然数nをすべて求めよ。

〈根号がはずれる条件〉

まず，根号の中の数がどんな整数になると，その根号がはずれるでしょうか。たとえば，$\sqrt{25}=5$，$\sqrt{36}=6$，$\sqrt{100}=10$ などを考えてください。

> $\sqrt{}$ の中の数が平方数のとき，$\sqrt{}$ がはずれています。

そうです。その通りです。したがって，**根号の中を平方数にすればよいわけです。**

また，平方数を素因数分解すると指数がすべて偶数になるという特徴があります。

たとえば，$144=2^{④}\times3^{②}$ ← 指数が偶数

ポイント

根号の中の数が平方数のとき，根号がはずれて整数となる

(1) 根号の中の$90n$が平方数になればいいわけです。90を素因数分解すると，

$90=2\times3^2\times5$ なので，

ポイント

平方数は素因数分解したとき，指数がすべて偶数

$90n=2\times3^2\times5\times n$ が平方数になればよい。指数が偶数になっていないところを偶数にするための最小の n は，$n=2\times5=10$ 　答

(2) 540を素因数分解すると，$540=2^2\times3^3\times5$ なので，

$\dfrac{2^2\times3^3\times5}{n}$ を平方数にすればよい。

指数をすべて偶数にするための最小の n は，$n=3\times5=15$ 　答

(3) n は自然数なので，$20-n$ は20より小さい。

20より小さい平方数は，1，4，9，16

$20-n$ がこの数になるときの n を求めればよいことになります。

①$20-n=1$のとき，$n=19$，　②$20-n=4$のとき，$n=16$，

③$20-n=9$のとき，$n=11$，　④$20-n=16$のとき，$n=4$

よって，$n=4$，11，16，19 　答

類題 5

次の問に答えよ。

(1) $\sqrt{150n}$ が整数となる最小の自然数nを求めよ。

(2) $\sqrt{\dfrac{240}{n}}$ が整数となる最小の自然数nを求めよ。

(3) $\sqrt{23-2n}$ が自然数となる自然数nをすべて求めよ。

⑬ 式 の 値

テーマ

■■ イントロダクション ■■

◆ 文字に値を代入する ➡ 式を整理してから代入する
◆ 工夫した代入のしかたを知る ➡ 因数分解を利用する
◆ 式の形で代入する ➡ 文字の積や和の形の式を利用する

　文字の式において，文字がある値をとったときに，式がとる値のことを「式の値」といいます。式の値を求めるには，文字にその値を代入するのが基本ですね。ポイントは，**どの段階で代入するか**です。

例題 1

次の式の値を求めよ。

(1) $x=\dfrac{2}{5}$, $y=-\dfrac{1}{2}$ のとき，$\dfrac{2}{3}(6x-12y)-\dfrac{1}{2}(4y-2x)$ の値

(2) $x=-4$, $y=-1$ のとき，$3y\div 12xy\times x^2y$ の値

(3) $x=-\dfrac{3}{5}$ のとき，$3(x-1)(x+2)-2(x-3)^2-(x+5)(x-5)$

の値　　　　　　　　　　　　　　　　　　　〈式を整理して代入する〉

---

(1)　このままの式に直接代入しても，求めることはできます。しかし，計算が複雑になって，ミスが多くなってしまいます。

　　そこで，式を計算して，簡単にしてから代入してみましょう。

$$\dfrac{2}{3}(6x-12y)-\dfrac{1}{2}(4y-2x)$$

ポイント

式を簡単にしてから代入する

$$=4x-8y-2y+x=5x-10y$$

これで整理できました。この式に代入しましょう。計算が楽になります。

$$5\times\dfrac{2}{5}-10\times\left(-\dfrac{1}{2}\right)=7 \quad 答 \quad 7$$

代入するのを忘れてしまうこともあります。注意してくださいね。

> 式を簡単にしてから代入ですね。代入忘れにも注意します。

はい。式の値の問題は，このポイントをつねに意識しましょう。

(2) $3y \div 12xy \times x^2y$ を計算すると，$\dfrac{xy}{4}$ となります。

$x=-4$，$y=-1$ を代入して，$\dfrac{(-4) \times (-1)}{4} = 1$　答　**1**

(3) 与えられた式を展開して計算すると，$15x+1$ となります。

$x=-\dfrac{3}{5}$ を代入して，$15 \times \left(-\dfrac{3}{5}\right) + 1 = -8$　答　**−8**

類題 1

次の問に答えよ。

(1) $x=3$，$y=2$ のとき，$(-6xy^2) \div 3y$ の値を求めよ。　（長崎県）

(2) $a=-1$，$b=\dfrac{2}{3}$ のとき，$3(3a-5b) - 4(2a-3b)$ の値を求めよ。

(3) $a=\dfrac{6}{7}$ のとき，$(a-3)(a-8) - a(a+10)$ の式の値を求めよ。

（静岡県）

例題 2

次の問に答えよ。

(1) $x=\dfrac{5}{2}$，$y=\dfrac{3}{2}$ のとき，$x^2-10xy+25y^2$ の値を求めよ。（山形県）

(2) $x=3+\sqrt{3}$，$y=2\sqrt{3}$ のとき，x^2-xy の値を求めよ。（茨城県）

(3) $a=2\sqrt{7}-3$ のとき，a^2+6a+9 の値を求めよ。（都立墨田川高）

〈因数分解の利用①〉

(1) このまま代入してはいけません。与えられた式を因数分解します。
$$x^2-10xy+25y^2 = (x-5y)^2$$
となります。この式に代入します。

$$\left(\dfrac{5}{2} - 5 \times \dfrac{3}{2}\right)^2 = (-5)^2 = 25 \text{ と求められます。}\quad 答\quad 25$$

このように，式を因数分解してから代入すると楽なものも多いです。

(2) $x^2-xy = x(x-y)$
この式に代入すると，$(3+\sqrt{3})(3-\sqrt{3}) = 9-3 = 6$　答　**6**

(3) $a^2+6a+9 = (a+3)^2$
この式に代入して，$(2\sqrt{7}-3+3)^2 = (2\sqrt{7})^2 = 28$　答　**28**

次の問に答えよ。

(1) $x=7$, $y=5$ のとき, x^2y-xy^2 の値を求めよ。 （秋田県）

(2) $x=12$ のとき, $x^2-7x+10$ の値を求めよ。 （埼玉県）

(3) $x=2-\sqrt{3}$ のとき, x^2-5x+6 の値を求めよ。

(4) $x=3+\sqrt{7}$ のとき, x^2-6x+9 の値を求めよ。 （鹿児島県）

例題 3

次の問に答えよ。

(1) $x=\sqrt{2}-1$, $y=\sqrt{2}+1$ のとき, $\dfrac{x^2-y^2}{xy}$ の値を求めよ。

（日本大学第二高）

(2) $x=3\sqrt{2}+\sqrt{5}$, $y=\sqrt{2}-\sqrt{5}$ のとき, $x^2-2xy-3y^2$ の値を求めよ。

（都立新宿高）

(3) $x=\sqrt{3}+\sqrt{2}$, $y=\dfrac{\sqrt{3}-\sqrt{2}}{2}$ のとき, $(x+y)^2-y(2x+5y)$ の値を求めよ。

（筑波大附高）

(4) $x-2y=-\sqrt{3}$, $x+y=2\sqrt{3}-3$ のとき, $x^2-xy-2y^2+3x-6y$ の値を求めよ。

（東大寺学園高）

〈因数分解の利用②〉

　レベルが上がりました。**まず因数分解します。**そして，それぞれの式の値を求めていきます。

(1) $\dfrac{x^2-y^2}{xy}=\dfrac{(x+y)(x-y)}{xy}$ と因数分解できました。

xy, $x+y$, $x-y$ の値をそれぞれ求めましょう。

$xy=(\sqrt{2}-1)(\sqrt{2}+1)$ ┊ $x+y=(\sqrt{2}-1)+(\sqrt{2}+1)=2\sqrt{2}$
$\quad=2-1=1$ ┊ $x-y=(\sqrt{2}-1)-(\sqrt{2}+1)=-2$

あとは，代入するだけです。

$$\dfrac{(x+y)(x-y)}{xy}=\dfrac{2\sqrt{2}\times(-2)}{1}=-4\sqrt{2} \quad （答）$$

> **因数分解して，かたまりごとの式の値を代入するんですね。**

はい。因数分解できる式では，そのようにやればいいんです。

(2) $x^2-2xy-3y^2=(x-3y)(x+y)$ と因数分解できます。

$x-3y=(3\sqrt{2}+\sqrt{5})-3(\sqrt{2}-\sqrt{5})=4\sqrt{5}$, $x+y=4\sqrt{2}$ より,

$(x-3y)(x+y)=4\sqrt{5}\times4\sqrt{2}=16\sqrt{10}$ 答 $16\sqrt{10}$

(3) $(x+y)^2-y(2x+5y)$

$=x^2+2xy+y^2-2xy-5y^2=x^2-4y^2=(x+2y)(x-2y)$

因数分解できました。ここに与えられた値を代入すると,

$$x+2y=(\sqrt{3}+\sqrt{2})+2\times\frac{\sqrt{3}-\sqrt{2}}{2}=2\sqrt{3},$$

$$x-2y=(\sqrt{3}+\sqrt{2})-2\times\frac{\sqrt{3}-\sqrt{2}}{2}=2\sqrt{2}$$

よって, 求める値は $4\sqrt{6}$ 答

(4) $x^2-xy-2y^2+3x-6y$

$=(x-2y)(x+y)+3(x-2y)$

$x-2y=A$ とおくと, ←おきかえによる因数分解

　　$A(x+y)+3A$

　　$=A\{(x+y)+3\}$

　　$=(x-2y)(x+y+3)$ 　もとにもどす

この問題では, $x-2y$ と $x+y$ の値が与えられているので, そのまま代入して, $-\sqrt{3}\times2\sqrt{3}=-6$ 答 -6

一見難しそうでも，この手順でやれば解けるとわかりました。

類題 3

次の問に答えよ。

(1) $a=2+\sqrt{6}$, $b=2-\sqrt{6}$ のとき, 式 a^2-b^2 の値を求めよ。

(滋賀県)

(2) $x=2\sqrt{3}+2\sqrt{2}$, $y=\sqrt{3}-\sqrt{2}$ のとき, x^2-4y^2 の値を求めよ。

(国立高専)

(3) $x=3-2\sqrt{2}$, $y=3+2\sqrt{2}$ のとき, x^2y+xy^2 の値を求めよ。

(東京電機大高)

(4) $x=1+\sqrt{3}$ のとき, $3x^2-6x-9$ の値を求めよ。 (法政高)

$x+y=\sqrt{11}$, $xy=2$ のとき，次の式の値を求めよ。

(1) x^2+y^2　　(2) $x^2+3xy+y^2$　　(3) $\dfrac{1}{x}+\dfrac{1}{y}$

〈$x+y$, xy の値の利用〉

　この問題では，x や y の値が与えられていません。x や y の値がわからなくても，これらの式の値は求めることができます。

> 文字がとる値がわからないのに，式の値がわかるんですか？

　はい。その通りです。ちょっと不思議ですよね。

(1) このように考えます。今ここに，$x+y$ と xy という「部品」が用意されています。この与えられた部品をうまく組み立てて，x^2+y^2 という「製品」を作ろうというわけです。

　まず，$x+y$ という部品を2乗してみます。$x^2+2xy+y^2$ ができますね。これは，作ろうとしている製品 x^2+y^2 にくらべて $2xy$ が余分です。したがって，$2xy$ をひけば，完成です。

> **ポイント**
> $$x^2+y^2\\=(x+y)^2-2xy$$

　　$x^2+y^2=(x+y)^2-2xy$ となります。

このようなやり方を使えるようにしましょう。

　　代入して，$(\sqrt{11})^2-2\times2=7$ 　答　**7**

(2) 今度は，$(x+y)^2=x^2+2xy+y^2$ なので，まだ xy が1つ分足りませんね。したがって，さらに xy をたせば完成。

　　$x^2+3xy+y^2=(x+y)^2+xy$ となります。

　　代入して，$(\sqrt{11})^2+2=13$ 　答　**13**

(3) **方程式ではないので，分母をはらわないよう，注意してください。**通分するのです。

（分母と分子に x をかける）

分母を xy で通分すると，$\dfrac{1}{x}+\dfrac{1}{y}=\dfrac{y}{xy}+\dfrac{x}{xy}=\dfrac{x+y}{xy}$

$$\boxed{\dfrac{1}{x}+\dfrac{1}{y}=\dfrac{x+y}{xy}}$$

（分母と分子に y をかける）

　　$x+y=\sqrt{11}$, $xy=2$ を代入して，$\dfrac{\sqrt{11}}{2}$ 　答

練習しよう 次の□をうめよ。

(1) $x^2+4xy+y^2=(x+y)^2+\square xy$,

(2) $x^2-xy+y^2=(x+y)^2-\square xy$

解答

(1) $(x+y)^2+\boxed{2}xy$, (2) $(x+y)^2-\boxed{3}xy$ です。

類題 4

$x+y=3\sqrt{2}$, $xy=3$ のとき, 次の式の値を求めよ。

(1) x^2+y^2 (2) $x^2-4xy+y^2$ (3) $\dfrac{1}{x}+\dfrac{1}{y}$

例題 5

次の問に答えよ。

(1) $x=\dfrac{\sqrt{7}+\sqrt{3}}{2}$, $y=\dfrac{\sqrt{7}-\sqrt{3}}{2}$ のとき, x^2+y^2 の値を求めよ。

(2) $x=\sqrt{5}+\sqrt{3}$, $y=\sqrt{5}-\sqrt{3}$ のとき, x^2-y^2+xy の値を求めよ。

(法政大女子高)

〈文字の値が対になった問題〉

どちらの問題も, x と y の値が, まん中の符号だけ異なっていますね。このような, 「対」になった値のときは, $x+y$, $x-y$, xy の値を活用するのが鉄則です。

(1) $x+y=\dfrac{\sqrt{7}+\sqrt{3}}{2}+\dfrac{\sqrt{7}-\sqrt{3}}{2}=\sqrt{7}$, $xy=\dfrac{7-3}{4}=1$ です。

$x^2+y^2=(x+y)^2-2xy$ ←ポイント

代入して, $(\sqrt{7})^2-2\times1=5$ 答 5

(2) $x^2-y^2+xy=(x+y)(x-y)+xy$

よって, $x+y$, $x-y$, xy の値をそれぞれ求めます。

$x+y=2\sqrt{5}$, $x-y=2\sqrt{3}$, $xy=2$ となるので, 代入して,

$(x+y)(x-y)+xy=2\sqrt{5}\times2\sqrt{3}+2$

$=4\sqrt{15}+2$ 答 $4\sqrt{15}+2$

類題 5

$x=3+\sqrt{5}$, $y=3-\sqrt{5}$ のとき, 次の式の値を求めよ。

(1) $x^2-5xy+y^2$ (2) x^2-y^2+xy (3) $\dfrac{1}{x}+\dfrac{1}{y}$

テーマ 14　1次関数の式

■■ イントロダクション ■■

◆ 変化の割合の性質を利用する ⇒ 意味を理解する
◆ 条件を満たす式を求める ⇒ 傾き・切片を正確に
◆ グラフと式の関係を知る ⇒ グラフの条件を式にするとどうなるか

例題 1

次の問に答えよ。

(1) 1次関数 $y=2x-5$ で，x の増加量が 3 であるとき，y の増加量を求めよ。

(2) 1次関数 $y=-\dfrac{2}{3}x+5$ で，x が -1 から 2 まで増加したとき，y の増加量を求めよ。

(3) 変化の割合が 2 で，$x=-1$ のとき $y=3$ であるような，1次関数の式を求めよ。

(4) x の値が 3 増加するとき y の値は 5 増加し，$x=3$ のとき $y=-2$ であるような，1次関数の式を求めよ。

(5) $x=-1$ のとき $y=4$，$x=2$ のとき $y=-5$ であるような，1次関数の式を求めよ。　　　〈1次関数の変化の割合〉

まず，基本を確認しておきましょう。1次関数の式は，$y=ax+b$ でしたね。そして，定数 a を変化の割合といいます。変化の割合には，b は関係ありません。まどわされないようにしましょう。

$$変化の割合 = \frac{y の増加量}{x の増加量}$$ でした。

ポイント

y が x の1次関数
$$y=\textcircled{a}x+b \quad (a \neq 0)$$
$$変化の割合 = \frac{y の増加量}{x の増加量}$$

ここでは，この式をさらに発展させます。
両辺に[x の増加量]をかけて整理すると，次の式ができます。

$\boxed{y の増加量 = 変化の割合 \times x の増加量}$ これも使えるようにしましょう。

(1) 変化の割合は2，x の増加量は3なので，上の式にあてはめると，

y 増加量は $2 \times 3 = 6$ と求まります。楽ですね。　**答** 6

(2) これも，この方法でできます。x の増加量は $2-(-1)=3$ であり，変

化の割合は $-\dfrac{2}{3}$ なので，y の増加量は $-\dfrac{2}{3}\times3=-2$　　答　-2

(3)　変化の割合が2なので，$y=2x+b$ とおきます。$x=-1$, $y=3$ を代入して，$3=-2+b$　これを解いて，$b=5$　　答　$y=2x+5$

(4)　変化の割合 $=\dfrac{y\text{の増加量}}{x\text{の増加量}}=\dfrac{5}{3}$ と求まりますね。

$y=\dfrac{5}{3}x+b$ とおきます。$x=3$, $y=-2$ を代入して，$-2=5+b$

これを解いて，$b=-7$　　答　$y=\dfrac{5}{3}x-7$

(5)　$y=ax+b$ とおいて，それぞれ x, y の値を代入し，連立方程式を解いて a, b を求めることもできます。

ここでは，初めに変化の割合を求めます。

変化の割合 $=\dfrac{y\text{の増加量}}{x\text{の増加量}}=\dfrac{-5-4}{2-(-1)}$

$=-3$

> x の増加量は，$2-(-1)=3$
>
> | x | -1 | 2 |
> |---|---|---|
> | y | 4 | -5 |
>
> y の増加量は，$-5-4=-9$

と求まりますので，$a=-3$

$y=-3x+b$ とおき，どちらの組でもよいので代入して b を求めます。

$b=1$ と求まりました。

はい，正解です。2組の x, y の値が与えられたら，この方法でやったほうが楽ですね。　　答　$y=-3x+1$

類題 1

次の問に答えよ。

(1)　1次関数 $y=\dfrac{5}{3}x+2$ について，x の増加量が6のときの y の増加量を求めよ。
（鹿児島県）

(2)　x の増加量が2のときの y の増加量が -1 で，$x=0$ のとき $y=1$ である1次関数の式を求めよ。
（徳島県）

(3)　$x=2$ のとき $y=1$，$x=5$ のとき $y=-2$ であるような，1次関数の式を求めよ。

1次関数 $y=ax+b$ のグラフは直線で，a はその直線の傾きを表し，b は切片といい，この直線と y 軸との交点の y 座標を表します。

これはOKですね？　では問題に入ります。

$$y=\textcircled{a}x+\textcircled{b}$$
傾き　切片

例題 2

次の直線の式を求めよ。

(1) 傾きが $\dfrac{1}{3}$ で，点$(6, -1)$を通る直線

(2) 切片が3で，点$(1, 5)$を通る直線

(3) 2点$(1, -2)$，$(4, 7)$を通る直線

(4) 直線 $y=2x-5$ と平行で，点$(6, -2)$を通る直線

(5) 直線 $y=x-2$ と y 軸上で交わり，点$(1, 3)$を通る直線

〈直線の式を求める〉

(1) $y=\dfrac{1}{3}x+b$ とおき，$x=6$, $y=-1$ を代入します。

$-1=2+b$ より，$b=-3$　　㊨ $y=\dfrac{1}{3}x-3$

(2) $y=ax+3$ とおき，$x=1$, $y=5$ を代入します。
$5=a+3$ より，$a=2$　　㊨ $y=2x+3$

(3) 傾きも切片もわかっていませんから，$y=ax+b$ とおきます。
点$(1, -2)$を通るので，$x=1$, $y=-2$ を代入して，$-2=a+b$
点$(4, 7)$を通るので，$x=4$, $y=7$ を代入して，$7=4a+b$

$\begin{cases} a+b=-2 \\ 4a+b=7 \end{cases}$ を連立して，a, bを求めます。解いてください。

> $a=3$, $b=-5$と求まったので，答えは $y=3x-5$ です。

はい。正解です。

ここでは，別の解き方もやっておきます。a は変化の割合と一致して，

$a=\dfrac{y \text{の増加量}}{x \text{の増加量}}$ ですね。これにあてはめると，$a=\dfrac{7-(-2)}{4-1}=3$

すると，$y=3x+b$ とおくことができます。

そして，どちらかの一方の x，y の値の組，たとえば，$x=1$，$y=-2$ を代入すると，$-2=3+b$ より，$b=-5$ と求まります。

この方法のほうが楽で，速く解けるので，練習してマスターしてください。

通る2点が与えられたら，初めに傾きを求めるようにしましょう。

(4) 2つの直線が平行なとき，直線の式で何が成り立ちますか？

確か，その2つの直線の傾きが等しいです。

はい。その通りです。この平行条件を使いましょう。直線 $y=2x-5$ と平行なので，求める直線の傾きも2ですね。

そこで，$y=2x+b$ とおきます。これに $x=6$，$y=-2$ を代入して，$-2=12+b$ より，$b=-14$　**答** $y=2x-14$

(5) 2つの直線が y 軸上で交わるときは，どんなことが成り立つのでしょうか。

右の図を見てください。y 軸上の点は切片なので，この切片が等しくなるのです。

$y=x-2$ と y 軸上で交わるので，求める直線の切片も -2 ですね。

そこで，$y=ax-2$ とおきます。

これに $x=1$，$y=3$ を代入して，$3=a-2$ より，$a=5$　　**答** $y=5x-2$

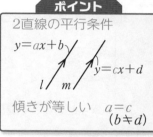
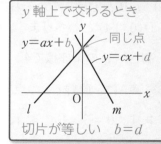
類題 2

次の直線の式を求めよ。

(1) 傾きが -2 で，点 $(5, -1)$ を通る直線

(2) 2点 $(3, -4)$，$(6, -2)$ を通る直線

(3) 直線 $y=\dfrac{1}{3}x+6$ に平行で，点 $(6, -3)$ を通る直線

(4) 直線 $y=2x+3$ と y 軸上で交わり，点 $(4, 1)$ を通る直線

右の図のように直線 l とmが点Pで交わっている。直線 l の式は $y=\dfrac{1}{2}x+4$, 直線 m の式は $y=-2x+14$ である。直線 l と x 軸, y 軸との交点をそれぞれA，B とし，直線 m と x 軸, y 軸との交点をそれぞれC，Dとする。次の問に答えよ。

(1)　点Pの座標を求めよ。

(2)　△PBDの面積を求めよ。

(3)　点Aの座標を求めよ。

(4)　△PACの面積を求めよ。

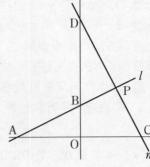

〈交点を求める〉

(1)　2直線の交点を求めるには，2つの直線の式を連立します。

$$\begin{cases} y=\dfrac{1}{2}x+4 \\ y=-2x+14 \end{cases}$$
　　どちらの直線の式も「$y=$」の形ですね。

そういうときは，右辺どうしを等号で結びます。$\dfrac{1}{2}x+4=-2x+14$

これを解いて，$x=4$, このとき，$y=6$　　**答** **P(4, 6)**

(2)　点BとDは，それぞれ直線 l, m の切片です。よって，B$(0, 4)$, D$(0, 14)$ とわかります。BD$=14-4=10$ で，これを底辺とすると，

高さは P の x 座標で4　　△PBD$=10×4×\dfrac{1}{2}=20$　　**答** **20**

(3)　点Aは，直線 l 上の点で，y 座標が 0 なので，l の式に $y=0$ を代入します。$0=\dfrac{1}{2}x+4$　これを解いて，$x=-8$　　**答** **A$(-8, 0)$**

(4)　点Cは，直線 m 上の点で，y 座標が 0 より，m の式に $y=0$ を代入。$0=-2x+14$ より，$x=7$　よって，C$(7, 0)$

AC$=7-(-8)=15$ より，△PAC$=45$　**答**

「$y=$」の形の2直線の交点は，右辺どうしを＝で結び，x軸との交点は，$y=0$を代入して求めるんですね。

右の図のように直線 l ; $y=x+4$,
m ; $y=-2x+10$ が点Pで交わっている。

直線 l, m と x 軸との交点をそれぞれA, B
とするとき, △PABの面積を求めよ。

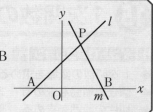

例題 4

次の問に答えよ。

(1) 3点$(2, -1)$, $(4, 1)$, $(-2, a)$が, 一直線上にあるとき, a の
値を求めよ。

(2) 3つの直線 $y=3x-1$, $y=-x+3$, $y=ax+4$ が1点で交わるとき,
a の値を求めよ。

(3) 直線 $y=-4x-1$ に平行であり, 直線 $y=3x-6$ と x 軸の交点を
通る直線の式を求めよ。 （日本大学第二高）

〈直線どうしの関係〉

(1) 点$(2, -1)$, $(4, 1)$ を通る直線の式をまず求め, その直線上に
点$(-2, a)$ があるから, 代入すればよさそうです。直線の式を求めると,
$y=x-3$ これに $x=-2$, $y=a$ を代入して, $a=-5$ 🗝

(2) 2直線 $y=3x-1$, $y=-x+3$ の交点を求めましょう。

$3x-1=-x+3$ より, $x=1$, $y=2$ 　←右辺どうしを＝で結ぶ

よって, 交点は$(1, 2)$です。$y=ax+4$ が点$(1, 2)$を通ればよいから,
$x=1$, $y=2$ を代入して, $2=a+4$ より, $a=-2$ 🗝

(3) $y=3x-6$ に $y=0$ を代入して, 　←x軸との交点の求め方
$0=3x-6$ より, $x=2$ よって, 点$(2, 0)$を通って, 傾き-4の直線を求
めると, 切片は8となる。 🗝 $y=-4x+8$

類題 4

次の問に答えよ。

(1) 3点$(2, -7)$, $(7, 3)$, $(5, a)$が, 一直線上にあるとき, a の値
を求めよ。

(2) 3つの直線 $y=x+14$, $y=2x+15$, $y=4x+m$ が1点で交わると
き, m の値を求めよ。

(3) 2直線 $y=x-1$, $y=-2x+5$ の交点を通り, 直線 $y=3x+2$ と平
行な直線の式を求めよ。

15 1次関数の変域・傾きや切片の範囲

■■ イントロダクション ■■

◆ 1次関数の変域を求める ➡ 式だけで解かずグラフで考える
◆ 傾きの範囲を求める ➡ 通る点を押さえてグラフを動かす
◆ 切片の範囲を求める ➡ 直線を平行移動させる

例題 1

次の問に答えよ。

(1) 1次関数 $y=x+3$ において，x の変域が $-1 \leqq x \leqq 4$ のとき，y の変域を求めよ。

(2) 1次関数 $y=-2x+1$ において，x の変域が $-2 \leqq x \leqq 3$ のとき，y の変域を求めよ。

(3) 1次関数 $y=-x+2$ において，x の変域が $-1 \leqq x \leqq p$ のとき，y の変域が $0 \leqq y \leqq q$ である。p，q の値を求めよ。

(4) 1次関数 $y=ax+b$ $(a<0)$ において，x の変域が $-2 \leqq x \leqq 4$ のとき，y の変域が $0 \leqq y \leqq 3$ である。a，b の値を求めよ。

〈1次関数の変域〉

　変域を求めるときのポイントは，**グラフで考える**ことです。そして，x の変域が $\bigcirc \leqq x \leqq \triangle$ のとき，**x座標が○の点から△の点までグラフがある**と考えてください。つまり，グラフがどこからどこまでなのか，**両端の点を求める**ようにします。

(1) $y=x+3$ のグラフは，傾きが正なので右上がりの直線ですね。そして，x座標が-1の点から4の点までグラフがあります。

　　$x=-1$ を代入すると，$y=2$，$x=4$ を代入すると，$y=7$ です。

　　したがって，点$(-1, 2)$ から点$(4, 7)$ までグラフが存在します。

つまり，y座標は 2 から 7 までなので，y の変域は，$2 \leqq y \leqq 7$ 答

$(4, ⑦)$

$y=x+3$

$(-1, ②)$

　　　　グラフが右上がりか右下がりか，両端の点を調べる，ですね。

はい。そのとき，**x軸やy軸や原点は書かなくてOK**です（見やすい）。

(2) 傾きが負なので，グラフは右下がりの直線
です。x 座標が -2 の点から 3 の点までグ
ラフがあります。

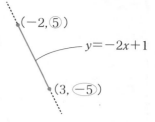

$x=-2$ のとき，$y=5$，$x=3$ のとき，$y=-5$
なので，グラフの両端は点$(-2, 5)$，$(3, -5)$

y の変域は，$-5 \leqq y \leqq 5$ 　答

(3) この問題は，変域に文字が含まれていますが，同じ考え方でできます。
傾きが負なので，グラフは右下がりの直線です。

x の変域とは，グラフの両端の点の x 座標を，y の変域は両端の点の
y 座標を表します。つまり，次のように考えられます。

よって，$y=-x+2$ のグラフ上に点$(-1, q)$，$(p, 0)$
があることがわかります。あとはそれぞれ代入するだけですね。

$x=-1$，$y=q$ を代入して解くと，$q=3$

$x=p$，$y=0$ を代入して解くと，$p=2$ 　答 $p=2$，$q=3$

(4) 今度は，式に文字が含まれています。しかし，傾きの a が負なので，
グラフは右下がりの直線です。変域が，

$$\underset{左}{\textcircled{-2}} \leqq x \leqq \underset{右}{\textcircled{4}}，\underset{下}{\textcircled{0}} \leqq y \leqq \underset{上}{\textcircled{3}} \text{ より，}$$

両端の点は$(-2, 3)$，$(4, 0)$

$a=\dfrac{0-3}{4-(-2)}=-\dfrac{1}{2}$ より，$y=-\dfrac{1}{2}x+b$

これに $x=-2$，$y=3$ を代入して，$3=1+b$ より，$b=2$

答 $a=-\dfrac{1}{2}$，$b=2$

式や変域に文字があっても，両端がわかればできるんで
すね。

はい。グラフで考えることによって，通る点がわかるわけです。

次の問に答えよ。

(1) 1次関数 $y=2x+4$ において，x の変域が $2\leqq x\leqq 4$ のとき，y の変域を求めよ。

(2) 1次関数 $y=-x+2$ において，x の変域が $-3\leqq x\leqq 6$ のとき，y の変域を求めよ。

(3) 1次関数 $y=-\dfrac{3}{2}x+1$ において，x の変域が $p\leqq x\leqq 4$ のとき，y の変域が $q\leqq y\leqq 7$ である。p，q の値を求めよ。

(4) 1次関数 $y=ax+b$ について，x の変域が $-3\leqq x\leqq 1$ のとき，y の変域が $3\leqq y\leqq 11$ である。このとき，a，b の値を求めよ。ただし，a の値は負とする。 （和洋国府台女子高）

$A(2, 6)$，$B(8, 4)$ を両端とする線分ABがある。

(1) 直線 $y=ax-1$ が線分ABと交わるとき，a の値の範囲を求めよ。

(2) 直線 $y=\dfrac{1}{2}x+b$ が線分ABと交わるとき，b の値の範囲を求めよ。
〈傾きや切片の範囲〉

(1) $y=ax-1$ のグラフは，傾きがわからないので，かけません。しかし，切片は -1 とわかっていますね。したがって，点 $(0, -1)$ を通る直線を考えてみます。

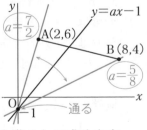

$y=ax-1$ が線分 AB と交わったようすは，右のようになります。そして，点 $A(2, 6)$ や点 $B(8, 4)$ を通るときの傾き a の値を，それぞれ代入して求めます。

Aを通るときは $a=\dfrac{7}{2}$，Bを通るときは $a=\dfrac{5}{8}$ となりました。

正解です。したがって，線分 AB と交わるのは，$\dfrac{5}{8}\leqq a\leqq\dfrac{7}{2}$ 答

両端の点を通るときの a を求めることで，a の範囲がわかります。

(2) 今度は，傾きはわかっていますが，切片が決まっていません。この場合は，この傾きをもつ直線を平行移動させて考えます。

右の図のようになります。

$y=\dfrac{1}{2}x+b$ が A を通るとき，$x=2$, $y=6$

を代入して解くと，$b=5$ と求まります。

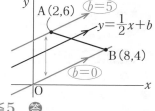

Bを通るとき，$b=0$ と求まります。

したがって，線分ABと交わるのは，$0\leqq b\leqq 5$ **答**

まとめると，次のようになりますね。

傾きが文字：定点を通る直線の，傾きをかえて考える	➡	両端を通る
切片が文字：同じ傾きをもつ直線を，平行移動させる		場合を求める

類題 2

(1) A$(2, 6)$，B$(2, 2)$ を両端とする線分ABがある。
　　直線 $y=ax+1$ が線分ABと交わるとき，a の値の範囲を求めよ。

(2) 点A，Bの座標はそれぞれ$(3, 4)$，$(6, 2)$である。直線 $y=x+b$
　　（bは定数）が線分AB上の点を通るとき，b がとることのできる値
　　の範囲を求めよ。 （愛知県）

例題 3

4点A$(2, 2)$，B$(6, 2)$，C$(6, 6)$，D$(2, 6)$
を頂点とする正方形ABCDがある。

直線 $y=ax-2$ がこの正方形と共有点をも
つとき，a の値の範囲を求めよ。

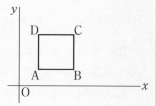

傾きが文字です。切片から，点$(0, -2)$を通る
直線をかいて考えます。

傾きが最小となるのは，Bを通るときで，

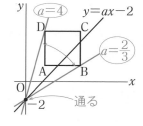

$x=6$, $y=2$ を代入して，$a=\dfrac{2}{3}$ と求まります。

傾きが最大となるのは，Dを通るときで，

$x=2$, $y=6$ を代入して，$a=4$ と求まります。 **答** $\dfrac{2}{3}\leqq a\leqq 4$

類題 3

例題3 の正方形ABCDと，直線 $y=-x+b$ が共有点をもつとき，
b の値の範囲を求めよ。

テーマ 16 変化の割合・変域

■■ イントロダクション ■■

◆ 変化の割合を正確に求める ➡ 意味を理解し，公式を身につける

◆ 2次関数の変域を求める ➡ グラフで考える

◆ 変域の応用問題をマスターしよう ➡ 通る点を見つける

まず，関数における変化の割合の意味を思い出してください。

> 変化の割合は $\dfrac{y \text{の増加量}}{x \text{の増加量}}$ です。

はい，正解です。これは，比例・反比例や1次関数や2次関数など，どんな関数のときでも同じです。では，変化の割合についての問題をみてみましょう。

例題 1

次の問に答えよ。

(1) 関数 $y=\dfrac{18}{x}$ において，x の値が 2 から 6 まで増加するときの変化の割合を求めよ。

(2) 関数 $y=-x^2$ において，x の値が 2 から 6 まで増加するときの変化の割合を求めよ。 （東海大付浦安高・改）

(3) 関数 $y=\dfrac{1}{2}x^2$ において，x の値が 1 から 3 まで増加するときの変化の割合を求めよ。

（香川県）

〈変化の割合を求める〉

---

(1) 変化の割合＝$\dfrac{y \text{の増加量}}{x \text{の増加量}}$ にあてはめてみます。表をつくって，考えてみることにします。$x=2$ を代入すると，$y=9$，$x=6$ を代入すると，$y=3$ となるので，左のような表になります。

$$
\begin{array}{c|c|c}
x & 2 & 6 \\
\hline
y & 9 & 3
\end{array}
$$
ひく（上）　ひく（下）

xの増加量は，$6-2=4$　yの増加量は，$3-9=-6$

よって，変化の割合＝$\dfrac{-6}{4}=-\dfrac{3}{2}$ 答

(2) これも同じように表をつくって解いてみます。

$$\begin{array}{c|cc} x & 2 & 6 \\ \hline y & -4 & -36 \end{array} \qquad \frac{y \text{の増加量}}{x \text{の増加量}} = \frac{(-36)-(-4)}{6-2} = \frac{-32}{4} = -8 \quad 答$$

ところが，実は，$y=ax^2$ における変化の割合は，もっと簡単に求めることができます。次の例で考えてみましょう。

(例) $y=ax^2$ において，x の値が p から q まで増加するときの変化の割合を求めよ。

$$\begin{array}{c|cc} x & p & q \\ \hline y & ap^2 & aq^2 \end{array}$$ $y=ax^2$ に $x=p$ を代入すると，$y=ap^2$，$x=q$ を代入すると，$y=aq^2$ となるので，左の表ができます。

$$\begin{aligned} 変化の割合 &= \frac{y \text{の増加量}}{x \text{の増加量}} \\ &= \frac{aq^2-ap^2}{q-p} \\ &= \frac{a(q^2-p^2)}{q-p} \qquad \text{分子を因数分解} \\ &= \frac{a(q+p)(q-p)}{q-p} \\ &= \boxed{a(p+q)} \qquad q-p \text{で約分} \end{aligned}$$

どうですか？　表をつくってあてはめ，計算したらこうなりますね。

ポイント

覚えよう

$y=ax^2$ において，x の値が p から q まで増加するときの変化の割合は $a(p+q)$ で求められる

これを使って，(2)の問題を，もう一度やってみましょう。

$y=-x^2$ で x が 2 から 6 まで増加したので，$a=-1$，$p=2$，$q=6$ をあてはめます。変化の割合$=-1\times(2+6)=-8$　アッサリ！

この方法で解くと楽だとわかりました。

そうなんです。$y=ax^2$ における変化の割合は，これを使いましょう。

(3) $a(p+q)$ の公式を使いましょう。

$\frac{1}{2}\times(1+3)=2$ 答 もう求まってしまいました。

次の問に答えよ。

(1) 関数 $y=-\dfrac{12}{x}$ について，x の値が 2 から 4 まで増加するときの
変化の割合を求めよ。 (国立高専)

(2) 関数 $y=-x^2$ において，x の値が 1 から 3 まで増加するときの
変化の割合を求めよ。 (岐阜県)

(3) 関数 $y=3x^2$ で，x の値が 1 から 3 まで増加するときの変化の割
合を求めよ。 (埼玉県)

例題 2

次の問に答えよ。

(1) 関数 $y=ax^2$ について，x の値が 2 から 4 まで増加するときの変
化の割合が 3 である。このとき，a の値を求めよ。 (富山県)

(2) 関数 $y=\dfrac{1}{2}x^2$ について，x の値が a から $a+4$ まで変化するとき
の変化の割合は 5 である。a の値を求めよ。 (法政大高)

(3) 関数 $y=ax^2$（a は定数）と関数 $y=-8x+7$ について，x の値
が 1 から 3 まで増加するときの変化の割合が等しいとき，a の値
を求めよ。 (愛知県)

〈変化の割合の応用〉

(1) $y=ax^2$ で x が p から q まで増加するときの変化の割合は $a(p+q)$

です。あてはめると，$a(2+4)=3$ よって，$a=\dfrac{1}{2}$ 答

(2) $\dfrac{1}{2}\times\{a+(a+4)\}=5$ となります。これを解いて，$a=3$ 答

(3) $y=ax^2$ における変化の割合は，$a(1+3)$ で求められます。
　　一方，関数 $y=-8x+7$ は1次関数なので，**変化の割合は一定で-8**
です。これらが等しいことから

$a(1+3)=-8$ $a=-2$ 答

ポイント

1次関数の変化の割合は一定

類題 2

次の問に答えよ。

(1) 関数 $y=ax^2$ の x の値が 1 から 3 まで増加するときの変化の割合が 2 であるときの，a の値を求めよ。 （駿台甲府高）

(2) 関数 $y=x^2$ について，x が a から $a+5$ まで増加するとき，変化の割合は 7 である。このとき，a の値を求めよ。 （新潟県）

例題 3

関数 $y=x^2$ について，x の変域が次のとき，y の変域をそれぞれ求めよ。

(1) $-3 \leqq x \leqq -1$　　　　(2) $-1 \leqq x \leqq 3$ 〈2次関数の変域〉

テーマ**⑮**で学習したとおり，変域を求めるポイントは，グラフで考えることです。x の変域が ○$\leqq x \leqq$△ のとき，x 座標が○の点から△の点までグラフがあると考えます。

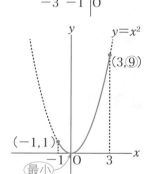

(1) $y=x^2$ のグラフの，x 座標が -3 の点から -1 の点までの部分です。

　　$x=-3$ のとき，$y=9$，$x=-1$ のとき，$y=1$ なので，点 $(-3, 9)$ から点 $(-1, 1)$ までのグラフが存在します。

　　つまり，y 座標は 1 から 9 までなので，y の変域は，$\boxed{1 \leqq y \leqq 9}$ **答**

(2) 同様に考えて，x 座標が -1 の点から 3 の点までのグラフです。

　　$x=-1$ のとき，$y=1$，$x=3$ のとき，$y=9$ なので，点 $(-1, 1)$ から点 $(3, 9)$ までのグラフということになります。

　　y の変域は $1 \leqq y \leqq 9$ ではありません。

　　右のグラフをよく見てください。グラフ上で，y 座標が一番小さい点は，0 となります。

よって，正しい y の変域は，$\boxed{0 \leqq y \leqq 9}$ **答** です。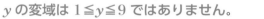 ×$\boxed{1 \leqq y \leqq 9}$ ○$\boxed{0 \leqq y \leqq 9}$

グラフに原点がふくまれる場合に注意するんですね。

はい。そこが大切なポイントです。つまり、グラフが原点をまたぐとき、注意が必要です。

練習しよう 次の各場合の、y の変域をそれぞれ求めよ。

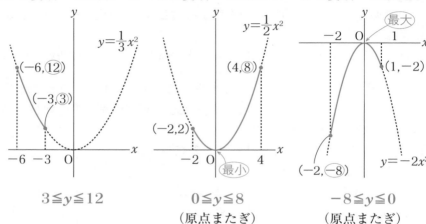

(1) $y=\dfrac{1}{3}x^2$ で

x の変域 $-6 \leqq x \leqq -3$

$3 \leqq y \leqq 12$

(2) $y=\dfrac{1}{2}x^2$ で

x の変域 $-2 \leqq x \leqq 4$

$0 \leqq y \leqq 8$
（原点またぎ）

(3) $y=-2x^2$ で

x の変域 $-2 \leqq x \leqq 1$

$-8 \leqq y \leqq 0$
（原点またぎ）

ジェットコースターのようです。

そういうイメージでとらえると、「原点またぎ」はよくわかりますね。

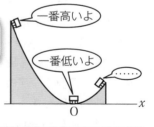

類題 3

次の問に答えよ。

(1) 関数 $y=-2x^2$ において、x の変域が $1 \leqq x \leqq 3$ のとき、y の変域を求めよ。

(2) 関数 $y=\dfrac{2}{3}x^2$ において、x の変域が $-6 \leqq x \leqq 3$ のとき、y の変域を求めよ。 （日本大学第三高）

(3) x の変域が $-4 \leqq x \leqq 3$ であるとき、関数 $y=ax^2$（$a>0$）の y の変域を、a を用いて表せ。 （静岡県）

例題 4

次の問に答えよ。

(1) 関数 $y=ax^2$ について，x の変域が $-2 \leqq x \leqq 3$ のとき，y の変域は $0 \leqq y \leqq 18$ である。このとき，a の値を求めよ。 （富山県）

(2) 関数 $y=2x^2$ において，x の変域が $-2 \leqq x \leqq p$ のとき，y の変域が $0 \leqq y \leqq 32$ である。p の値を求めよ。

(3) 関数 $y=ax^2$ において，x の変域が $-6 \leqq x \leqq 9$ における最小値が -18 である。このとき，a の値を求めよ。 （明治大附中野高）

〈変域の応用〉

(1) y の変域が 0 以上なので，グラフは上に開いています。概形を考えます。

$x=-2$ のときより，$x=3$ のときのほうが，y の値は大きくなるはずですね。

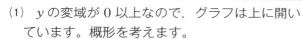

ということは，$x=3$ のときに，$y=18$ になるとわかります。つまり，点 $(3, 18)$ を通ります。

$x=3$，$y=18$ を代入して，$18=9a$ より，$a=2$ 答

ポイント

グラフの概形をかき，通る点を見つける

(2)

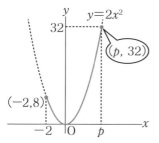

$x=p$，$y=32$ を代入して，$p=\pm4$
$p>0$ より，$p=4$ 答

(3) グラフは下に開きます。

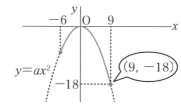

$x=9$，$y=-18$ を代入して，

$-18=81a$ より，$a=-\dfrac{2}{9}$ 答

類題 4

次の問に答えよ。

(1) 関数 $y=ax^2$ について，x の変域が $-2 \leqq x \leqq 1$ のとき，y の変域が $0 \leqq y \leqq 8$ である。このとき，定数 a の値を求めよ。 （岡山県）

(2) 関数 $y=ax^2$ について，x の変域が $-3 \leqq x \leqq 4$ のとき，y の最小値が -9 となるような定数 a の値を求めよ。 （東工大附属科学技術高）

⓱ 座標平面上にある図形の面積

イントロダクション

◆ 軸に平行な辺がない三角形の面積を求める ➡ 手順をマスターしよう
◆ 平行四辺形の面積を求める ➡ 対角線で三角形に分ける
◆ 面積を2等分する直線を求める ➡ どこを通ればよいか

　右の図の△ABCの面積は，
底辺BC＝8，高さAH＝6より，　△ABC＝24

　簡単に求められますね。では，軸に平行な辺を
もたない三角形の面積は，どうやって求めればよ
いでしょう。それが，今回のテーマです。

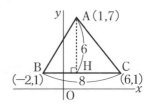

例題 1

　右の図の△OABの面積を求めよ。

〈三角形の面積①〉

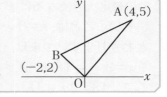

2通りの方法を紹介しましょう。

〈解法1〉　**長方形で囲み，三角形をひく方法**

　右の図のように，長方形で囲みます。
長方形の面積から，まわりの ①〜③ の面積
をひきます。

$$\triangle OAB = 30 - (2+10+9) = 9 \quad 答$$
　　　　　　　① ② ③

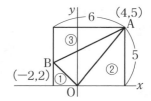

軸に平行な直線を使って，長方形で囲めばいいんですね。

〈解法2〉　**分割して，たす方法**

　ABとy軸の交点をCとします。そして，この
△OAB を，OCで左右に分割して考えます。
　△OBCは，OCを底辺とすれば高さはBH，
△OACは，OCを底辺とすれば高さはAKです。

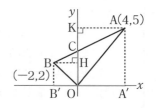

それらをたせば△OABになりますね。

ところが、高さBHとAKの長さの和はA′B′となるので、

$$\triangle\text{OAB}=\underset{\text{底辺}}{\underline{\text{OC}}}\times\underset{\text{高さの和}}{\underline{\text{A′B′}}}\times\frac{1}{2}\ \text{で求められます。}$$

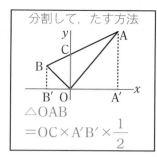

これで求めるには、OCの長さが必要です。どうやったらOCが求められますか？

直線ABの式を求めれば、切片がCなのでOCがわかります。

はい、その通りです。A(4, 5)、B(−2, 2)を通る直線ABの式は、$y=\frac{1}{2}x+3$と求まります。よってC(0, 3)です。

$$\triangle\text{OAB}=3\times6\times\frac{1}{2}=9 \quad \text{答} \quad \text{と求められるわけです。}$$

入試では〈解法2〉で解けるよう、練習しておいてください。

類題 1

右の図の△OABの面積を求めよ。

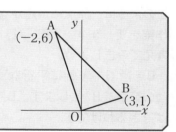

例題 2

右の図の△OABの面積を求めよ。

〈三角形の面積②〉

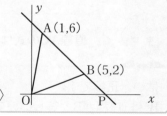

もう1つ、典型的な解き方を紹介します。**三角形から三角形をひく**という方法です。△OAB＝△OAP−△OBPで求めます。

ABの式から、P(7, 0)と求まるので、△OAP＝21、△OBP＝7

$$\triangle\text{OAB}=21-7=14 \quad \text{答} \quad \text{簡単ですね。}$$

第1章 数と式

第2章 関数

第3章 図形

第4章 データの活用

下の図の△OABの面積を求めよ。

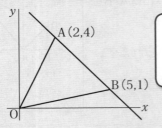

┌─ 三角形の面積の求め方 ─┐
- 長方形で囲んで三角形をひく
- 分割して，たす
- 三角形から三角形をひく

例題 3

右の図の△ABCの面積を求めよ。

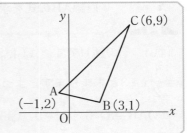

〈原点に頂点がない三角形の面積〉

　分割して，たす方法で解いてみましょう。このように，原点に頂点がないときは，少し作業を要します。**軸に平行な直線を引いて**考えてみましょう。

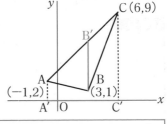

　Bを通ってy軸に平行な直線を引き，ACとの交点をB′とします。B′の座標がわかればできるわけです。

　まず，直線ACの式を求めてください。

$$\triangle ABC = BB' \times A'C' \times \frac{1}{2}$$

直線ACの式は，$y=x+3$ と求まりました。

はい。正解です。

B′はx座標がBと等しいので3です。$y=x+3$に$x=3$を代入して，$y=6$
よって，B′(3, 6)と求まります。BB′=5 となるので，A′C′=7 より，

$$\triangle ABC = BB' \times A'C' \times \frac{1}{2} = \frac{35}{2}$$ 答　と求まります。

y軸に平行な直線を引くのがポイントです。

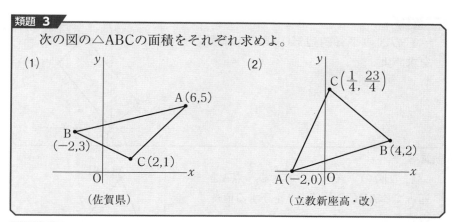

類題 3

次の図の△ABCの面積をそれぞれ求めよ。

(1) A(6,5)　B(−2,3)　C(2,1)

(佐賀県)

(2) $C\left(\dfrac{1}{4}, \dfrac{23}{4}\right)$　B(4,2)　A(−2,0)

(立教新座高・改)

例題 4

右の図の平行四辺形OABCの面積を求めよ。

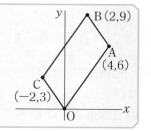

〈平行四辺形の面積〉

B(2,9)　A(4,6)　C(−2,3)　O

　平行四辺形，しかも軸に平行な辺がありません。どうやって求めればよいでしょうか。

　実は簡単なんです。**平行四辺形は，対角線によって2等分される性質**を利用します。

　つまり，**対角線をひいて一方の三角形の面積を求めて，2倍すればよい**わけです。

　右の図のように，対角線ACをひきます。そして，△OACの面積を求め，2倍します。

　ACと y 軸の交点をPとして，その座標を求めてください。

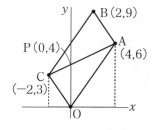

B(2,9)　P(0,4)　A(4,6)　C(−2,3)　O

直線ACの式が $y=\dfrac{1}{2}x+4$ と求まりました。P(0, 4)です。

　はい。正解です。すると，$\triangle\text{OAC}=4\times 6\times\dfrac{1}{2}=12$　なので，

平行四辺形OABC$=12\times 2=$**24** 答　と求まります。

右の図の平行四辺形OABCの面積を求めよ。

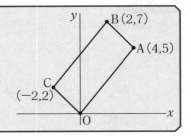

例題 **5**

右の図の△ABCについて，点Aを通って△ABCの面積を2等分する直線の式を求めよ。

〈頂点を通って三角形を2等分〉

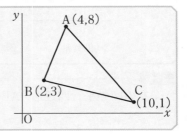

三角形の頂点を通って2等分する直線は，**その対辺**（向かいあう辺）**の中点を通ります**。この問題でいえば，辺BCの中点を通るのです。

では，辺BCの中点は，どうやって求めればよいでしょうか。

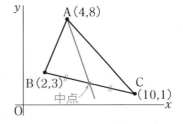

たとえば，P(a, b)，Q(c, d)を両端とする線分PQの中点の座標は，$\left(\dfrac{a+c}{2}, \dfrac{b+d}{2}\right)$ で求められます。

両端の点のx座標の平均と，y座標の平均が中点ですね。

はい，そう覚えるとわかりやすいですね。

この問題では，BCの中点は，$\left(\dfrac{2+10}{2}, \dfrac{3+1}{2}\right)$なので，(6, 2)です。よって，点A(4, 8)と点(6, 2)を通る直線で，$y=-3x+20$ **答**

ポイント

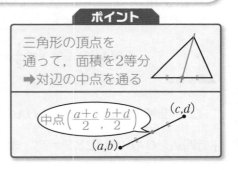

三角形の頂点を通って，面積を2等分
➡対辺の中点を通る

中点$\left(\dfrac{a+c}{2}, \dfrac{b+d}{2}\right)$

類題 5

右の図の△ABCについて，点Aを通って△ABCの面積を2等分する直線の式を求めよ。

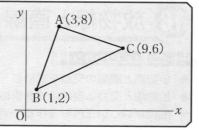

例題 6

右の図のような平行四辺形ABCDがある。点P$(0，-2)$を通って，この平行四辺形の面積を2等分する直線の式を求めよ。

〈平行四辺形の2等分〉

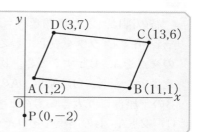

平行四辺形の面積を2等分する直線は，対角線の交点を通ります。

そして，平行四辺形の対角線はそれぞれの中点で交わるので，**対角線の中点を通る**といえます。

この問題では，ACの中点$(7，4)$を通ります。　🖎 $y=\dfrac{6}{7}x-2$

ポイント

平行四辺形の面積を2等分
↓
対角線の中点（交点）を通る

類題 6

右の図のような平行四辺形ABCDがある。点P$(0，8)$を通り，この平行四辺形の面積を2等分する直線の式を求めよ。

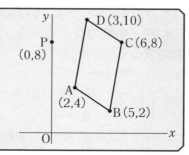

ひし形や長方形や正方形の面積を 2 等分する直線も，その対角線の中点を通ります。なぜなら，これらは「特別な平行四辺形」なので，平行四辺形の性質をもっているからです。

利用できる範囲が増えましたね。

18 放物線と直線・三角形

◆ **放物線と直線の交点を求める** ⇒ 連立方程式を解く

◆ **放物線と交わる直線の式を求める** ⇒ 傾き・切片の公式を使う

◆ **面積が等しい三角形を作る** ⇒ 等積変形を利用する

例題 1

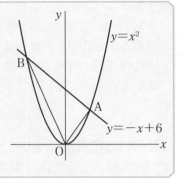

　右の図は，2 つの関数 $y=x^2$ と $y=-x+6$ のグラフを表している。これらの交点をA，Bとするとき，次の問に答えよ。ただし，Oは原点，Aの x 座標はBの x 座標より大きいものとする。

(1) 2点A，Bの座標をそれぞれ求めよ。

(2) △OABの面積を求めよ。

〈放物線と直線の交点〉

　1次関数を学習したとき，直線と直線の交点を求めました。どうやったか覚えていますか？

> **2つの直線の式の連立方程式をつくって解きました！**

　そうです。よく覚えていましたね。
放物線と直線の交点も，連立方程式の解で求められます。

(1) 連立方程式

$$\begin{cases} y=x^2 \\ y=-x+6 \end{cases}$$

の解で求められます。1次関数のときと同じように，**右辺どうしを＝でつなぎます。**

$$x^2=-x+6 \quad \text{←2次方程式です。}$$

$$x^2+x-6=0 \quad (x+3)(x-2)=0 \text{ より，} x=-3, 2$$

放物線と直線の交点

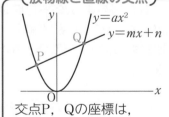

交点P，Qの座標は，

連立方程式 $\begin{cases} y=ax^2 \\ y=mx+n \end{cases}$

の解で求められる

この $x=-3, 2$ を，「交点の x 座標は -3 と 2」と考えてください。すると，A の x 座標が 2 で，B の x 座標が -3 とわかりますね。

それぞれの y 座標は，どちらの式でもよいので，代入すれば求まります。$x=2$ のとき，$y=4$，$x=-3$ のとき，$y=9$ なので，A は点 $(2, 4)$ で，B は点 $(-3, 9)$ です。　🅐 **A $(2, 4)$，B $(-3, 9)$**

(2)　△OAB の面積は，テーマ**⑰**でやった方法のうち，「**分割して，たす方法**」で解きましょう。

　　ABと y 軸との交点をCとすると，Cは切片なので，点 $(0, 6)$ です。

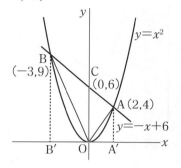

$$\triangle\mathrm{OAB}=\underset{\text{底辺}}{\boxed{\mathrm{OC}}}\times\underset{\text{高さの和}}{\boxed{\mathrm{A'B'}}}\times\frac{1}{2}\ \text{となるので，}$$

$$\triangle\mathrm{OAB}=6\times5\times\frac{1}{2}=15\quad🅐\ \textbf{15}$$

練習しよう　　次の関数のグラフの交点をそれぞれ求めよ。

(1)　$y=x^2$，$y=3x+4$　　　　　(2)　$y=2x^2$，$y=-x+1$

(3)　$y=x^2$，$y=6x-9$

解　答

(1)　$\begin{cases}y=x^2\\y=3x+4\end{cases}$ を連立して，

$x^2=3x+4$

$x^2-3x-4=0$

$(x-4)(x+1)=0$ より，

$x=4,\ -1$

$(4, 16),\ (-1, 1)$

(2)　$\begin{cases}y=2x^2\\y=-x+1\end{cases}$ を連立して，

$2x^2=-x+1$

$2x^2+x-1=0$

解の公式を用いて解くと，

$x=\dfrac{1}{2},\ -1\quad\left(\dfrac{1}{2},\ \dfrac{1}{2}\right),\ (-1, 2)$

(3)　同様にして，$x^2=6x-9$

　　$x^2-6x+9=0$　$(x-3)^2=0$ より，$x=3$

　　解が1つ（重解）となってしまいました。

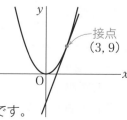

接点
$(3, 9)$

交点は2つになりそうなのに，どうなっているんでしょうか。右の図を見てください。

交点が1つとは…そう，このように接していたんです。

その接点が $(3, 9)$ ですね。

次の図で, 2 つの関数のグラフの交点を A, B とするとき, 点A, B の座標と△OAB の面積をそれぞれ求めよ。ただし, Oは原点, A の x 座標は B の x 座標より大きいものとする。

(1)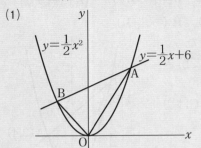

(2)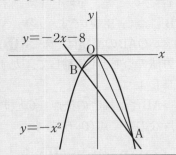

例題 **2**

右の図のように, 関数 $y=ax^2$ のグラフ上に点A$(-2, -2)$と点Bがあり, 点B の x 座標は4である。次の問に答えよ。

(1) a の値を求めよ。

(2) 点B の y 座標を求めよ。

(3) 直線ABの式を求めよ。

(4) △OABの面積を求めよ。（佐賀県・改）〈放物線と交わる直線の式〉

(1) $y=ax^2$ のグラフ上に点$(-2, -2)$があるので, $x=-2, y=-2$を代入します。$-2=4a$ より, $a=-\dfrac{1}{2}$ 答

(2) $y=-\dfrac{1}{2}x^2$ に $x=4$ を代入して, $y=-8$ 答 -8

(3) 〈解法1〉 A$(-2, -2)$, B$(4, -8)$を通るから,

傾き$=\dfrac{(-8)-(-2)}{4-(-2)}=-1$

$y=-x+b$ とおき, $x=-2, y=-2$ を代入して,

$-2=2+b$ より, $b=-4$ 答 $y=-x-4$

1次関数のときに学んだ, 「2点を通る直線の式」の求め方です。これでも解けますが, 2点が同じ放物線上にあるときは, もっと簡単な求め方があります。

右の図を見てください。放物線と直線 l が2点P，Qで交わり，その x 座標がそれぞれ p，q だとします。

つまり，P(p, ap^2)，Q(q, aq^2) を通る直線が l です。

l の傾きというのは，$y=ax^2$ において x が p から q まで増加するときの変化の割合なので，**$a(p+q)$** でした。 ←テーマ⑯

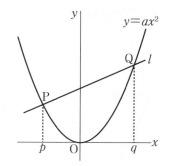

そこで，l の式を $y=a(p+q)x+b$ とおきます。

P(p, ap^2) を通るので，代入して，

$$ap^2=a(p+q)\times p+b$$

はずして

$$ap^2=ap^2+apq+b$$

$$b=-apq$$

この b は切片です。つまり，切片は $-apq$ で求められます。

$$\boxed{\begin{array}{l} 傾き \ a(p+q) \\ 切片 \ -apq \end{array}}$$

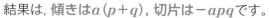

ちょっとややこしかったですか？

結果は，**傾きは $a(p+q)$，切片は $-apq$** です。

説明が長くなってしまいましたが，(3)にもどります。

〈解法2〉　今やった方法で直線の式を求めてみましょう。

$a=-\dfrac{1}{2}$，$p=-2$，$q=4$ をあてはめます。

傾き $=-\dfrac{1}{2}\times(-2+4)=-1$　　切片 $=-\left(-\dfrac{1}{2}\right)\times(-2)\times 4=-4$

答　$y=-x-4$

交点の y 座標は使わなくても求まるんですか？

そういうことです。よく気がつきましたね。それが，この方法の利点といえるでしょう。

放物線と交わる直線の式は，ぜひこの方法で解くようにしてください。

(4)　直線ABの切片が -4 より，$4\times 6\times\dfrac{1}{2}=12$　答

次の各図で，直線 l の式をそれぞれ求めよ。

(1)　　　　　　　　　　　(2)　　　　　　　　　　　(3)

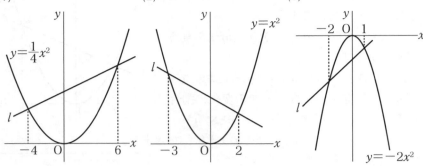

解 答

(1)　傾き $\dfrac{1}{4}\times(-4+6)=\dfrac{1}{2}$，切片 $-\dfrac{1}{4}\times(-4)\times6=6$　$y=\dfrac{1}{2}x+6$

(2)　傾き $1\times(-3+2)=-1$，切片 $-1\times(-3)\times2=6$　$y=-x+6$

(3)　傾き $-2\times(-2+1)=2$，切片 $-(-2)\times(-2)\times1=-4$　$y=2x-4$

類題 2

　右の図のように，関数 $y=ax^2$ のグラフ上に点A$(1, 1)$と x 座標が -3 である点Bがある。原点をOとして，次の問に答えよ。

(1)　a の値を求めよ。

(2)　直線ABの式を求めよ。

(3)　△OABの面積を求めよ。

（長崎県）

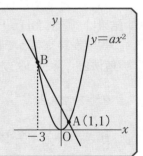

例題 3

　右の図で，Oは原点，A, Bは放物線 $y=x^2$ 上の点で，x 座標はそれぞれ 3，-1 である。次の問に答えよ。

(1)　直線ABの式を求めよ。

(2)　△OABの面積を求めよ。

(3)　放物線上の A から B の間に点 P をとり，△PAB＝△OAB とするとき，点P の座標を求めよ。ただし，点Pは原点O以外の点とする。　　　〈等積変形の利用〉

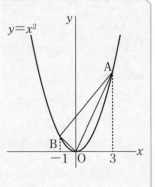

(1) 傾き $a(p+q)$，切片 $-apq$ の公式にあてはめます。

傾き $1\times(-1+3)=2$，切片 $-1\times(-1)\times3=3$ より，$y=2x+3$ 答

(2) 直線ABの切片3より

$$\triangle OAB=3\times4\times\frac{1}{2}=6$$ 答 **6**

(3) 三角形の面積が等しいとき，どのような
ことが成り立つのでしょう。

下の図を見てください。

2直線 l と m が平行であるとき，$\triangle PAB=\triangle QAB$ が成り立ちます。

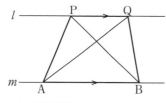

底辺AB共通，高さ等しい
➡$\triangle PAB=\triangle QAB$
〈等積変形〉

この関係が，この問題で成り立てばいいですね。

つまり，$\triangle PAB=\triangle QAB$ のとき，
PQ//AB となるわけです。

等積変形の逆ですね。

ポイント

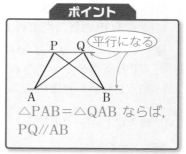

平行になる

$\triangle PAB=\triangle QAB$ ならば，
PQ//AB

はい。そうです。

この問題では，$\triangle PAB=\triangle OAB$なの
で，PO//ABとなればよいわけです。

(1)で AB が $y=2x+3$ と求まっている
ので，POの傾きも 2 です。

POは原点を通るので，$y=2x$ です。

Pの座標は，POと放物線との交点な
ので，連立すればよいとわかります。

$$\begin{cases} y=x^2 \\ y=2x \end{cases}$$ を連立します。

$x=0,2$ と求まり，$-1<x<3$ で，
原点以外なので，$x=2$ 答 **P $(2,4)$**

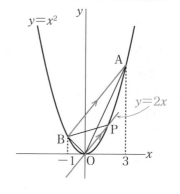

　図のように，放物線 $y=x^2$ と直線 l が2点A，B で交わっている。2点A，B の x 座標をそれぞれ−1，2とするとき，次の問に答えよ。

(1)　直線 l の式を求めよ。

(2)　原点Oと2点A，Bで作られる△AOBの面積を求めよ。

(3)　放物線上の2点A，Bの間に点Pをとって，△AOB＝△APB となるような点Pの座標を求めよ。　　　（東京電機大高）

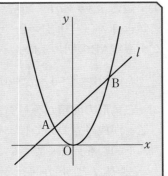

例題 **4**

　右の図で，Oは原点，A，Bは放物線 $y=x^2$ 上で，x 座標はそれぞれ−2，3である。次の問に答えよ。

(1)　直線ABの式を求めよ。

(2)　△AOBの面積を求めよ。

(3)　放物線上にあり，△OAB＝△PABとなる点Pの座標をすべて求めよ。ただし，点Pは原点O以外の点とする。　〈等積変形の応用〉

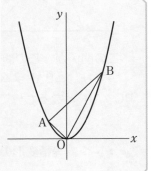

(1)　傾きは$1×(−2+3)＝1$，切片は $−1×(−2)×3＝6$

　❷　$y=x+6$

(2)　直線ABの切片6より，$6×5×\dfrac{1}{2}＝15$　❷

(3)　等積変形を利用する問題ですね。

　　△PAB＝△OAB となるとき，OP//AB
　　ABの式が $y=x+6$ なので，
　OPの式は $y=x$ です。
　　$y=x^2$ と $y=x$ を連立してPの座標を求めてください。

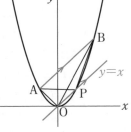

$x=0$, 1と求まったので，P (1, 1)です。

はい，正解です。でも，ちょっと待ってください。

この問題は，点Pが放物線上のAからBまでとは書いてませんね。そして，問題文に「点Pの座標をすべて求めよ」と書かれています。他にも△PAB＝△OABとなる点Pはあるのでしょうか？

> **放物線上の，AやBより上にPがあってもよさそうな気がしますけど……。**

そうなんです。では，AやBより上にある点Pは，どのように求めたらよいかを考えてみましょう。

まず，大切なことは，**y軸上に点をとって，△OABと面積の等しい三角形を作る**ことです。

y軸上に点Qを，△QAB＝△OAB となるようにとります。y軸上のどこにQがあればよいでしょうか。ABとy軸との交点をCとすれば，QC＝CO であれば△QAB＝△OAB となります。C$(0, 6)$より，Q$(0, 12)$です。

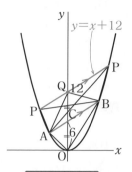

あとは，△PAB＝△QAB とすればOKですね。QP//ABより，QPの式は $y=x+12$

$$\begin{cases} y=x^2 \\ y=x+12 \end{cases}$$ を連立させます。

$x=4, -3$ と求まります。

答 P$(1, 1)$，$(4, 16)$，$(-3, 9)$

ポイント

y軸上に点をとり
面積を等しくする
↓
等積変形（平行）

類題 4

右の図のように，関数 $y=2x^2$ のグラフ上にx座標がそれぞれ2と-3である2点A，Bをとる。このとき，次の問に答えよ。

(1) 2点A，Bを通る直線の式を求めよ。

(2) 関数 $y=2x^2$ のグラフ上に，x座標が正である点Cをとる。△ABCの面積と△ABOの面積が等しくなるとき，点Cの座標を求めよ。　（和洋国府台女子高）

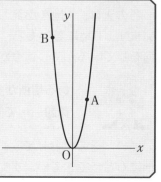

テーマ ⑲ 1次関数の文章題

■■ イントロダクション ■■

◆ グラフに慣れよう ➡ 時間と道のりの関係を理解する
◆ 条件をグラフ，式に表す ➡ グラフ上の点，変域に注意する
◆ グラフの交点の意味を知る ➡ 出会う，追いこすのは，どの点か

　ここでは，1次関数の文章題を扱います。このテーマは，出題される頻度が高い（よく出る）のですが，苦手にしている人も多くいます。

　この分野の特徴は，文章が長いこと，条件が複雑そうに思えることです。ところが，一つひとつていねいに，条件を理解しながら読み進んでいくと，案外難しくないことが多い分野でもあります。がんばってください。

　単純な例から説明していきましょう。

例題 1

　ある人が，A地を出発して12kmはなれたB地に歩いて行き，同じ道でA地にもどってきた。右のグラフは，A地を出発してからの時間を x 時間，A地からの道のりを y km として表したものである。次の問に答えよ。

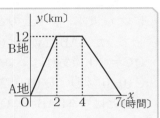

(1) 行きと帰りの速さは，それぞれ毎時何kmか。
(2) この人は，B地で何時間休んだか。
(3) 行きのようすについて，y を x の式で表せ。x の変域も求めよ。
(4) 帰りのようすについて，y を x の式で表せ。x の変域も求めよ。

〈グラフの読みとり〉

　すぐに問題にとりかからず，グラフをじっくり読みとっていきます。

　この人は，A地を出発して一定の速さで歩き，2時間後にB地に着いています。B地に着いたら，そこでグラフは平らになっています。これは，何をしているんでしょうか。

> いる場所が変わらないで時間だけが過ぎているので，
> 休憩……ですかね？

　はい，そのとおりです。そして，4時間後にB地を出発し，7時間後にA地にもどってきていますね。よくこんなに歩けますね。

グラフの読みとりは大丈夫でしょうか。ここまでわかって，解きます。

(1) 行き…2時間かかって12km進んでいるので，$12 \div 2 = 6$（km/時）　㊜

　　帰り…3時間かかって12km進んでいるので，$12 \div 3 = 4$（km/時）　㊜

(2) A地を出発して2時間後から4時間後までで，$4 - 2 = 2$（時間）　㊜

(3) 原点と点$(2, 12)$を通る直線なので，$y = 6x$

　　xの変域は，xが何を表すか考えます。時間ですね。

　　　　よって，A地からB地に行っているのは「何時間後から何時間後までか」
　　を考えます。0時間後から2時間後なので，$0 \leqq x \leqq 2$ となります。

　　㊜　$y = 6x$，xの変域 $0 \leqq x \leqq 2$

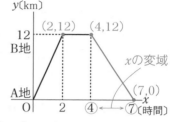

(4) 帰りの直線は，右のグラフのとおり，
　　$(4, 12)$と$(7, 0)$を通っています。

　　　　傾き $= \dfrac{0 - 12}{7 - 4} = -4$ より，

　　$y = -4x + b$ とおきます。$(7, 0)$を通る
　　ので $x = 7, y = 0$ を代入して解くと，$b = 28$　よって，$y = -4x + 28$

　　　　帰りの時間は，4時間後から7時間後なので，xの変域は $4 \leqq x \leqq 7$ です。

　　㊜　$y = -4x + 28$，xの変域 $4 \leqq x \leqq 7$

類題 1

A地からB峠を越えてC地まで行く道が
あり，AB間は8km，BC間は12kmであ
る。右のグラフは，ある人がA地からB
峠を越えてC地まで歩いて行ったときの
ようすを，A地を出発してからの時間
をx時間，A地からの道のりを$y$kmとし
て表したものである。次の問に答えよ。

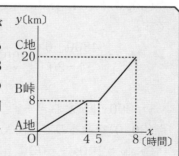

(1) AB間，BC間を歩く速さは，それぞれ毎時何kmか。

(2) この人は，B峠で何時間休んだか。

(3) AB間を歩くようすについてyをxの式で表せ。xの変域も求めよ。

(4) BC間を歩くようすについてyをxの式で表せ。xの変域も求めよ。

グラフを読みとれれば，案外簡単だとわかりました！

例題 2

弟が，A地を出発して，4800mは
なれたB地まで歩いて行った。兄は，
弟がA地を出発してから30分後に，
同じ道を自転車で追いかけた。

右のグラフは，弟がA地を出発し
てからの時間を x 分，A地からの道の
りを y mとして表したものである。次の問に答えよ。

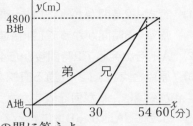

(1) 兄と弟の速さは，それぞれ毎分何mか。

(2) 弟の歩くようすについて，y を x の式で表せ。

(3) 兄の自転車で進むようすについて，y を x の式で表せ。

(4) 兄が弟を追いこすのは，弟がA地を出発してから何分後か。また，
追いこす地点は，A地から何mの地点か。　　　　〈追いこす問題〉

(1) 兄は24分かかって4800m進んでいるので，4800÷24＝**200**（m/分）　㊜
兄は60分かかって4800m進んでいるので，4800÷60＝**80**（m/分）　㊜

(2) 原点と点(60, 4800)を通る直線なので，**$y=80x$**　㊜

(3) 兄の進むようすを表すグラフは，
点(30, 0)と(54, 4800)を通る直線
です。

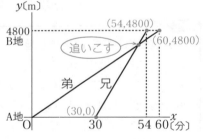

$$傾き=\frac{4800-0}{54-30}=200$$
↑
速さと等しい

$y=200x+b$ とおきます。

点(30, 0)を通るので，代入して，$0=6000+b$ より，$b=-6000$

㊜ $y=200x-6000$

(4) 兄が弟を追いこすのは，グラフでいうとどこですか？

> 弟と兄のグラフの交点だと思います。

そのとおりです。交点なら，連立方程式を解けばよいとわかります。

$$\begin{cases} y=80x \\ y=200x-6000 \end{cases}$$ を連立させます。

これを解くと，$x=50, y=4000$ と求まります。

x は追いこす時間，y は追いこす地点までの距離を表すので，50分後，4000m地点とわかります。　　答　50分後，A地から4000mの地点

類題 2

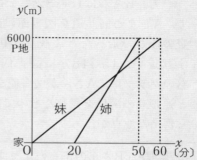

妹が，家を出発して6000mはなれたP地まで歩いて行った。姉は，妹が家を出発してから20分後に，同じ道を自転車で追いかけた。

右のグラフは，妹が家を出発してからの時間を x 分，家からの道のりを y mとして表したものである。

次の問に答えよ。

(1) 妹の歩くようすについて，y を x の式で表せ。

(2) 姉の自転車で進むようすについて，y を x の式で表せ。

(3) 姉が妹を追いこすのは，妹が家を出てから何分後か。また，追いこす地点は，家から何mの地点か。

例題 3

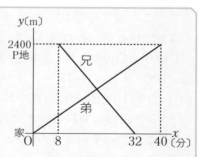

弟が，家を出発して2400mはなれたP地まで歩いて行った。兄は，弟が家を出発してから8分後にP地を出発し，同じ道を家に向かって歩いて行った。右のグラフは，弟が家を出発してからの時間を x 分，家からの道のりを y mとして表したものである。

兄と弟が出会うのは，弟が家を出発してから何分後か。また，出会う地点は，家から何mの地点か。　　〈出会う問題〉

弟は原点と点$(40, 2400)$を通る直線のグラフなので，式は $y=60x$
兄のグラフは，点$(8, 2400)$，$(32, 0)$を通る直線で，$y=-100x+3200$

連立方程式の解は，$x=20, y=1200$となりました。

正解です。20分後，家から1200mの地点　　答

　Aさんは15時に図書館を出発して，2km
はなれた公園に向かって一定の速さで歩い
たところ，15時30分に公園に着いた。

　一方，Bさんは15時3分に公園を出発し
て，Aさんと同じ道を図書館に向かって一
定の速さで走ったところ，途中でAさんと
すれ違い，15時18分に図書館に着いた。

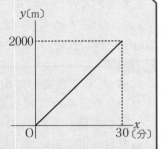

右のグラフは，Aさんが図書館を出発してから公園に着くまでの時間
と道のりの関係を表したものである。2人がすれ違ったのは図書館か
ら何mの地点か。 （福島県・改）

ヒント！　　Bさんの走ったようすをグラフにして，かき加えてみよう。

例題 4

　Aさんの家から公園までまっすぐな道が
ある。Aさんは，午前10時に家を出て，
この道をジョギングで，3往復した。Aさ
んの妹のBさんは，午前10時6分に家を出
て，この道を毎分40mの速さで歩いて公
園まで行った。右の図は，Aさんが家を出
てからx分後のAさんと家との距離をym

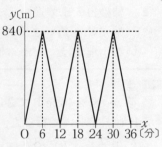

として，xとyの関係をグラフに表したものである。次の問に答えよ。

(1)　午前10時20分の時点でのAさんと家との距離を求めよ。

(2)　Bさんは公園に着くまでに，1度だけ後方からきたAさんに追い
　　こされた。そのときのBさんと家との距離を求めよ。 （広島県）

〈複雑な動きの問題〉

　いかにも難しそうですが，やることは今
までと変わりません。

(1)　**グラフで，どこのことを問われてい
　　るのか，はっきりさせます。**右の図の
　　点だとわかりますね。そこで，赤い直線
　　の式を求めて，$x=20$ を代入すればい
　　いわけです。(18, 840)，(24, 0)を通る
　　直線の式を求めてください。

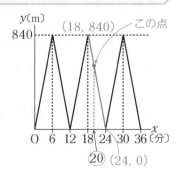

$y=-140x+3360$　と求まりました。

　　はい，切片の数字が大きいですが，これで正解です。

　　この直線の式に $x=20$ を代入すると，$y=560$ と求まります。

　　つまり，家から560mの地点ということです。　❷　**560m**

(2)　まず，Bさんは分速40mなので，公園に着くのに21分かかりますね。

よって，Bさんは$(6, 0)$と$(27, 840)$を結んだ直線で表せます。

　　式は $y=40x-240$ となります。

　　Bさんを追いこすときのAさんのグラフは，$(12, 0)$，$(18, 840)$を結んだ直線です。

　　式を求めると，$y=140x-1680$

$$\begin{cases} y=40x-240 \\ y=140x-1680 \end{cases}$$

　　これを連立して解くと，$x=\dfrac{72}{5}$，$y=336$ と求まります。

　　問われているのは家からの距離，つまり y の値ですね。　❷　**336m**

類題 4

　　1周5000mの湖がある。AさんとBさんは同じ場所から出発し，それぞれ湖を1周する。Aさんは出発してから途中1回の休憩をとる。右のグラフは，Aさんが出発してから x 分間に進んだ道のりを y mとしたときの x と y の関係を表したものである。次の問に答えよ。

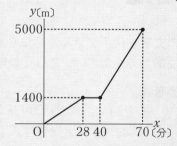

(1)　Aさんが出発してから休憩するまでの速さは毎分何mか求めよ。

(2)　Aさんが休憩後に再び出発して1周するまでの x と y の関係を式で表せ。

(3)　Bさんは，Aさんが最初に出発してから10分後に毎分60mの速さで，Aさんとは反対方向に進んだ。2人が出会うのはBさんが出発してから何分後か求めよ。

(明治学院高)

中1　中2　中3

◆ **条件を満たす点が問われたら文字でおく** ➡ **座標を文字で正確に**
◆ **すべての点を同じ文字で表す** ➡ x **座標が等しいか** y **座標が等しいか**
◆ **文字でおいた座標から長さを求める** ➡ **文字の値を決める**

まず，座標を求めるおさらいから。

右の直線の式は $y=\dfrac{1}{2}x+3$ です。

□に入る数を求めてください。

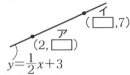

$x=2$ を代入して，$y=4$ なので，**ア**には4が入りますね。また，$y=7$ を代入して解くと，$x=8$ なので，**イ**には8が入ります。

これは簡単でしたね。では，次はどうですか？
ウや**エ**には文字が入ります。数のときと同様に
文字を代入してみてください。

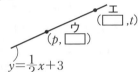

ウを求めるには $x=p$ を代入し，**エ**を求めるには，y 座標が t なので $y=t$ を代入して，x について解くのです。

ウ には $\dfrac{1}{2}p+3$, **エ** には $2t-6$ が入ります。

はい，正解です。こうやって，x 座標か y 座標を文字でおいたとき，その文字を代入できるようにしましょう。x, y のどちらに代入するのかに注意してください。では，問題に入ります。

例題 1

下の図で，線分PQの長さが6となるとき，点Pの座標を求めよ。ただし，点Pの x 座標は正である。

(1)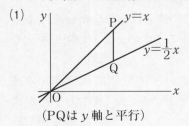

（PQは y 軸と平行）

(2)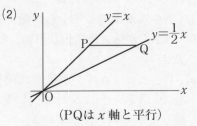

（PQは x 軸と平行）

(1) 点Pのx座標をpとおきます。すると，$x=p$ を代入して，$y=p$ となるので，P(p, p)と表せます。

　　点Qのx座標は点Pと同じなのでpです。

$x=p$ を代入して，$y=\dfrac{1}{2}p$，Q$\left(p, \dfrac{1}{2}p\right)$

と表せました。

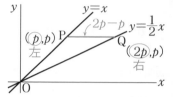

　　PQ=6 となることを，式にすればよいわけです。PQは縦の線分なので，**上のy座標から下のy座標をひくと**，長さが求まります。その長さが6になればよいわけですから，$p-\dfrac{1}{2}p=6$ となります。

　　これを解いて，$p=12$ と求まります。　㊜ P$(12, 12)$

(2) 点Pのx座標をpとすると，P(p, p)

　　点Qは，y座標が点Pと同じなのでpです。

$y=p$ を代入して，$p=\dfrac{1}{2}x$ より，$x=2p$

よって，点Qは$(2p, p)$となります。

　　PQは横の線分なので，**右のx座標から左のx座標をひくと**，長さが求まります。よって，$2p-p=6$ より，$p=6$ と求まります。

㊜ P$(6, 6)$

> 縦の線分の長さは，〔上のy座標〕－〔下のy座標〕で，
> 横の線分の長さは，〔右のx座標〕－〔左のx座標〕ですね。

はい，そのとおりです。座標が文字でも正確にできるようにしましょう。

類題 1

　　下の図で，線分PQの長さが6となるとき，点Pの座標を求めよ。ただし，点Pのx座標は正である。

(1)
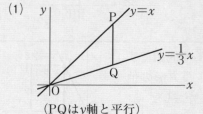
（PQはy軸と平行）

(2)
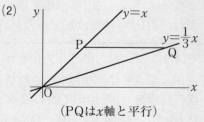
（PQはx軸と平行）

右の図で，点Aは$(0, 8)$，Bは$(12, 0)$，Oを原点とする。

直線 l は $y=\dfrac{1}{3}x+3$ のグラフで，直線 l 上に点Pをとる。$\triangle OAP = \triangle OBP$ となるような，点Pの座標を求めよ。ただし，点Pの x 座標は正である。

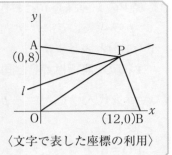

〈文字で表した座標の利用〉

点Pの x 座標を p とおくと，$y=\dfrac{1}{3}p+3$ より，

$P\left(p, \dfrac{1}{3}p+3\right)$ と表せます。$\triangle OAP$の高さはp，

$\triangle OBP$の高さは$\dfrac{1}{3}p+3$ となります。

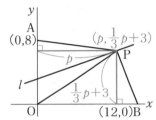

面積が等しいことより，$8 \times p \times \dfrac{1}{2} = 12 \times \left(\dfrac{1}{3}p+3\right) \times \dfrac{1}{2}$

が成り立ちます。これを解いてみてください。

$p=9$と求まりました。ということは，$P(9, 6)$です。

はい，正解です。座標を文字でおいて，方程式を立てたわけです。

右の図で，点Aは$(0, 4)$，Bは$(6, 0)$，Oを原点とする。

直線 l は $y=-x+20$ のグラフで，直線 l 上に点Pをとる。$\triangle OAP = \triangle OBP$ となるような，点Pの座標を求めよ。ただし，点Pのx 座標は正である。

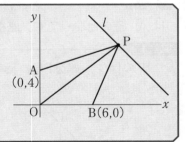

では，次に，長方形や正方形が出てくる問題です。右の図で点Aを$(p, 2p)$とおいたとき，長方形の他の点の座標を，pを用いて表してみてください。

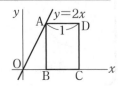

$B(p, 0)$，$C(p+1, 0)$，$D(p+1, 2p)$ ですね。

例題 3

右の図のように，直線 $y=x+4$ 上に点Aを，直線 $y=\dfrac{1}{2}x+2$ 上に点Cをとって長方形ABCDをつくる。AD=2 で，辺ADは x 軸に平行である。点Aの x 座標は正で，DはAより右にあるとして，次の問に答えよ。

(1) 点Aの x 座標を p とするとき，点D，Cの座標を，それぞれ p を用いて表せ。

(2) 長方形ABCDが正方形になるとき，点Aの座標を求めよ。

〈長方形・正方形の問題〉

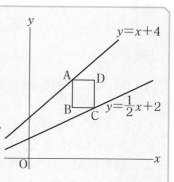

(1) A$(p, p+4)$とおく。

AD=2 より，DはAより x 座標が2大きく，y 座標は等しいので，**D$(p+2, p+4)$** 答

Cは，x 座標がDと等しく，$p+2$

直線 $y=\dfrac{1}{2}x+2$ に $x=p+2$ を代入して，

$y=\dfrac{1}{2}p+3$ となり，**C$\left(p+2, \dfrac{1}{2}p+3\right)$** 答

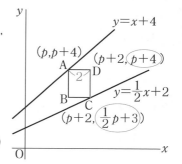

(2) **正方形になるのは，DC=ADになるとき**です。AD=2より，DC=2になればよい。DCの長さは，Dの y 座標からCの y 座標をひくので，

$$(p+4)-\left(\dfrac{1}{2}p+3\right)=2$$

これを解くと，$p=2$ と求まります。 答 **A$(2, 6)$**

類題 3

右の図のように，2直線$y=2x$，$y=-x+10$と x 軸に長方形ABCDが内接している。辺BCは x 軸上にあるとして，次の問に答えよ。

(1) 点Aの x 座標を p とするとき，点Dの座標を，p を用いて表せ。

(2) 長方形ABCDが正方形になるときの点Aの座標を求めよ。

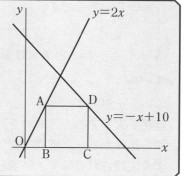

例題 **4**

右の図のように，直線 $y=x$ 上に点A，

D を，直線 $y=\dfrac{1}{2}x$ 上に点B，C をとる。

A，B ともに x 座標を t とし，D，C とも

に x 座標を $t+2$ とする。

$t>0$ として，次の問に答えよ。

(1) 線分DCの長さを，t を用いて表せ。

(2) 四角形ABCDの面積が6となるよう

な，t の値を求めよ。　〈面積の問題〉

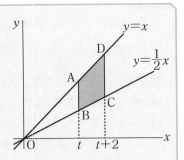

(1) A(t, t)，B$\left(t, \dfrac{1}{2}t\right)$ と表せます。そして，D$(t+2, t+2)$ です。

Cは $y=\dfrac{1}{2}x$ に $x=t+2$ を代入して，$y=\dfrac{1}{2}t+1$ より，C$\left(t+2, \dfrac{1}{2}t+1\right)$

DCの長さは，$(t+2)-\left(\dfrac{1}{2}t+1\right)=\dfrac{1}{2}t+1$　㊎

(2) 四角形ABCDは台形になります。

上底ABは $t-\dfrac{1}{2}t=\dfrac{1}{2}t$ です。

下底DCは(1)より，$\dfrac{1}{2}t+1$ です。

台形の高さは2なので，次の方程式が

成り立ちます。

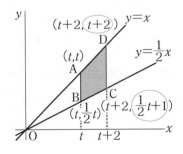

$$\left\{\dfrac{1}{2}t+\left(\dfrac{1}{2}t+1\right)\right\}\times2\times\dfrac{1}{2}=6$$

解いてみてください。

$t=5$ と求まりました。

はい，正解です。

座標を文字でおき，それを利用して他の座標も文字で表したり，長さや

面積の条件から，方程式を立てるわけです。

よく出題されるので，練習して慣れておきましょう。

類題 4

図のように，直線 $y=x$ …① 上に点Aを，直線 $y=mx$ …② 上に点Bをとる。A, Bともに x 座標を a とし，△OABの面積を S とおく。ただし，$m>1$，$a>0$ とする。次の問に答えよ。

(1) $m=2$，$a=4$ とする。S の値を求めよ。

(2) $a=6$ とする。$S=6$ となるような m の値を求めよ。

(3) $m=3$ とする。直線①上に点Cを，直線②上に点Dをとる。C, Dともに x 座標を $a+3$ とし，四角形ABDCの面積を T とおく。$T-S=17$ となるような a の値をすべて求めよ。（東京学芸大附高）

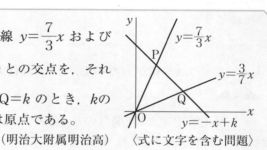

例題 5

右の図のように，2直線 $y=\dfrac{7}{3}x$ および $y=\dfrac{3}{7}x$ と直線 $y=-x+k$ との交点を，それぞれP, Qとする。△OPQ $=k$ のとき，k の値を求めよ。ただし，Oは原点である。

（明治大附属明治高）　〈式に文字を含む問題〉

Pは $\begin{cases} y=-x+k \\ y=\dfrac{7}{3}x \end{cases}$ を連立，Qは $\begin{cases} y=-x+k \\ y=\dfrac{3}{7}x \end{cases}$ を連立します。

k を含んだままでよいので，P, Qの座標を求めてください。

P$\left(\dfrac{3}{10}k, \dfrac{7}{10}k\right)$, Q$\left(\dfrac{7}{10}k, \dfrac{3}{10}k\right)$と求まりました。

はい。それでOKです。

$y=-x+k$ と x 軸との交点をRとすれば，R$(k, 0)$ と求まります。　テーマ⑰

△OPQ $=$ △OPR $-$ △OQR で求めて，

$k\times\dfrac{7}{10}k\times\dfrac{1}{2}-k\times\dfrac{3}{10}k\times\dfrac{1}{2}=k$ となります。

これを解いて，$k=0, 5$　$k\neq0$ より，$k=5$ 答

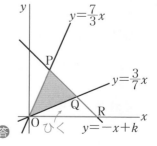

2次関数における文字の利用

中1 中2 中3

◆ 放物線上の点を文字でおく ➡ その文字で他の点の座標を正確に表す
◆ 座標においた文字を用いて長さを表す ➡ 長さの表し方を身につける
◆ 条件にあった方程式を立てる ➡ 長さや面積の関係をつかもう

まず，放物線上の点の座標を求める復習です。
右の図は $y=2x^2$ のグラフで，そのグラフ上に点
があります。ア，イには何が入るでしょうか。

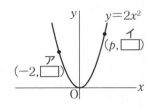

アは，$y=2x^2$ に $x=-2$ を代入するので，
$y=8$ よって，8 が入りますね。

イはどうですか？

> **x 座標が p なので，$x=p$ を代入して，$2p^2$ です。**

それが正解です。1次関数のときにやったのと同様で，x 座標が与えら
れたら x に代入すればいいわけです。

例題 1

右の図のように，A $(0,16)$，B $(8,0)$ がある。

$y=\dfrac{1}{3}x^2$ のグラフ上に点Pを，△OAP＝
△OBP となるようにとる。このとき，点Pの
座標を求めよ。ただし，点Pの x 座標は正であ
るとする。

〈面積が等しい問題〉

点Pの座標を求めたいので，文字でおきましょう。

x 座標を p とおくと，$x=p$ を代入して，$y=\dfrac{1}{3}p^2$ となります。

これが y 座標なので，P$\left(p, \dfrac{1}{3}p^2\right)$ とおけるわけです。

△OAPは，底辺が16で高さは p です。

△OBPは，底辺が8で高さは $\dfrac{1}{3}p^2$ です。

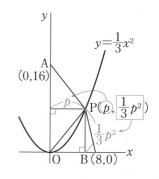

△OAP＝△OBP より，次の方程式が
成り立ちます。

$$16\times p\times\dfrac{1}{2}=8\times\dfrac{1}{3}p^2\times\dfrac{1}{2} \qquad 8p=\dfrac{4}{3}p^2$$

整理すると，$p^2-6p=0$

$p(p-6)=0$ より，$p=0,\ 6$

$p>0$ より，$p=6$ 　答　P (6, 12)

類題 1

次の問に答えよ。

(1) 右の図のように，A (0, 6)，B (8, 0)
がある。$y=\dfrac{1}{2}x^2$ のグラフ上に点Pを
△OAP＝△OBP となるようにとるとき，
点Pの座標を求めよ。ただし，点Pの
x 座標は正であるとする。

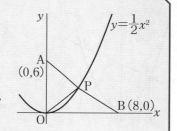

(2) 右の図で，点Oは原点，点Aの座標は
$(0,\ 8)$ であり，曲線 l は関数 $y=\dfrac{1}{4}x^2$
のグラフを表している。点Bは曲線 l 上
にあり，x 座標は-8である。曲線 l 上
にある点をPとする。

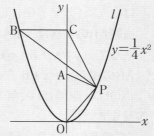

　点Pの x 座標が8より小さい正の数であるとき，点Bを通り x 軸
に平行な直線を引き，y 軸との交点をCとし，点Oと点P，点Aと
点P，点Bと点P，点Cと点Pをそれぞれ結ぶ。

　△CBPの面積が△AOPの面積の3倍になるとき，点Pの座標を
求めよ。
　　　　　　　　　　　　　　　　　　　　　　　　　　（東京都・改）

ヒント! 　(2) まず，点Pを文字でおきます。△AOPは底辺がAO，高
さはPの x 座標です。△CBPは底辺がBC，高さはB，Cの y 座標からPの
y 座標をひいた長さです。

　右の図で，点A，Bは関数 $y=x^2$ のグラフ上の点である。点A，Bの x 座標はそれぞれ3，-2 である。

　点Pを線分AB上にとり，点Pを通って y 軸に平行な直線をひき，$y=x^2$ のグラフとの交点をQとする。次の問に答えよ。

(1) 直線ABの式を求めよ。

(2) 線分PQの長さが4となるときの，点Pの座標をすべて求めよ。

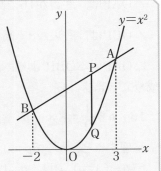

〈線分の長さに関する問題〉

(1) 放物線と交わる直線の式の求め方を覚えていますか？

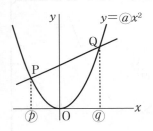

　　　　　　　　左の図で，傾きや切片はどんな式で求められたか，思い出してください。

> 傾きは $a(p+q)$，
> 切片は $-apq$ です。

↑テーマ **18** 参照

　はい，よく覚えていましたね。それを利用しましょう。

　直線ABの傾きは，$1\times(-2+3)=1$，切片は，$-1\times(-2)\times3=6$

　よって，$y=x+6$　答

(2) ABの式が $y=x+6$ なので，P $(p, p+6)$ とおきます。

　点Qは x 座標がPと等しく，また，$y=x^2$ 上にあるので，Q (p, p^2) と表せます。

　PQの長さは，$(p+6)-p^2$　←縦の長さは，上から下をひく

　これが4だから，$(p+6)-p^2=4$

　整理して，$p^2-p-2=0$

　$(p-2)(p+1)=0$ より，$p=2, -1$

　$-2 \leqq p \leqq 3$ より，どちらも適しています。

　$p=2$ のとき，P $(2, 8)$，

　$p=-1$ のとき，P $(-1, 5)$

答　P $(2, 8)$，$(-1, 5)$

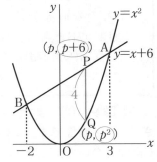

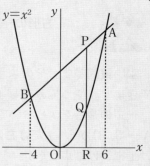
類題 2

　右の図で，点A，Bは関数 $y=x^2$ のグラフ上の点で，Aの x 座標は6，Bの x 座標は -4 である。

　点Pを線分AB上にとり，点Pを通って y 軸に平行な直線をひき，$y=x^2$ のグラフとの交点をQ，x 軸との交点をRとする。

　次の問に答えよ。

(1)　直線ABの式を求めよ。

(2)　PQ＝QR となるような，点Pの座標をすべて求めよ。

例題 3

　右の図のように，関数 $y=\dfrac{1}{3}x^2$ のグラフ上に点A $(-3,\ 3)$ と点Cがある。

　また，辺AB，BCが，それぞれ x 軸，y 軸と平行になるように，正方形ABCDをつくる。点Cの座標を求めよ。　　　　　　(長野県・改)

〈放物線と長方形・正方形①〉

点Cの座標を $\left(p,\ \dfrac{1}{3}p^2\right)$ とおきます。点Dは $\left(-3,\ \dfrac{1}{3}p^2\right)$ と表せます。

また，点Bは，x 座標はCと等しくて y 座標はAと等しいので，B $(p,\ 3)$ です。

CB＝DCとなれば正方形となります。

CBは上から下をひいて，$\dfrac{1}{3}p^2-3$，

DCは右から左をひいて，$p-(-3)$ です。

$$\dfrac{1}{3}p^2-3=p-(-3)$$

という方程式ができます。整理して，$p^2-3p-18=0$

$(p-6)(p+3)=0$ より，$p=6,\ -3$

　　　　　　　　　　　　　　　　　　　　解の吟味

$p=-3$ は点Cが点Aと同じになるので，問題の条件にあいません。

$p=6$ は適しています。　**答**　C $(6,\ 12)$

正方形の一辺を文字でおいて解くことはできませんか？

　よい質問です。そのようにして解くことも
できます。やってみましょう。

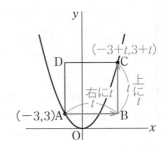

　一辺の長さを t とおいてみます。
$A(-3, 3)$ から，t だけ右にいき，さらに t だ
け上にいけば点Cです。

　よって，$C(-3+t, 3+t)$ と表せます。
　このあとどうするかわかりますか？

点Cが $y=\dfrac{1}{3}x^2$ のグラフ上にあるので，代入するわけです。

$x=-3+t$，$y=3+t$ を代入して，

$$3+t=\dfrac{1}{3}(-3+t)^2$$

整理して，$t^2-9t=0$

　　$t(t-9)=0$ より，$t=0, 9$

ここで，t は正方形の一辺なので，$t>0$ より，$t=9$

😊 $C(6, 12)$

このように，正方形問題には2通りのアプローチがあるのです。

─────(正方形問題の解き方)─────

• はじめに座標を文字でおく方法 ➡ 縦の長さ＝横の長さの式を立てる
• 正方形の一辺を文字でおく方法 ➡ その文字で座標を表して代入する

類題 3

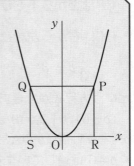

　右の図のように，放物線 $y=\dfrac{1}{3}x^2$ と，この放
物線上に点Pがある。点Pを通り x 軸に平行な直
線とこの放物線との交点のうち，P以外の点をQ
とする。また，2点P，Qから x 軸に垂線を引き，
それらの垂線と x 軸との交点を，それぞれR，S
とする。点Pの x 座標は正であるとして，四角形
PQSRが正方形となるときの点Pの座標を求めよ。

右の図のように2つの関数$y=x^2$ …① のグラフと，$y=-x+12$ …② のグラフが2点A，Bで交わっている。

線分AB上に点Pをとり，Pを通りy軸に平行な直線と①との交点をQとする。また，Qを通りx軸に平行な直線と①との交点をRとする。PQ，QRを2辺とする長方形PQRSを作るとき，次の問に答えよ。ただし，点Pのx座標は正で，点Aのx座標は負である。

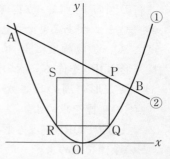

(1) 点A，Bの座標を求めよ。

(2) 長方形PQRSの周の長さが20になるとき，点Pの座標を求めよ。

〈放物線と長方形・正方形②〉

(1) グラフの交点は，連立方程式の解で求められます。← テーマ**18**

$$\begin{cases} y=x^2 \\ y=-x+12 \end{cases}$$ を連立して，$x^2=-x+12$

$x^2+x-12=0$ $(x+4)(x-3)=0$ より，$x=-4, 3$

Aのx座標は負だから-4です。 ❷ **A$(-4, 16)$，B$(3, 9)$**

(2) P$(p, -p+12)$とおくと，点Qのx座標もpとなるので，Q(p, p^2)です。

QとRはy軸対称なので，R$(-p, p^2)$と表せます。← $\boxed{y=ax^2\text{のグラフは}y\text{軸対称}}$

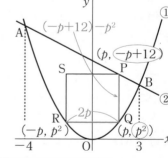

PQの長さは，上から下をひくので，

$(-p+12)-p^2=-p^2-p+12$ ←縦

QRの長さは，$p-(-p)=2p$ ←横

長方形の周の長さが20より

$2\{(-p^2-p+12)+2p\}=20$ ← $\boxed{\text{長方形の周}＝（\text{縦}＋\text{横}）\times 2}$

解いてみてください。解の吟味もしてくださいね。

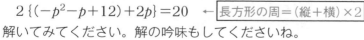

$p=2, -1$ と求まり，$0<p\leqq 3$ なので，$p=2$です。

はい，正解です。解の吟味もよくできました。 ❷ **P$(2, 10)$**

　右の図のように，放物線 $y=x^2$ と直線 $y=-x+6$ がある。x軸上の正の部分に2点P，Q，放物線上にS，直線上にRをとり，長方形PQRSを作る。次の問に答えよ。

(1) 長方形の周の長さが10になるとき，点Sの座標を求めよ。

(2) 長方形PQRSが正方形になるとき，点Sの座標を求めよ。

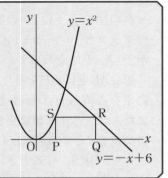

例題 **5**

　右の図で，曲線 l は関数 $y=2x^2$，曲線 m は関数 $y=-x^2$ のグラフである。四角形ABCDは長方形で，頂点A，Bは曲線 l 上に，頂点C，Dは曲線 m 上にあり，辺ABはx 軸に平行である。また，点Aと点Dの x 座標は正である。四角形ABCDが正方形になるとき，点Aの座標を求めよ。　　　　〈2つの放物線〉

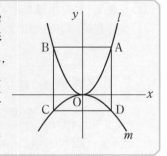

点Aの座標を$(p, 2p^2)$とおきます。

他の点を，pを使って表してみましょう。

まず，点Dは，x座標がAと同じなのでpです。

よって，D$(p, -p^2)$と表せますね。

そして，AとB，CとDはy軸対称となっているので，B$(-p, 2p^2)$，C$(-p, -p^2)$です。

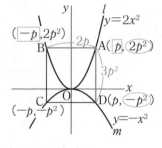

　次に，この長方形が正方形になるための条件は，AD＝ABとなることです。ADやABを，pを用いて表すと，

ADの長さは〔Aのy座標〕－〔Dのy座標〕で，$2p^2-(-p^2)=3p^2$，

ABの長さは〔Aのx座標〕－〔Bのx座標〕で，$p-(-p)=2p$ です。

　　　　文字にマイナスがついていても，ひいていいんですか？

はい，そうなんです。ちょっと違和感があるかも知れませんが，**文字で**

表された座標でも，それをそのままひいて求めます。注意してください。

AD＝AB より，$3p^2＝2p$

整理して，$3p^2-2p＝0$

$p(3p-2)＝0$ より，$p＝0, \dfrac{2}{3}$

$p>0$ だから，$p＝\dfrac{2}{3}$　㊜　$A\left(\dfrac{2}{3}, \dfrac{8}{9}\right)$

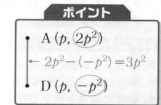

類題 5

　右の図において，㋐は関数 $y＝\dfrac{1}{4}x^2$，㋑は関数 $y＝x^2$ のグラフであり，点Aは㋐上の点で x 座標が正である。点Aを通り y 軸に平行な直線と㋑の交点をBとする。点Bを通り x 軸に平行な直線と㋑の交点のうち，x 座標が負である点をCとし，点Cを通り y 軸に平行な直線と㋐の交点をDとする。四角形ABCDが正方形であるとき，点Aの座標を求めよ。（秋田県・改）

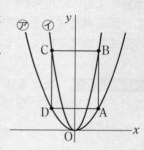

例題 6

　図のように，$y＝x^2$ のグラフ上に2点A，Bを，y 軸上にC$(0, 6)$をとる。△ABCが，∠C＝90°の直角二等辺三角形で，辺ABは x 軸と平行である。点Aの座標を求めよ。ただし点Aの x 座標は正で，A，Bは点Cより下側にあるものとする。

〈放物線と直角二等辺三角形〉

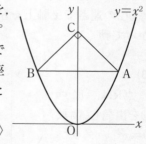

A(p, p^2)とおく。ABと y 軸との交点をHとすれば，AH＝CH が成り立つので，

$p＝6-p^2$

整理して，$p^2+p-6＝0$

$(p+3)(p-2)＝0$

$p＝-3, 2$　$p>0$ より，$p＝2$

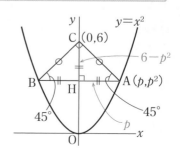

㊜　A$(2, 4)$

テーマ 22 関数と動点

中1 中2 中3

■■イントロダクション■■

◆ グラフ上の動点のイメージをつかもう ➡ 動く点と定点を区別する
◆ 動点の動きを正しくつかむ ➡ 出発点・向き・速さをとらえる
◆ 動点の座標を文字でおく ➡ 出発してからの時間を座標にする

　ここでは，グラフ上を動く点がテーマです。点の動きを正確につかみ，出発してからの時間を文字でおきます。その文字を使って，座標を表すことが必要です。その先は，テーマ 20・テーマ 21 で学習した手順どおりに，方程式を立てていくのです。ピンとこないですね。ちょっと練習します。

練習しよう 　次の条件で点P，Q，R，Sが動くとき，出発してから t 秒後のそれぞれの点の座標を，t を用いて表せ。

(1)

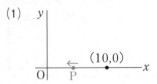

　点Pは，点 $(10, 0)$ を出発し，毎秒2の速さで x 軸上を左に向かって動く。

(2)
　点Qは，点 $(0, -8)$ を出発し，毎秒3の速さで y 軸上を上に向かって動く。

(3)
　点Rは，原点Oを出発し，関数 $y = x^2$ のグラフ上を，x 座標が毎秒2ずつ増えるように動く。

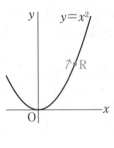

(4)
　点Sは，点 $(-4, 0)$ を出発し，関数 $y = x + 4$ のグラフ上を，x 座標が毎秒1ずつ増えるように動く。

(1) 出発して t 秒たったとき，点Pは左に $2t$ 動きます。よって，$(10, 0)$ よりも x 座標が $2t$ 減りますから，t 秒後の点Pの座標は $(10-2t, 0)$ です。

(2) 出発して t 秒たったとき，点Qは上に $3t$ 動きます。よって，$(0, -8)$ よりも y 座標が $3t$ 増えますから，t 秒後の点Qの座標は $(0, -8+3t)$ です。

(3) 出発して t 秒たったとき，点Rの x 座標は 0より $2t$ 増えるので，x 座標は $2t$ です。

$y=x^2$ に $x=2t$ を代入すると $y=4t^2$ となるので，t 秒後の点Rの座標は $(2t, 4t^2)$ です。

(4) 出発して t 秒たったとき，点Sの x 座標は -4 より t 増えるので，x 座標は $-4+t$ です。

$y=x+4$ に $x=-4+t$ 代入すると，$y=t$ となるので，t 秒後の点Sの座標は $(-4+t, t)$ です。

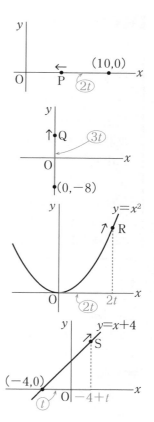

わかったでしょうか。では，簡単な例題をやってみましょう。

例題 1

点Pは関数 $y=x^2$ のグラフ上を，原点Oを出発して，x 座標が毎秒1ずつ増えるように動き，点Qは $(0, 12)$ を出発して，y 軸上を，負の方向に毎秒1の速さで動く。

2点P，Qが同時に出発したとき，線分PQが x 軸と平行になるのは何秒後か。

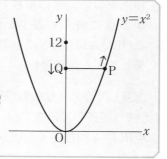

t 秒後とします。$P(t, t^2)$，$Q(0, 12-t)$ と表せますね。

PQ が x 軸と平行になるのは，**PとQの y 座標が等しくなる**ときです。

$t^2=12-t$ を解くと，$t=-4, 3$　$t>0$ より，$t=3$　🅰　**3秒後**

　点Pは関数 $y=2x^2$ のグラフ上を，原点O を出発して，x 座標が毎秒1ずつ増えるよう に動く。点Qは$(0, 4)$を出発して，y 軸上を，正の方向に毎秒2の速さで動く。点Rは $(12, 0)$ を出発して，x 軸上を，負の方向に 毎秒3の速さで動く。3点P，Q，Rが同時 に出発したとき，次の問に答えよ。

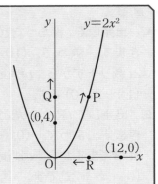

(1)　出発して t 秒後の3点P，Q，Rの座標を， それぞれ t を用いて表せ。

(2)　線分PQが x 軸と平行になるのは何秒後か。

(3)　線分PRが y 軸と平行になるのは何秒後か。　　　　　（東京都・改）

> **t 秒後に，x 座標や y 座標が何と表せるか考えるんですね。**

　結局，そういうことですね。x 座標，y 座標の一方が t で表せれば，も う一方の座標は，式に代入すれば求められるわけです。

　右の図のように，直線 $y=2x$ のグラフ上 を，点Pは原点Oを出発して x 座標が毎秒1ず つ増えるように動く。点Qは，点Pが原点を 出発するのと同時に点A $(0, 10)$ を出発し，y 軸上を負の向きに毎秒1の速さで動く。点Q が原点に到達するまでの間を考えるとき， △OPQの面積が8になるのは，点P，Qが出 発してから何秒後か。　　　　〈動点と面積〉

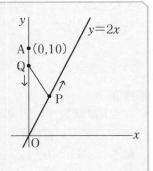

　出発してから t 秒後の点P，Qの座標を， t を使って表してみます。

　点Pは，t 秒後の x 座標が t なので， $x=t$ を $y=2x$ に代入して，$y=2t$

　　　よって，**P** $(t, 2t)$ です。

　点Qは，y 座標が t 減るので，**Q** $(0, 10-t)$ です。 座標を表すことができました。

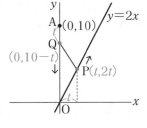

では，次の段階です。△OPQの面積を表していきます。

△OPQの底辺OQは，Qのy座標で $10-t$ です。
高さは，Pのx座標なので t ですね。

△OPQ＝8 となることを式にすれば，

$$(10-t)\times t\times\frac{1}{2}=8 \quad となります。$$

整理して，$t^2-10t+16=0$

$\qquad (t-2)(t-8)=0 \quad$ より，$t=2,\ 8$

どちらが答えとしてふさわしいですか？

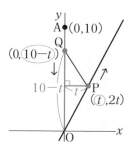

Qが原点に着くのは10秒後なので，どちらもOKだと思います。

はい。t の変域は $0\leqq t\leqq 10$ ということになり，どちらも適しています。

答 2秒後，8秒後

時間を文字（t など）でおき，その文字を使って座標を表します。

次に，必要な長さを文字で表して方程式にするわけです。

この例題についてふりかえれば，次のような流れで解きました。

ポイント
1. 時間を文字でおく
2. その文字で座標を表す
3. 方程式を立てる

1. t 秒後とする。

2. P$(t, 2t)$，Q$(0, 10-t)$と表す。

3. △OPQの底辺 OQ$=10-t$，高さ t から，方程式を立てる。

類題 2

右の図のように，直線 $y=2x$ のグラフ上を，点Pは原点Oを出発してx座標が毎秒1ずつ増えるように動く。点Qは，点Pが原点を出発するのと同時に点A$(8, 0)$を出発し，x軸上を負の向きに毎秒1の速さで動く。点Qが原点に到達するまでの間を考えるとき，△OPQの面積が12になるのは，点P，Qが出発してから何秒後か。

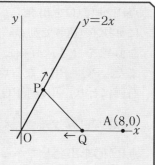

右の図の放物線は $y=x^2$，直線は $y=-\dfrac{1}{2}x+15$ のグラフである。点Pは，原点Oを出発して，放物線上をx座標が毎秒2ずつ増えるように動く。点Pからy軸に平行な直線をひき，x軸との交点をQとする。また，PQ＝QRとなる点Rをx軸上のQより右側にとり，正方形PQRSをつくる。点Sが直線上にくるのは，点Pが出発してから何秒後か。〈図形が動く問題〉

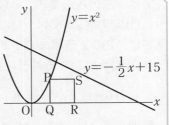

t 秒後とします。Pの x 座標は$2t$となるので，$y=x^2$に代入して，$y=4t^2$ より，P $(2t, 4t^2)$ と表せます。

正方形の一辺はPのy座標と等しいので， $4t^2$とわかりますね。

ということは，点Pよりも右に$4t^2$ 移動させた点がSなので，S $(2t+4t^2, 4t^2)$ と表せます。Sが直線上にくるとき，どうすればよいでしょうか……そう，**代入**です。

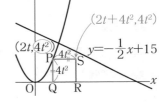

$y=-\dfrac{1}{2}x+15$に代入すると，$4t^2=-\dfrac{1}{2}(2t+4t^2)+15$

整理すると，$6t^2+t-15=0$　これを解いて，$t=\dfrac{3}{2}$，$-\dfrac{5}{3}$

$t>0$より，$t=\dfrac{3}{2}$ 　⊛　$\dfrac{3}{2}$秒後

図のように，直線 $y=x$ のグラフがある。点Pは原点Oを出発し，x軸上を正の向きに毎秒2の速さで動く。点Pからy軸に平行な直線をひき，直線との交点をQとする。また，PQ＝PRとなる点Rをx軸上のPより右側にとり，正方形PQSRをつくる。

点Sが直線 $y=-\dfrac{1}{2}x+12$ 上にくるのは，点PがOを出発してから何秒後か。

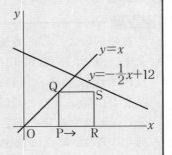

右の図で，曲線Cは$y=\dfrac{1}{2}x^2$のグラフである。点P，Qは原点Oを同時に出発し，曲線C上を動き，Pはx座標が毎秒1ずつ増えるように，Qはx座標が毎秒1ずつ減るようにそれぞれ動く。P，Qが原点Oを出発するのと同時に点Rは原点を出発し，y軸上を正の方向に毎秒2の速さで動く。次の問に答えよ。

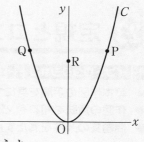

(1) 3点P，Q，Rが一直線上に並ぶのは，Pが出発してから何秒後か。

(2) △PQRが直角二等辺三角形になるのは何秒後か。ただし，P，QはRより上にあるものとする。

(1) t秒後とすると，$P\left(t,\ \dfrac{1}{2}t^2\right)$，$Q\left(-t,\ \dfrac{1}{2}t^2\right)$，$R(0,\ 2t)$です。

一直線上に並ぶのは，y座標が等しいときだから，$\dfrac{1}{2}t^2=2t$

これを解いて，$t=0,\ 4$

$t>0$ より，$t=4$ 　答　**4秒後**

(2) 右の図のようになるときです。PQとy軸との交点をHとすれば，**PH＝RH**になります。$t=\dfrac{1}{2}t^2-2t$

これを解いて，$t=0,\ 6$

$t>0$ より，$t=6$ 　答　**6秒後**

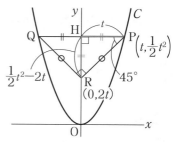

右の図の放物線は$y=\dfrac{1}{2}x^2$のグラフである。点Pは，原点Oを出発し，放物線上をx座標が毎秒1ずつ増えるように動く。点Qは，Pが原点Oを出発するのと同時に点$(0,\ 12)$を出発し，y軸上を負の方向に毎秒1の速さで動く。点Aを$(6,\ 0)$とするとき，△OAPと△OPQの面積が等しくなるのは，P，Qが出発してから何秒後か。

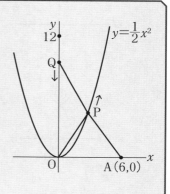

23 定規とコンパスを用いた作図

■■ イントロダクション ■■

◆ 基本作図の手順を身につける ⇒ 4つの作図のしかたをマスターする
◆ 作図の意味を知る ⇒ どんな条件を満たす点の集合か
◆ 問題文の条件を満たす点は，どの作図で得られるか考えよう

　定規とコンパスを用いた作図は，次の4つの基本作図からなっています。確認しておきましょう。

確認しよう　〜4つの基本作図〜ノートに大きめに写してやってみよう。

(1) 垂線を下ろす

　Pから直線 l に垂線を下ろせ。

・P

l ─────────

(2) 垂線を立てる

　l 上の点Pから垂線を立てよ。

l ────・───
　　　　P

(3) 垂直二等分線

　線分ABの垂直二等分線をかけ。

A●────────●B

(4) 角の二等分線

　∠AOBの二等分線をかけ。

解答

(1)

(2)
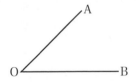

(3)
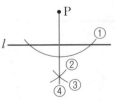

(4)
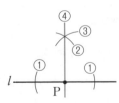

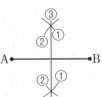

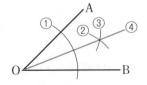

スラスラできるようになるまで，練習しましょう。次に，最も重要なのは，これらの作図がどんな意味を持っているのか，を知ることです。

言いかえれば，作図によってできた直線は，ある条件を満たす点の集合なのです。

まず，**垂直二等分線**です。線分ABの垂直二等分線は，どんな点の集合でしょうか。

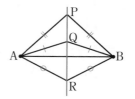

垂直二等分線上の，どの点をとっても，線分の両端の点までの距離が等しくなっています。右の図でいえば，PA＝PB，QA＝QB，RA＝RB，…となっています。

2つの点から等しい距離にある点の集合，ですね。

はい，その通りです。単に，「線分ABの中点を通ってABと垂直」とだけ考えてはダメなんです。

次に，**角の二等分線**ですが，∠AOBの二等分線は，どんな点の集合でしょうか。

これも，「∠AOBの大きさが半分になっている」とだけ考えてはいけません。

角の二等分線上の，どの点をとっても角の2辺までの距離が等しくなっています。

角の2つの辺から等しい距離にある点の集合，ですね。

はい，そうです。ここでまとめておきましょう。

―（**作図のポイント**）―
作図は，次の4つの基本作図からなっている
1．垂線を下ろす
2．垂線を立てる
3．垂直二等分線➡2点から等しい距離にある点の集合
4．角の二等分線➡角の2辺から等しい距離にある点の集合

定規とコンパスを使って，次の作図をせよ。ただし，作図に用いた線は残しておくこと。

(1) 右の図において，直線l上にあって，点Aからの距離が最短となる点Pを作図によって求めよ。 （山梨県・改）

(2) 右の図において，頂点Bを通り△ABCの面積を2等分する直線を作図せよ。 （鹿児島県）

(3) 右の図のような△ABCがある。辺BC上の点で，2辺AB，ACから等しい距離のある点Pを作図によって求め，Pの記号をつけよ。 （富山県）
〈基本作図〉

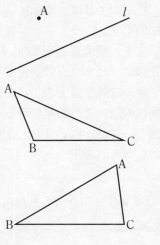

(1) 点Aからの距離が最短の点とは，どんな点でしょう。

それは，Aからlに下ろした垂線の足です。Aからその点までの長さのことを，**点から直線までの距離**といいます。

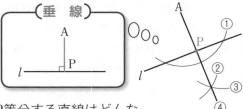

垂　線

(2) Bを通って△ABCの面積を2等分する直線はどんな直線でしょうか。そう，辺ACの中点を通る直線です。

辺ACの中点は，どうやって作図すればいいんですか？

基本作図の中で，中点が求まる作図が，1つだけあるんです。それは，線分の垂直 二等分 線です。

垂直二等分線

A ━━╂━━╂━━ C
中点

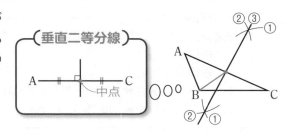

(3) 2辺から等しい距離にある点の集合は
角の二等分線でした。

2辺AB，ACから等しい距離なので，
∠BACの二等分線をひけばよいことになります。

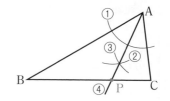

このように，与えられた条件から，どの作図をすればその条件にあうのかを，考えることが大切です。作図の問題は，それがわかってしまえば，あとは基本作図でできてしまうのです。

類題 1

次の作図をせよ。ただし，作図に用いた線は残しておくこと。

(1) 右の図のような△ABCがある。辺BCを底辺としたときの高さを表す線分APを，作図によって求めよ。　　　（栃木県）

(2) 右の図で，∠XOYの辺OX，OYから等しい距離にあり，直線l上にある点Pを，作図せよ。

(3) 右の図のように，円Oと円外の2点A，Bがある。円Oの周上にあって，2点A，Bから等しい距離にある点Pを，作図によって求めよ。

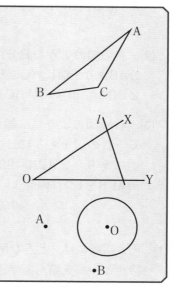

ヒント！ (3)の点Pは，2つありますよ。

例題 2

右の図の△ABCで，2点A，Cから等しい距離にあり，2辺AC，BCから等しい距離にある点Pを，作図せよ。

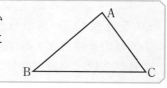

2点A，Cから等しい距離➡**ACの垂直二等分線**，2辺AC，BCから等しい距離➡**∠ACBの二等分線**

よって，それを組み合わせた作図です。

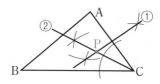

右の図のように，△ABCがある。2点A，Cから等しい距離にあって，∠ABCの二等分線上にある点Pを，作図によって求めよ。

（高知県）

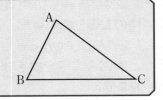

次の作図をせよ。ただし，作図に用いた線は残しておくこと。

(1) 右の図のような円Oがある。円周上の点Aを通る円Oの接線を作図せよ。 （新潟県）

(2) 右の図のような線分ABがある。この線分ABより上側に点Cをとり，∠CAB＝30°，∠CBA＝90°の△ABCを作図せよ。

(3) 右の図のように，線分ABと直線 l がある。この図をもとにして，頂点Pが直線 l 上にあり，∠APB＝90°となる直角三角形APBを1つ作図せよ。

（東京都進学指導重点校）

(1) 円と接線には，どんな関係があるのでしょうか。

接点と中心を結んだ半径と，その円の接線は垂直に交わることがポイントです。

よって，この図では，OAを延長して，Aからその直線の垂線を立てる作図です。

作図では，必要に応じて**直線を延長**してよいのです。そして，完成予想図を思い描いてから，作図するのがポイントです。

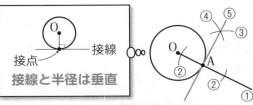

接点　　　接線

接線と半径は垂直

ポイント

完成予想図をイメージする

(2) 90°は垂線で作れます。30°はどうやって作ればよいでしょう。作図では，**分度器を使ってはいけません**。30°＝60°÷2 がヒントです。

つまり，60°を持っている図形は？

わかりました！　正三角形は1つの内角が60°です。

よく気がつきました。その通りです。ABを一辺とする正三角形をかき，∠Aを二等分します。ABを延長してBから垂線を立てます。その交点がCとなるわけです。

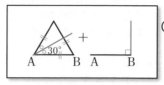

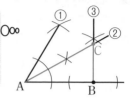

(3) この問題は，線分を90°で見込む点です。90°といわれると，垂線の作図かな，と思うかも知れませんが，そうではありません。

半円に対する円周角

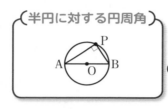

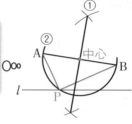

中3の学習範囲の，**半円に対する円周角は90°**を使います。つまり，**線分ABを直径とする円をかく**のです。中心はABの中点なので，ABの垂直二等分線ですね。

ポイント

線分を見込む角が90°の作図 ➡ 線分を直径とする円周上

類題 3

次の作図をせよ。ただし，作図に用いた線は残しておくこと。

(1) 右の図のように直線 *l* と，*l* 上にない点Oがある。Oを中心とする円が *l* に接するとき，その接点Pを作図せよ。（福島県）

(2) 右の図の△ABCにおいて，頂点Bが辺AC上の点Pに重なるように折るとき，折り目の線を作図せよ。（鳥取県）

(3) 右の図のように，∠ABCの大きさは90°よりも小さく，辺ACの長さは辺ABの長さよりも長い△ABCがある。①線分APは辺ABと等しく，②∠APC＝90°，線分APは辺BCと交わらないような，点Pを作図せよ。（山形県）

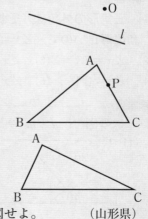

テーマ 24 平行線と角・多角形

■■ イントロダクション ■■

◆ 平行線を利用して角を求める ➡ どこに補助線をひくか
◆ 多角形の角を求める ➡ 内角・外角の求め方をマスターする
◆ 角の二等分線でできる角を求める ➡ 等しい角を文字でおこう

ここでは，いろいろな図形で，角の大きさを求めていきます。
まず，基本問題で確認しておきましょう。

確認しよう 次の図で，∠x の大きさを求めよ。

(1)

33°
48° x

(2)

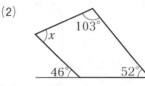
x 103°
46° 52°

(3)

l
x l//m
m 76°
139° （秋田県）

(4)

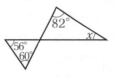
82°
56°
60° x （栃木県）

(5)

A
BA＝BC
114°
x
B C （山梨県）

(6)

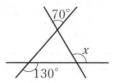
70°
x
130° （兵庫県）

解答

(1) 三角形の外角は，それにとなり合わない内角の
和に等しいので，∠x＝33°＋48°＝81°

三角形の外角

b
a a＋b

(2) ∠x＝71° (3) ∠x＝117°

(4) ∠x＝34° (5) ∠x＝48° (6) ∠x＝120°

例題 1

次の図で，l//m のとき，∠x の大きさを求めよ。

(1)

l
20° x
40° 90°
m

(2)

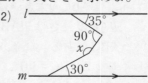
l
35°
90°
x
30°
m 〈折れ線問題〉

平行線と折れ線の問題です。この種の問題では，補助線をひくことが必要です。どんな補助線かわかりますか？

> はい。**折れ線のカドを通る平行線をひきます。**

　その通りです。そして，**平行線では同位角や錯角が等しい**ことを利用して，∠x の大きさが求められます。

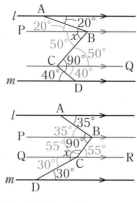

(1)　右の図のように平行線をひき，点を定めれば，錯角は等しいので，∠ABP＝20°
　　　∠DCQ＝40°より，∠BCQ＝50°，∠CBP＝50°
　　　　　よって，∠x＝20°＋50°＝**70°** 　答

(2)　これも同様にやります。
　　　∠ABP＝35°より，∠PBC＝55°，∠BCR＝55°
　　　となります。すると，∠BCQ＝180°－55°＝125°
　　　また，∠DCQ＝30°なので，∠x＝125°＋30°＝**155°**　答

> ──（**平行線と折れ線問題の解き方**）──
> ・折れ線のカドを通る平行線をひく
> ・錯角や同位角を利用して，等しい角を上や下に移動させる

類題　1

　次の図で，$l /\!/ m$ のとき，∠xの大きさを求めよ。

(1)
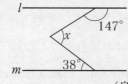
　　　147°
　　　x
　　　38°
（島根県）

(2)
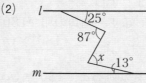
　　　25°
　　　87°
　　　x　13°
（江戸川学園取手高）

(3)　AB＝BC，CD＝DA

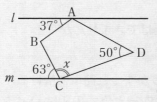
　37°
　B
　50°　D
　63°　x
　C

ヒント！　(3)　AとCを結んで，∠xを2つに分けて考えてみてください。
二等辺三角形は底角が等しいです。

（長崎県）

次の問に答えよ。

(1) 八角形の内角の和を求めよ。

(2) 1つの内角が144°であるような正多角形は，正何角形か。

(3) 次の各図で，∠xの大きさを求めよ。

① ② ③ ④

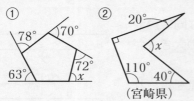 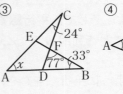 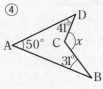

（宮崎県）

(4) 右の図は，平行四辺形ABCDで，ACとBDの交点をOとする。DO＝DC のとき，∠xの大きさを求めよ。 （鳥取県）

(5) 右の図は正五角形である。 ∠xの大きさを求めよ。 （岩手県）

〈多角形と角〉

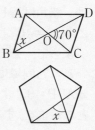

(1) n 角形の内角の和は $180° \times (n-2)$ です。

これに，$n=8$ を代入して，

$180° \times (8-2) = 180° \times 6 = 1080°$ 答

外角の和は，nの値によらず360°です。

つまり，何角形であっても360°です。

覚えておきましょう。

(2) n 角形とします。内角の和が$180° \times (n-2)$ なので，それをn 等分すれば144°です。よって，$\dfrac{180° \times (n-2)}{n} = 144°$ ちょっと複雑です。

両辺に n をかけると，$180° \times (n-2) = 144° \times n$ これなら解けます。

これを解いて，$n=10$ 答 正十角形

1つの外角を求めて解くことはできませんか？

たいへんよい質問です。実は，そのほうがずっと簡単に解けるんです。やってみましょう。1つの頂点について，**内角と外角の和は$180°$です。**

このことから，1つの外角は $180° - 144° = 36°$

外角の和は360°なので，$360° ÷ 36° = 10$ より，

正十角形 答

(3)① 全部外角です。和が360°より，

$∠x = 360° - (72° + 70° + 78° + 63°) = 77°$ 答

② 形はかわっていますが五角形です。内角の和は，

$180° × (5-2) = 540°$ なので，$540° - (20° + 90° + 110° + 40°) = 280°$

$∠x = 360° - 280° = 80°$ 答

③ △BFDの外角で，$∠ADF = 33° + 77° = 110°$

次に△ACDの内角について，

$∠x = 180° - (24° + 110°) = 46°$ 答

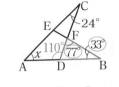

④ DCを延ばして，ABとの交点をPとします。

△ADPの外角で，$∠DPB = 50° + 41° = 91°$

次に△BCPの外角で，$∠x = 91° + 31° = 122°$ 答

右の図を見てください。

△ABPの外角で

$∠APC = a + b$

△CPDの外角で，

$∠ADC = (a+b) + c = a+b+c$ となるのです。

ブーメランの形です。へこんだ角は，3つの内角の和ですね。

はい，そう覚えると覚えやすいですね。

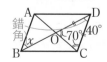

(4) DO=DCより，$∠DCO = 70°$

よって，$∠ODC = 40°$

AB//DC なので，錯角は等しいから，$∠x = ∠ODC = 40°$ 答

平行四辺形➡平行線の**錯角や同位角が等しい**

二等辺三角形➡**底角が等しい**

これをしっかりつかもう。

(5) 正五角形の内角の和は540°なので，1つの内角は

$540° ÷ 5 = 108°$ です。右の図のように点を定めると，

△EADは EA=ED の二等辺三角形なので，$∠EDA = 36°$

同じく△DECでも $∠DEC = 36°$ よって，$∠x = 72°$ 答

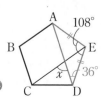

次の問に答えよ。

(1) 1つの外角が20°である正多角形の内角の和を求めよ。

(2) 次の図で，∠x の大きさを求めよ。

① 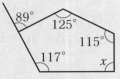 ② ③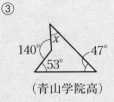

(青山学院高)

(3) 右の図のように，平行四辺形ABCDの辺BC 上に点Eがある。BA＝BE，∠ABE＝70°， ∠CAE＝20° のとき，∠x の大きさを求めよ。

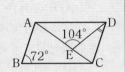

(石川県)

(4) 右の図のような平行四辺形ABCDがあり， CA＝CB である。対角線AC上に，2点A，C と異なる点Eをとり，点Dと点Eを結ぶ。 ∠ABC＝72°，∠AED＝104° であるとき， ∠CDEの大きさを求めよ。

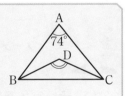

(香川県)

次の問に答えよ。

(1) 右の図で，Dは△ABCの∠ABCの二等分線 と∠ACBの二等分線との交点である。∠BAC ＝74° のとき，∠BDCの大きさを求めよ。

(愛知県)

(2) 右の図で，同じ印をつけた角は同じ大きさ である。l∥m のとき，∠x の大きさを求めよ。

〈角の二等分線の問題〉

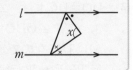

角の二等分線を含む問題は，よく出題されます。

がんばってマスターしましょう。

(1) まず，大切なことは，**等しい大きさの角を文字でおくことです。**

∠ABD＝∠CBD＝a，∠ACD＝∠BCD＝b とおきます。

△ABCの内角の和を考えれば，$2a＋2b＝106°$ です。

2でわって，$a+b=53°$

ここで，△DBCの内角の和を考えれば，

$\angle BDC=180°-53°=127°$ と求まります。

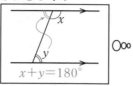

答 $127°$

(2) これも，等しい角を文字でおきます。

平行な2直線があると，右の図で，$x+y=180°$ になることがわかります。これを利用するのです。

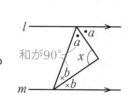

この問題の図で，$2a+2b=180°$ より，$a+b=90°$

三角形の内角の和を考えて，$\angle x=180°-90°=90°$ 答 $90°$

aやbがわからなくても，$a+b$がわかれば解けるんですね。

そのとおりです。二等分線の問題は，それがポイントです。

この例題でも，aやbの大きさは求められないのです。

ポイント

角の二等分線を含む問題
- 等しい角を文字でおく
- その文字の和などを求める

類題 3

次の問に答えよ。

(1) 次の図で，$\angle x$ の大きさを求めよ。同じ印をつけた角は同じ大きさである。

①

②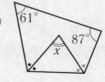

（沖縄県）

(2) 右の図は，長方形ABCDの紙を，線分EF を折り目として折り返したものである。$\angle x$ の大きさを求めよ。

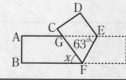

ヒント！ 折り返した問題は，折る前の角が折った後の角と等しくなることがポイントです。

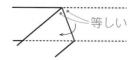

等しい

■■ イントロダクション ■■

◆ 合同条件を正確に書けるようにする ➡ フレーズをきちんと暗記しよう
◆ 方針を決める ➡ どの三角形か，合同条件は何が成り立つか
◆ 証明をきちんと書く ➡ 書き方，書くべきことをしっかり押さえよう

　三角形の合同の証明が苦手な人は少なくありません。でも，覚えるべきことを正確に覚え，方針をじっくり考えて決め，書き方のポイントを押さえれば，誰でも書けるようになります。がんばりましょうね。

　はじめに，三角形の合同条件のおさらいをします。次の図を見て，合同条件が正確に言えるか。右側を何かで隠して，確認してみてください。

（三角形の合同条件）

  ➡3組の辺がそれぞれ等しい

  ➡2組の辺とその間の角がそれぞれ等しい

  ➡1組の辺とその両端の角がそれぞれ等しい

　どうですか？　正確に書けるようになるまで，何度も言ったり書いたりして覚えてください。「それぞれ」を忘れずに。

　次に，直角三角形の合同条件を確認しましょう。

（直角三角形の合同条件）

  ➡斜辺と1つの鋭角がそれぞれ等しい

 ➡斜辺と他の1辺がそれぞれ等しい

　こちらも「それぞれ」を忘れずにつけます。
　直角三角形の場合は，この合同条件も使えるわけです。

では，直角三角形の場合はどの合同条件も使えるんですね。

はい，その通りです。右の図を見てください。直角三角形であっても，この場合の合同条件は「2組の辺とその間の角がそれぞれ等しい」ですね。直角三角形の合同条件しか使えないと誤解している人も多くいます。注意しましょう。

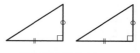

ポイント

直角三角形では，どの合同条件も使える

合同条件がしっかり覚えられたところで，証明問題をやってみます。

例題 1

　右の図は，AD//BC の台形ABCDで，ABの中点をOとし，DOの延長とCBの延長との交点をEとしたものである。

　このとき，AD＝BE であることを証明せよ。

〈証明の基本〉

まず，AD＝BE をいうためには，「**どの三角形とどの三角形が合同であればよいか**」を考えます。△AODと△BOEが合同であればよさそうです。

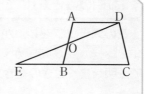

次に，与えられた条件（仮定）を図に書き入れます。AD//BC，AO＝BO をマークします。そして，図形の性質を利用して，等しい角や辺を調べます。

対頂角で ∠AOD＝∠BOE，平行線の錯角で ∠OAD＝∠OBE がいえます。「**1組の辺とその両端の角がそれぞれ等しい**」が成り立ちます。

ここまで**方針が決まったところで証明を書き始める**のです。

[証明]　△AODと△BOEにおいて，　← 三角形を明記

根拠 → 仮定より，AO＝BO　……①　← 対応の順に注意

　　 → 対頂角は等しいから，∠AOD＝∠BOE　……②

　AD//EC なので，錯角は等しいから，∠OAD＝∠OBE　……③

①，②，③より，1組の辺とその両端の角がそれぞれ等しいから，← 合同条件は正確に

△AOD≡△BOE　　よって，AD＝BE　（証明終）

ここで，証明を書くまでのステップをまとめておきます。

（証明を書くまで）

| ステップ1 | 三角形を決める |

その角・辺が等しくなるにはどの三角形が合同ならよいかを決める

| ステップ2 | 条件を書き込む |

与えられた条件（仮定）で，等しい角・辺に同じマークをつける

| ステップ3 | かくれた条件を書き込む |

図形の性質※を用いて，等しい角・辺に同じマークをつける

| ステップ4 | 合同条件を決める |

ステップ2と3で，どの合同条件が成り立つのかを確定させる

| ステップ5 | 証明を書く |

「証明の書き方」にそって，ていねいに書く

このステップをしっかり押さえていけば，証明問題はできるようになります。 ステップ3 で，かくれた条件をさがすための図形の性質， ステップ5 で証明を書くときの書き方についても，まとめておきましょう。

（かくれた条件をさがすための）

※図形の性質
- 平行線の同位角，錯角
- 対頂角
- 円周角の定理
- 二等辺三角形，正三角形，平行四辺形，正方形，……
　　　　　　　　　　など

（証明の書き方）〈定形パターン〉

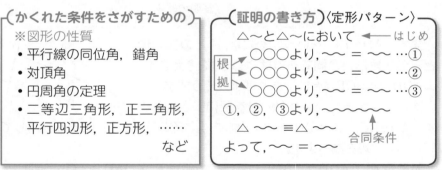

説明ばかりになりましたが，まずゴールを見すえ，与えられた条件をスタートと考え，方針という道を決めてから歩き始める登山のイメージです。

類題 1

右の図の△ABCは正三角形である。辺BC上に点Dを，辺AC上に点Eを BD＝CE となるようにとる。

このとき，AD＝BE となることを証明せよ。

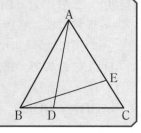

例題 2

右の図の△ABCは，AB＝AC の二等辺三角形である。頂点B，Cから辺AC，ABに垂線BD，CEをひくとき，CE＝BD であることを証明せよ。

〈直角三角形の合同〉

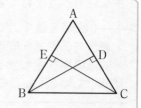

CE＝BD を証明するためには，△EBCと△DCBの合同がいえればいいですね。 ← ステップ1

図形が重なっているので，分けてかいてみます。慣れたらそのままでやってください。仮定より，

∠BEC＝∠CDB＝90° ← ステップ2

AB＝AC から，二等辺三角形の底角は等しいので，∠EBCと∠DCBが等しいとわかります。 ← ステップ3

辺BCは共通なので，等しいです。

これで2つの直角三角形は，斜辺と1つの鋭角がそれぞれ等しいので合同といえます。 ← ステップ4

方針が決まったので，いよいよ証明を書きます。 ステップ5

[証明] △EBCと△DCBにおいて，

仮定より，∠BEC＝∠CDB＝90° ……① ← 直角三角形の合同条件を用いるときには，「＝90°」を必ず書く

仮定より，AB＝AC だから，底角は等しいので，∠EBC＝∠DCB ……② ← 根拠をつけて書く

共通な辺なので，BC＝CB ……③ ← 対応の順に注意する

①，②，③より，直角三角形の ← 「直角三角形の」を書く

斜辺と1つの鋭角がそれぞれ等しいので， ← 合同条件は正確に

△EBC≡△DCB

よって，CE＝BD （証明終）

証明の書き方には，注意点がたくさんあるんですね。

主な注意点をあげておきます。

> **（証明を書く上での注意ポイント）**
> ・書き方の形式を守る　　　・必ず根拠を書く
> ・対応の順を合わせる　　　・合同条件を正確に書く
> 「証明は人に読んでもらうもの」という意識で，ていねいに書く

類題 2

　右の図の四角形ABCDは正方形で，四角形AEFGは四角形ABCDを点Aを中心として回転移動させたものである。辺BCと辺FGの交点をHとするとき，△ABHと△AGHが合同であることを証明せよ。　　　　（群馬県）

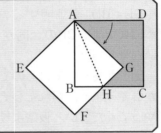

例題 3

　右の図の四角形ABCDは平行四辺形である。対角線AC上に点E，FをAE＝CF となるようにとるとき，BE＝DF であることを証明せよ。〈平行四辺形の性質を用いた証明〉

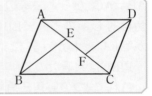

　今度は平行四辺形が登場しました。平行四辺形には，どんな性質があったでしょうか？

> **確か，向かいあう辺とか向かいあう角は等しかったです。**

　他にもあるので，整理しておきましょう。4つのことが成り立ちます。

> **（平行四辺形の性質）**
> ①　2組の向かいあう辺がそれぞれ平行（定義）
> ②　2組の向かいあう辺がそれぞれ等しい
> ③　2組の向かいあう角がそれぞれ等しい
> ④　対角線がそれぞれの中点で交わる

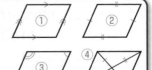

　しっかり覚えておきましょう。問題で平行四辺形が出てきたら，これらの①〜④はすべて成り立つので，使ってよいわけです。

BE＝DF を証明するには，
△ABEと△CDF が合同であれば ◀── ステップ1
よさそうです。

問題文で AE＝CF が与えられ ◀── ステップ2
ています。

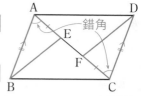

ここからは，図形の性質を用いて，等しい角や辺をさがします。四角形
ABCDは平行四辺形なので，4つの性質が成り立ちますね。

そのうち，向かいあう辺が等しいことを用いると，AB＝CD です。また，
ABとDCが平行であることを用いると，錯角が等しくなるので，
∠BAE＝∠DCF がいえます。 ◀── ステップ3

これで，2つの三角形は2組の辺とその間の角が
それぞれ等しいから，合同といえます。 ◀── ステップ4

では，証明します。

[証明] △ABEと△CDFにおいて， ──▶ ステップ5

　仮定より，AE＝CF ……①

　平行四辺形の向かいあう辺は等しいから，

　　　AB＝CD ……②

　AB//DC より，錯角は等しいから，

　　　∠BAE＝∠DCF ……③

◀── **根拠をつけて書く**

　①，②，③より，2組の辺とその間の角が
それぞれ等しいから，

◀── **合同条件は正確に**

　　　△ABE≡△CDF　　　よって，BE＝DF　（証明終）

類題 3

次の証明をせよ。

(1)　右の図の四角形ABCDは平行四辺形
　である。点AからBCに垂線AE，点Cか
　らADに垂線CFを下ろすとき，AE＝CF
　であることを証明せよ。

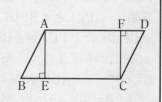

(2)　右の図の四角形ABCDは平行四辺形
　である。対角線の交点Oを通る直線が，
　AD，BCと交わる点をそれぞれP，Qと
　する。このとき，OP＝OQ であること
　を証明せよ。

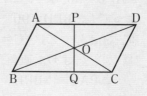

もう少しレベルを上げます。がんばってくださいね。

例題 4

　右の図のように，∠APB＝90°の直角二等辺三角形APBがあり，頂点Pを通る直線を l とする。点A，Bから l に垂線AC，BDを下ろすとき，△PAC≡△BPDであることを証明せよ。

〈角の和や差を用いる証明〉

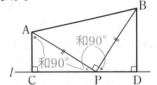

合同を証明すべき三角形は決まっています。

仮定で PA＝BP や ∠PCA＝∠BDP＝90°もいえます。ここまでは順調なのですが，次はどこが等しいといえるでしょうか。

まず，△ACPは直角三角形なので，

∠APCと∠PACの和は90° です。

次に，∠APB＝90°なので，

∠APCと∠BPDの和も90° です。

どことどこが等しくなったかわかりましたか？

> ∠APCにたす相手を∠PACにしても∠BPDにしても90°ということは，∠PACと∠BPDは等しいです。

はい，よくわかりましたね。ちょっと難しいところです。

∠PAC＝∠BPDがわかれば，直角三角形の斜辺と1つの鋭角がそれぞれ等しい，といえます。証明を書いていきましょう。

[証明]　△PACと△BPDにおいて，仮定より，PA＝BP　……①

　仮定より，∠PCA＝∠BDP＝90°　……②

　∠ACP＝90°より，∠APC＋∠PAC＝90°

　よって，∠PAC＝90°−∠APC　……③

　∠APB＝90°より，∠APC＋∠BPD＝90°

　よって，∠BPD＝90°−∠APC　……④

　③，④より，∠PAC＝∠BPD　……⑤

③と④から⑤がいえる

①，②，⑤より，直角三角形の斜辺と1つの鋭角がそれぞれ等しいから，

　　△PAC≡△BPD　（証明終）

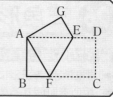

類題 4

　長方形ABCDがあり，点Cが点Aに重なるように折った。折り目の線をEFとし，点Dの移った点をGとする。このとき，BF＝GE であることを証明せよ。　　　　　　　　　　　　（埼玉県）

ここからは，中3で学習する「円」に関する知識も使います。

例題 5

　右の図のように，円周上に3つの頂点をもつ AB＝AC の△ABCがある。AB上に点Dをとり，弦CD上に BD＝CE となるような点Eをとるとき，AD＝AE であることを証明せよ。

〈円を含む図形における三角形の合同〉

　AD＝AE になるためには，△ADBと△AECが合同になればよさそうです。

　仮定で，AB＝AC，BD＝CE がわかっています。さて，円ではどこが等しくなるのでしょう？

　円という図形は，等しい角ができやすい性質があります。そう，**円周角の定理**です。

　∠ABD＝∠ACE が成り立って，合同がいえます。

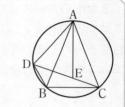

[証明]　△ADBと△AECにおいて，

　　仮定より，AB＝AC　……①

　　仮定より，BD＝CE　……②

　　AD に対する円周角として，　◀このように書く

　　　　∠ABD＝∠ACE　……③

　①，②，③より，2組の辺とその間の角がそれぞれ等しいから，

　　　　△ADB≡△AEC　　　よって，AD＝AE　（証明終）

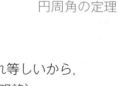

等しい

円周角の定理

類題 5

　右の図のように，円Oの周上に4点，A，B，C，Dがあり，AB＝AC，∠BAC＝∠CAD である。また，線分ACと線分BDとの交点をEとする。このとき，△ABE≡△ACD を証明せよ。

（富山県）

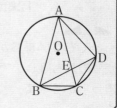

テーマ 26 三角形の相似の証明

■■ イントロダクション ■■

◆ 相似条件を正確に書けるようにする ➡ フレーズをきちんと暗記しよう
◆ 相似を証明するのに必要な角の情報を整理する ➡ 等しい角をさがす
◆ 証明をきちんと書く ➡ 書き方，書くべきことをしっかり押さえよう

　三角形の合同の証明と同様に，まず，相似条件を正確に覚えておかなくてはいけません。次の図を見て，相似条件を言えるか確かめてください。右側を何かで隠して，言えるかどうか確認しておきましょう。

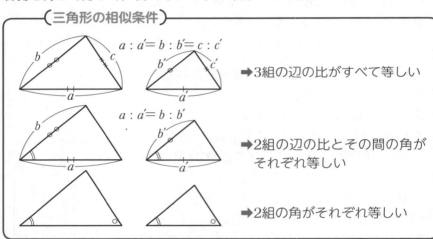

（三角形の相似条件）

$a:a'=b:b'=c:c'$
➡ 3組の辺の比がすべて等しい

$a:a'=b:b'$
➡ 2組の辺の比とその間の角がそれぞれ等しい

➡ 2組の角がそれぞれ等しい

　どうですか？　正確に書けるようになるまで，何度も言ってみたり書いてみたりして，フレーズを完全に覚えてくださいね。合同条件とちがって，辺の長さが等しいのではなくて比が等しいので，「比」ということばが入ります。また，注意すべき点は，「3組の辺の比がすべて等しい」の相似条件は「すべて」で，それ以外は「それぞれ」となるところです。

「2組の角が…」を「3組の角が…」としてもいいですか？

　とても多いまちがいなんです。確かに，2組の角がそれぞれ等しいとき，残りの角も等しいですね。しかし，相似条件というのは，言いまわしが決まっているので，「2組の角が…」と書かなければいけません。注意してください。

もう一つのポイントを挙げておきます。相似の証明で一番よく出題されるのは，「2組の角がそれぞれ等しい」です。ということは，等しい角をさがすことが大切なのです。

（よく出る相似条件）
2組の角がそれぞれ等しい

➡

ポイント
等しい角をさがす

例題 1

次の問に答えよ。

(1) 右の図のように，△ABCがある。頂点B，Cからそれぞれ辺AC，ABに垂線をひき，辺AC，ABとの交点をそれぞれD，Eとし，線分BDと線分CEとの交点をFとする。△BFE∽△CFDであることを証明せよ。 （茨城県）

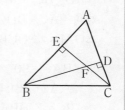

(2) 右の図において，∠A＝90°であり，DE//BC，DF⊥BC である。このとき，△ADE∽△FBD であることを証明せよ。
〈相似の基本〉

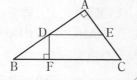

(1) **等しい角をさがします。**まず，90°をどちらも持っています。さらに対頂角が等しいです。これで2組の角がそれぞれ等しくなりました。

　[証明]　△BFEと△CFDにおいて，
　　仮定より，∠BEF＝∠CDF＝90°　……①
　　対頂角は等しいので，∠BFE＝∠CFD　……②
　　①，②より，2組の角がそれぞれ等しいから，
　　　　△BFE∽△CFD　（証明終）

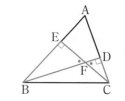

(2) 90°をどちらも持っています。DE//BC なので，同位角が等しくなります。これでOK。

　[証明]　△ADEと△FBDにおいて，
　　仮定より，∠DAE＝∠BFD＝90°　……①
　　DE//BC より，同位角は等しいから，
　　∠ADE＝∠FBD　……②
　　①，②より，2組の角がそれぞれ等しいから，
　　　　△ADE∽△FBD　（証明終）

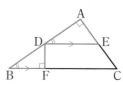

書き方のコツはつかめたでしょうか。**必ず根拠をつけて書くこと，形式を守って書くこと，対応の順に注意すること**など，合同の証明の注意点と同様です。テーマ25 に証明の書き方のポイントが載っています。確認しておいてください。

類題 1

　次の問に答えよ。

(1)　AD//BC である台形ABCDにおいて，対角線AC，BDの交点をOとする。このとき，△OAD∽△OCBであることを証明せよ。

(2)　∠BAC＝90°の直角三角形ABCにおいて，点AからBCに垂線AHを下ろす。このとき，△ABC∽△HBAであることを証明せよ。

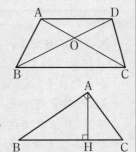

　(2)の図は，よく登場します。このとき，△ABC∽△HBA∽△HAC が成り立ちます。

ポイント

全部相似！

△ABC∽△HBA∽△HAC

直角三角形の直角の点から垂線を下ろしたら，全部相似ですね。

　はい。これを用いて解く問題も多いので，覚えておいてくださいね。

例題 2

　次の問に答えよ。

(1)　長方形ABCDがあり，点Eは辺CD上の点である。図1のように，線分BEを折り目として折り返し，点Cが移った点をF，線分BFを延長した直線と辺ADとの交点をGとする。さらに，図2のように，線分BGを折り目として折り返し，点Aが移った点をH，線分BHと線分EFの交点をIとする。

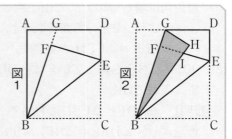

　△BFI∽△BHG となることを証明せよ。　　　　　（秋田県）

(2) 右の図は，正三角形ABCを，線分DEを折
り目として折り返したようすを表している。
頂点Aが辺BC上の点Fに移ったとき，△DBF
∽△FCE であることを証明せよ。

〈折り返しによる相似の証明〉

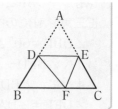

長方形や正三角形を折り返すと，相似な三角形ができます。それを利
用して解くことについては，**テーマ 32** で学びます。ここでは，折り返し
てできた三角形の相似を証明します。証明問題としても，よく出ます。

(1) まず大事なのは，**折っても角の大きさは変わらないこと**です。あた
りまえですね。まず，図1を見てください。

∠BFEは，もとの図形にもどせば∠BCEですから，
90°です。次に図2を見れば，∠BHGはもとの
∠BAGですから，やはり90°です。これで1組の角
が等しいです。そして，∠HBGは共通なので，2組
目の角が見つかりました。では，証明を書きます。

[証明] △BFIと△BHG において，

共通な角だから，∠FBI＝∠HBG ……①
折り返したから，∠BFI＝∠BCE＝90° ……②
折り返したから，∠BHG＝∠BAG＝90° ……③
②，③より，∠BFI＝∠BHG ……④
①，④より，2組の角がそれぞれ等しいから，
　　△BFI∽△BHG （証明終）

図1
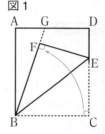

図2
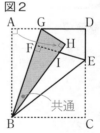

(2) ∠DBF＝∠FCE＝60°は，すぐわかります。
∠DFE は，もとの図形にもどせば∠DAE なので，
やはり60°です。

∠DBF が60°より，∠BFD と∠BDF をたせば
120°とわかります。また，∠DFEが60°なので，
∠BFDと∠CFEをたしても120°となる。どこが等しいでしょう？

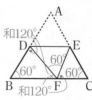

∠BFDにたす相手を∠BDFにしても∠CFEにしても
120°なので，∠BDF＝∠CFE です。

[証明]　△DBFと△FCEにおいて，

正三角形ABCの内角で，∠DBF＝∠FCE＝60°　……①

∠DBF＝60°より，

∠BFD＋∠BDF＝120°

よって，∠BDF＝120°－∠BFD　……②

∠DFE＝∠DAE＝60°より，

∠BFD＋∠CFE＝120°

よって，∠CFE＝120°－∠BFD　……③

②，③より，∠BDF＝∠CFE　……④

①，④より，2組の角がそれぞれ等しいから，

△DBF∽△FCE　（証明終）

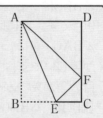

②と③から
④がいえる

類題 2

　右の図のような長方形ABCDがある。線分AE
を折り目にして折り返したところ，点Bが辺DC上
の点Fに移った。

　このとき，△CFE∽△DAF であることを証明
せよ。

例題 3

　次の問に答えよ。

(1)　右の図のように4点A，B，C，Dが同一円周上に
あり，ACとBDの交点をEとする。

　このとき，△ABE∽△DCE であることを証明せよ。

(2)　右の図のように△ABCの外接円の中心をOとし，
直線AOと外接円との交点をPとする。また，頂点A
から辺BCに垂線AHを下ろす。このとき，△AHC
∽△ABP であることを証明せよ。

〈円を含む図形と相似〉

　円を含む図形において，等しい
角を見つけ，相似を証明する問題
もよく出ます。同じ弧に対する円
周角が等しいことや，半円に対す
る円周角が90°などを用います。

円における角の関係

(1) まず，対頂角で∠AEB＝∠DEC が成り立ち
　ます。次に，$\overset{\frown}{BC}$に対する円周角は等しいので，
　∠BAE＝∠CDE です。
　　これで2組の角がそれぞれ等しくなりました。

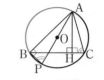

［証明］　△ABEと△DCEにおいて，
　　対頂角は等しいから，∠AEB＝∠DEC　……①
　　$\overset{\frown}{BC}$**に対する円周角として，∠BAE＝∠CDE**　……②◀─ こう示す
　　①，②より，2組の角がそれぞれ等しいから，
　　　　△ABE∽△DCE　（証明終）

(2) APは直径だから，∠ABP＝90°です。
　よって，∠AHC＝∠ABP が成り立ちます。
　$\overset{\frown}{AB}$に対する円周角で，∠ACH＝∠APB です。

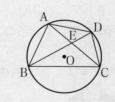

［証明］　△AHCと△ABPにおいて，
　　APは直径だから，**半円に対する円周角で，∠ABP＝90°**
　　また，仮定より，∠AHC＝90°　←─ このように書く
　　よって，∠AHC＝∠ABP　……①
　　$\overset{\frown}{AB}$に対する円周角で，∠ACH＝∠APB　……②
　　①，②より，2組の角がそれぞれ等しいから，
　　　　△AHC∽△ABP　（証明終）

類題 3

次の問に答えよ。
(1) 右の図のように，円Oの円周上に異なる4点を
　とり，四角形ABCDをつくる。四角形ABCDの
　対角線AC，BDは点Eで交わっている。$\overset{\frown}{AB}＝$
　$\overset{\frown}{AD}$ のとき，△AED∽△ADC であることを証
　明せよ。　　　　　　　　　　　　　　（宮崎県・改）

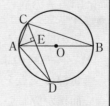

(2) 右の図のように，線分ABを直径とする円Oの
　周上に点Cがあり，Cを含まない$\overset{\frown}{AB}$上に点Dを，
　$\overset{\frown}{AD}$の長さが$\overset{\frown}{AC}$の長さより長くなるようにと
　る。点Eは線分CD上にあって，AE⊥CD である。
　　このとき，△ABC∽△ADE であることを証
　明せよ。　　　　　　　　　　　　　　（熊本県）

27 平行線と面積

■■ **イントロダクション** ■■

中1　中2　中3

◆　平行線によって等しくなる三角形を見つける ⇒ 等積変形を理解する

◆　等しい面積を利用して，平行線をひく ⇒ 等積変形を利用する

◆　座標平面で等積変形を利用する ⇒ どこに平行線がひけるか

　平行線を含んだ図形には，面積が等しくなっている三角形があります。それをさがすことから始めていきましょう。

　基本は，下の図にあるような，**等積変形**といわれるものです。等積変形とは，面積を**等しく**したまま，**形**を変えることです。

　$l /\!/ m$ のとき，$\triangle PAB$ と $\triangle QAB$ は，底辺がABで共通です。高さも等しいですね。このことから，$\triangle PAB = \triangle QAB$ が成り立ちます。

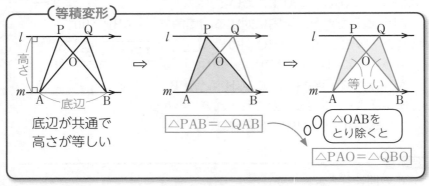

　そして，$\triangle PAB$，$\triangle QAB$ の両方から $\triangle OAB$ をとり除いた残りの部分の面積も等しくなるので，$\triangle PAO = \triangle QBO$ も成り立ちます。

　　　　　左右の向かいあった三角形の面積も等しくなるんですね。

　はい，その通りです。これも使えるようにしてください。

例題 1

　次の問に答えよ。

(1)　右の図のような台形ABCDがある。対角線の交点をOとするとき，次の三角形と面積が等しい三角形を求めよ。

①　$\triangle ABC$　　　　②　$\triangle OAB$

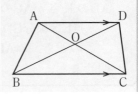

(2) 右の図で，△ABCの面積を
それぞれ求めよ。

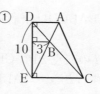

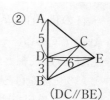

〈等積変形の基本〉 （DC//BE）

(1)① AD//BC なので，等積変形して，
△ABC＝△DBC です。

答 △DBC

② △ABC＝△DBC が成り立ったので，両
方の三角形から△OBCを取り除いた残りの
部分の面積も等しく，△OAB＝△ODCです。
左右の向かいあった三角形ですね。

答 △ODC

(2)① DA//EC なので，左右の向かい
あった三角形の面積は等しくなります。
　　△ABC＝△DBE＝15　**答** 15

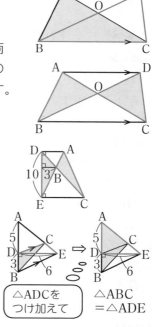

② まず，DC//BE なので，
△DCB＝△DCE です。その両方に
△ADCをつけ加えてみると，
△ABC＝△ADE となります。
よって，15と求まります。

答 15

△ADCを
つけ加えて

△ABC
＝△ADE

類題 **1**

次の問に答えよ。

(1) 右の図の△ABCで，辺AB，AC上にそ
れぞれ点D，Eをとる。DE//BC，DCと
EBの交点をFとするとき，次の三角形の
面積と等しい三角形を答えよ。

① △DEB

② △DFB

③ △ABE

(2) 右の図で，△ABCの面積を求めよ。

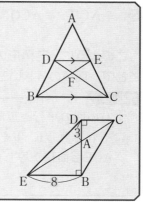

右の図の四角形ABCDは平行四辺形で，AC//ℓである。

ADの延長線とℓの交点をP，CDの延長線とℓの交点をQとするとき，△ABPと面積の等しい三角形をすべて求めよ。

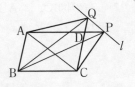

〈等積変形の利用〉

この図の中には，平行線の組が何組あるかを考えてください。

平行四辺形の向かいあう辺と，**AC//ℓ** の，合計3組です。

はい，正解です。平行線があれば等積変形できるので，答えは3つあると考えられます。何組も平行線があるときは，**1組ずつ注目する**のがポイントです。

△ABPに色をつけてみました。この三角形の**辺と平行な直線**をさがすと…ありました！**AP//BC** です。これを用いると，△ABP＝△ACP がわかります。

次に，主役を△ACPにして，この三角形の辺と平行な直線は，**AC//ℓ** ですね。これを用いて，△ACP＝△ACQ がわかります。

最後に，主役を△ACQにすると，**QC//AB** が利用できて，△ACQ＝△BCQであることがわかります。

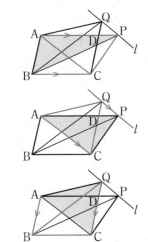

答 △ACP，△ACQ，△BCQ

このように，**三角形の辺と平行な直線をさがして等積変形をくり返す**ことで，面積の等しい三角形は見つかっていきます。

右の図の平行四辺形ABCDで，AB，BC上にそれぞれ点E，Fをとる。AC//EFのとき，△ACEと面積が等しい三角形を3つ書きなさい。 （青森県）

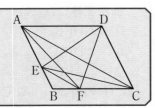

例題 3

次の問に答えよ。

(1) 下の図で，△ABC＝△PBCと なるとき，点Pの座標を求めよ。 ただし，点Pのx座標は正である。

(2) 下の図で，△OPCの面積が 四角形OABCの面積と等しく なるとき，点Pの座標を求め よ。点Pのx座標は正とする。

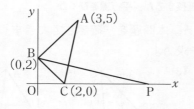

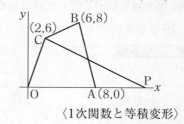

〈1次関数と等積変形〉

(1) 今まで，平行を利用して等積変形してきましたが，ここでは，逆に面 積が等しいことから平行を導きます。この問題では，AP//BC が成り立ちますね。BCの傾き-1 より，APの傾きも-1とわかります。

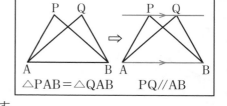

△PAB＝△QAB PQ//AB

点A$(3, 5)$を通って傾き-1の直線 APの式は，$y=-x+8$ と求まります。

$y=0$を代入して，$x=8$　　**答 P$(8, 0)$**

(2) ACを結び，△OPCと四角形OABCか ら△OACを取り除いた面積が等しいので， △ABC＝△APC が成り立てばよいこと がわかります。したがって，AC//PB です。

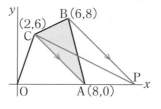

ACの傾きは-1なので，PBの傾きも-1です。点B$(6, 8)$を通って傾き -1の直線PBの式は $y=-x+14$ と求まります。　　**答 P$(14, 0)$**

類題 3

右の図で△ABPの面積が四角形 OABCの面積と等しくなるとき，点 Pの座標を求めよ。ただし，点P のx座標は負である。

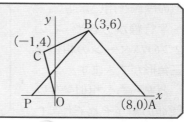

2次関数と等積変形については，第2章 **テーマ⑱** で扱っています。

28 相似を利用して長さ・線分比を求める

■■ イントロダクション ■■

◆ 相似な三角形を見つけて長さを求める ➡ 対応する辺に注意する

◆ 平行線と線分比を正確に利用する ➡ 比例式の作り方を理解する

◆ 補助線をひいて線分比を求める ➡ 延長するか，平行線をひくか

　相似や平行線を用いて長さを求める基本問題を，確認しておきましょう。

確認しよう　　次の各図で，xの値を求めよ。

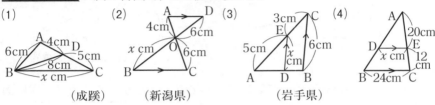

(1) （成蹊）　(2) （新潟県）　(3) （岩手県）　(4)

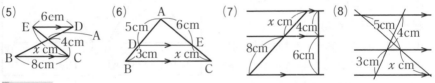

(5)　(6)　(7)　(8)

解答

(1)　△ADBと△ABCで，AD：AB＝2：3，AB：AC＝2：3，∠Aが共通

なので，2組の辺の比とその間の角がそれぞれ

等しいので，△ADB∽△ABC が成り立ちます。

よって，BD：CB＝AB：AC で，

8：x＝6：9　という**比例式**ができます。

この式は，$6x=72$ となって，$x=12$ と求まります。

比例式の解き方

$A：B＝C：D$

➡ $B×C＝A×D$

　(2)〜(5)は，平行線と相似の関係を用います。

　平行線があると，右の2つのパターンの相似な三角形ができます。

　どちらも，相似条件は「2組の角がそれぞれ等しい」ですね。

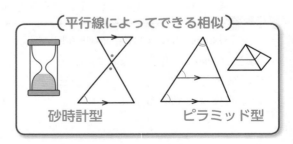

平行線によってできる相似

砂時計型　　　ピラミッド型

(2)　砂時計型の相似です。△AOD∽△COB より，$6:x=4:6$　$x=9$

(3)　ピラミッド型の相似です。△AED∽△ACB より，

$$x:6=5:8\quad x=\dfrac{15}{4}$$

(4)　△ADE∽△ABC より，$x:24=20:32$　$x=15$

(5)　△AED∽△ACB より，$(x-4):4=6:8$　$x=7$

　(6)～(8)は，平行線と線分比の関係を用います。

(6)　$5:3=6:x$ より，$x=\dfrac{18}{5}$

(7)　$x:8=4:6$ より，$x=\dfrac{16}{3}$

(8)　右の図のように，一方の線を平行移動させて考えると楽です。

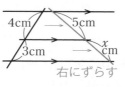

右にずらす

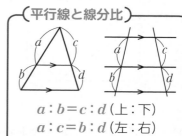

平行線と線分比

$a:b=c:d$（上：下）

$a:c=b:d$（左：右）

　　$4:3=5:x$ より，$x=\dfrac{15}{4}$

例題 1

　右の図で，AB//EF//DC，AB=10，DC=6 である。x の値を求めよ。

〈相似の利用①〉

この図の中には，砂時計型とピラミッド型の相似があります。

砂時計型は，△ABE∽△CDE，
ピラミッド型は，△BEF∽△BDC があります。

　そうです。ABE∽△CDE より，BE：ED＝5：3 です。
　△BEF∽△BDC より，

$x:6=5:8$　**答**　$x=\dfrac{15}{4}$

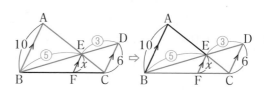

次の図で，AB//DC//EF である。x の値を求めよ。

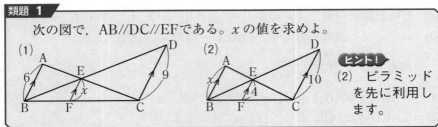

(1)

(2)

<ヒント！>
(2) ピラミッドを先に利用します。

例題 2

次の図で，x の値を求めよ。

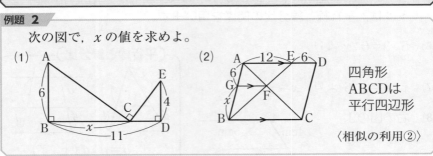

(1)

(2)

四角形
ABCDは
平行四辺形

〈相似の利用②〉

(1) この図は，左右の三角形が相似になる典型例です。

∠ABC＝90°より，∠ACB＋∠BAC＝90°で，

∠ACE＝90°より，∠ACB＋∠DCE＝90°

なので，∠BAC＝∠DCE となります。

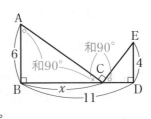

よって，△ABC∽△CDE が成り立ちます。

BC：DE＝AB：CD より，$x:4＝6:(11-x)$

2次方程式になります。解いてみてください。

$x＝3，8$ と求まりました。どちらでもよさそうです。

はい，そのとおりです。$0<x<11$ なので，どちらも適しますね。

(2) まず，砂時計型の相似で，△AEF∽△CBF より，

AF：FC＝AE：CB

　　　＝2：3 です。

次に，GF//BC より，

AG：GB＝AF：FC が成り

立つので，$6:x＝2:3$

これを解いて，$x＝9$ 答

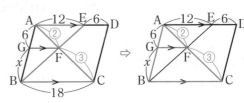

類題 2

次の図で，x，y の長さを求めよ。

(1)

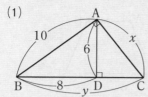

(2)

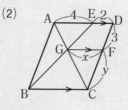

四角形
ABCDは
平行四辺形

例題 3

次の図で，x の長さを求めよ。

(1)

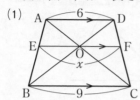

(2)

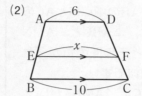

AE：EB
＝3：2

〈台形と線分比〉

(1) まず，砂時計型の相似 △AOD∽△COB があります。

よって，AO：OC＝6：9＝2：3 です。

x をEOとOFに分けます。EOは，

△AEO∽△ABC を用いて，

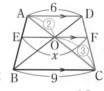

EO：9＝2：5 より，EO＝$\dfrac{18}{5}$

FOは，△COF∽△CAD を用いて，　FO：6＝3：5 より，FO＝$\dfrac{18}{5}$

よって，$x＝\dfrac{36}{5}$ 🅐

(2) この問題を解くには，**補助線が必要**となります。

Aを通ってDCに平行な直線をひき，図のようにP，Qを定めます。そして，△AEP∽△ABQ を用いるのです。四角形APFD，PQCFは平行四辺形なので，PF＝6，QC＝6 です。

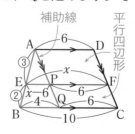

補助線　平行四辺形

よって，EP：BQ＝3：5

　　　$(x-6)：4＝3：5$

これを解いて，$x＝\dfrac{42}{5}$ 🅐

補助線の利用に慣れてください。

次の図で，x の長さを求めよ。

(1)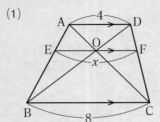

(2)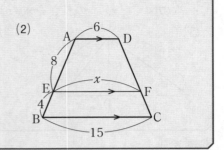

次に取り上げるのは，中点連結定理です。右の図で，ABの中点MとACの中点Nをつなぐと，△ABCと△AMNは，2組の辺の比とその間の角がそれぞれ等しいので相似です。

すると，∠ABC＝∠AMN がいえるので，MN//BC が成り立ちます。

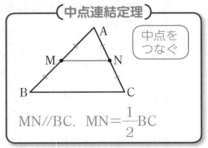

中点連結定理

中点をつなぐ

MN//BC，$MN=\dfrac{1}{2}BC$

相似比 $2:1$ より，$MN=\dfrac{1}{2}BC$ です。

三角形の中点をつなぐと，底辺と平行で長さは半分ですね。

はい。そうやって覚えてください。たいへん重要です。

例題 **4**

右の図のように，△ABCの辺ABの中点をD，辺BCの3等分点をE，Fとする。DE＝4cm で，CDとAFの交点をPとするとき，APの長さを求めよ。 〈中点連結定理〉

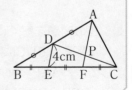

△ABFで，中点連結定理より，AF＝8cm です。

また，DE//AF より，△CDE∽△CPF となります。

よって，PF＝2cm なので，AP＝8－2＝6cm 答

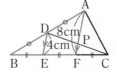
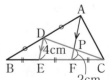

類題 4

右の図で，3辺AB，BC，CAの中点をそれぞれP，Q，Rとするとき，次の問に答えよ。

(1) 辺ABの長さを求めよ。

(2) △PQRの周の長さを求めよ。

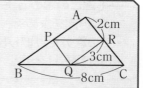

例題 5

右の図の四角形ABCDは平行四辺形である。AD上に点Eを AE：ED＝1：3 となるようにとり，CD上に点Fを CF：FD＝2：3 となるようにとる。ACとBE，BFとの交点をそれぞれP，Qとするとき，AP：PQ：QC を求めよ。

〈連比を求める〉

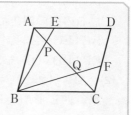

3つ以上の比のことを連比といいます。人間の脳では，残念ながら3つの比はスパッと求められません。わかったら天才です。

そこで，**2つの比を求めてドッキング**して考えます。

まず，AP：PC を求め，次にAQ：QC を求めるのです。△APE∽△CPBより，AP：PC＝AE：CB＝1：4と求まります。

次に，△AQB∽△CQF より，

AQ：QC＝AB：CF＝5：2

これで準備は整いました。

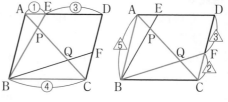

この2種類の比をドッキングする作業に入ります。ACを取り出します。AP：PC＝1：4，AQ：QC＝5：2 を書き込みます。

そして，A〜Cの合計目もりを計算します。

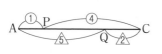

計⑤ ⟶ 7倍する
35にそろえる
計△ ⟶ 5倍する

AP：PC＝1：4 より，A〜Cは5目もり，AQ：QC＝5：2 より，A〜Cは7目もりです。この合計目もりを5と7の**最小公倍数**にそろえます。AP：PC のほうは7倍，AQ：QC のほうは5倍します。

比は0以外のどんな数をかけてもよいわけです。これででき上がりです。

答 **AP：PQ：QC＝7：18：10**

連比の求め方
- 2つの比を求める
- その線分だけ取り出す
- 合計目もりをそろえる

この方法なら，できそうです。

はい，慣れればすぐ解けるようになりますよ。

類題 5

次の問に答えよ。

(1) 右の図の四角形ABCDは平行四辺形で，
BE：EC＝2：1，CF：FD＝1：1 である。
BP：PQ：QD を求めよ。

(2) AB＝12，BC＝4，∠BAD＞90° である
平行四辺形ABCDについて，∠ABCの二等
分線と辺ADの延長線の交点をE，BEとCD
の交点をF，BEとACの交点をGとする。
①FCの長さを求めよ。
②BF：FE を最も簡単な整数比で表せ。
③BG：GF：FE を最も簡単な整数比で表せ。

（法政大女子高）

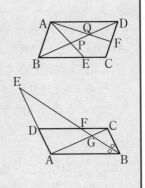

例題 6

右の図の四角形ABCDは平行四辺形で，E，
Fはそれぞれ辺CD，AD上の点，GはAEとBF
との交点である。CE：ED＝1：2，AF：FD＝1：1
であるとき，FG：GB を求めよ。

〈平行四辺形と補助線〉

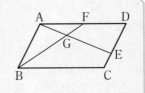

砂時計型の相似がありそうでないですね。
こんなときは，「相似がなければ作れ」です。
ある線分を延長して作ります。その際，求める
線分は延長しないでそれと交わる線分を延ば
して，相似を作るのです。

この問題では，求める線分BFは延ばさず，
それと交わるAEを延ばすのです。

図のように延ばしてPをとります。

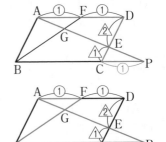

まず，△ADE∽△PCE より，AD：PC＝2：1から，PCに①を書き込め
ます。次に，△AFG∽△PBG より，FG：GB＝AF：PB＝1：3 **答**

〔平行四辺形における補助線のひき方〕

相似な三角形がなければ，求める線と交わる線を延長して，相似を作る

類題 6

右の図の四角形ABCDは平行四辺形で，E，Fはそれぞれ辺CD，AD上の点，GはAEとBFの交点である。CE：ED＝1：2，AF：FD＝1：1 であるとき，AG：GE を求めよ。

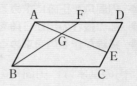

例題 7

右の図の△ABCで，D，Eはそれぞれ辺BC，CA上の点，PはADとBEの交点である。
BD：DC＝3：2，AE：EC＝2：1 であるとき，AP：PD を求めよ。

〈平行線の補助線〉

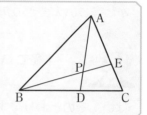

これも相似な三角形がありません。「なければ作れ」で解いていきます。今度は延ばすのではなく，平行線をひきます。

　求める線分ではなく，それと交わる線分の平行線をひきます。 AP：PD を求めるわけですから，ADの平行線ではなくて，それと交わるBEの平行線を，Dからひきます。

　点Qをとれば，AP：PD＝AE：EQ です。

　ここで，CQ：QE＝CD：DB＝2：3 なので，AEを△としたとき，EQは△の5分の3です。

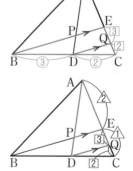

　よって，AP：PD＝AE：EQ＝2：1×$\dfrac{3}{5}$

$\boxed{\text{AE：EQ＝△：△×}\dfrac{\boxed{3}}{\boxed{5}}}$ 　＝10：3 **答**

類題 7

右の図の△ABCで，D，Eはそれぞれ辺BC，CA上の点で，PはADとBEの交点である。BD：DC＝3：4，AE：EC＝2：3 であるとき，BP：PE を求めよ。

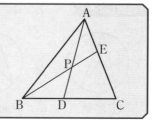

テーマ 29 円と角

イントロダクション

◆ 円周角を正確に求める ➡ 円周角の定理を理解する
◆ 弧の長さの比から角を求める ➡ 弧の長さと円周角の比例を用いる
◆ 接線が作る角を求める ➡ 半径と接線の関係・接弦定理を理解する

円の基本は，円周角の定理です。右の図を見てください。∠APO＝a，∠BPO＝b とします。

a と等しい大きさの角がどこにあるか，わかりますか？

半径で AO＝PO なので，∠OAP＝a ですか？

はい，そのとおりです。そして，△AOPの外角として，∠AOQ＝2a となります。

同様にして，BO＝PO なので，∠OBP＝b で，∠BOQ＝2b となります。

すると，∠APB＝$a+b$，∠AOB＝2a＋2b

で，∠APB＝$\dfrac{1}{2}$∠AOB であることがわかります。これが円周角の定理です。同じ長さの弧に対する円周角が等しいこと，半円に対する円周角が∠AOBの半分の90°となることが，基本となります。

これらを用いる基本問題で確認しておきましょう。

$$∠APB＝\dfrac{1}{2}∠AOB \qquad ∠APB＝∠AQB \qquad ∠APB＝90°$$

確認しよう 次の図で，∠x の大きさを求めよ

(1) （長崎県）

(2) （北海道）

(3) 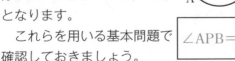 （山口県）

(4) （新潟県）

（5）
（秋田県）

（6）
（岩手県）

（7）
（専修大附高）

（8）
（東京電機大高）

解答

(1) ∠x＝$35°$ (2) ∠x＝$80°$ (3) ∠x＝$87°$

(4) ∠BOC＝100°で，OB＝OC より，∠x＝$40°$

(5) BCを結べば，∠BCD＝90°より，∠BCA＝38°，∠x＝$38°$

(6) ∠ACB＝45°より，∠x＝180°－(45°＋53°)＝$82°$

(7) BOを結べば，OB＝OC より，∠OBC＝43°，OA＝OB より，
∠OBA＝17°なので，∠ABC＝60°　よって，∠x＝$120°$

(8) AOを結べば，∠OAB＝22°で，∠BAC＝60°より，∠OAC＝38°
よって，∠x＝$38°$

例題 1

次の図で，∠xの大きさを求めよ。

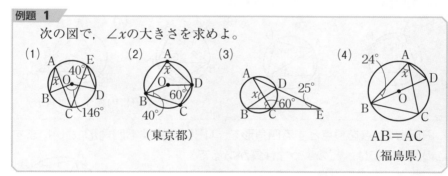

(2) （東京都）

(4) AB＝AC （福島県）

(1) OとCを結べば，
∠COD＝80°より，
∠BOC＝66°です。
∠x＝$33°$ 答

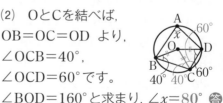

(2) OとCを結べば，
OB＝OC＝OD より，
∠OCB＝40°，
∠OCD＝60°です。
∠BOD＝160°と求まり，∠x＝$80°$ 答

(3) △ACEの外角
が60°より，
∠CAE＝35°
∠ADB＝60°
なので，∠x＝35°＋60°＝$95°$ 答

(4) ∠BAD＝90°より，
∠ADB＝66°
よって，∠ACB＝66°
AB＝ACより，
∠x＝180°－66°×2＝$48°$ 答

次の問に答えよ。

(1) 次の図で，∠x の大きさを求めよ。

① 　② 　③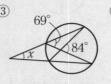

（大阪教育大附高）

④

AD＝CD

（大分県）

(2) 右の図のように，円周上の3点A，B，Cを頂点
とする△ABCがある。∠BACの二等分線が辺BC，
$\overarc{BC}$ と交わる点をそれぞれD，Eとし，∠AEB＝
50°，∠CDE＝105°のとき，∠x の大きさを求めよ。

（福井県）

次の図で，∠x の大きさを求めよ。

(1) 　(2) 　(3) 　(4)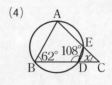

〈円に内接する四角形〉

　円周上の4点を頂点とする四角形を，「**円に内接する四角形**」といいます。
この四角形には，どのような性質があるで
しょうか。右の図を見てください。

　∠ABC＝a，∠ADC＝b とします。

　$\overarc{ADC}$ に対する中心角は a の2倍で $2a$ です。

　$\overarc{ABC}$ に対する中心角は $2b$ となります。

　$2a+2b＝360°$ となるので，$a+b＝180°$ が成り立ちます。

円に内接する四角形は，向かいあう角の和が180°ですね。

　はい，そのように覚えてください。

(1) ∠Aと∠Cの和が180°なので，∠x＝180°−96°＝84°　㊜

　ちなみに，∠ADC＝180°−70°＝110° となります。

(2) ∠B+∠D＝180°
　　より，∠B＝91°
　　△ABCの内角の
　　和より，∠x＝**30°** 〔答〕

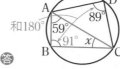
和180°

(3) △ABDの内角の和より，
　　∠BAD＝180°－(38°＋66°)
　　　　　＝76°
　　∠A＋∠C＝180° なので，
　　∠x＝**104°** 〔答〕

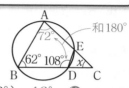

〔円に内接する四角形〕

∠A＋∠C＝180°
∠B＋∠D＝180°
向かいあう角の和は180°

(4) 四角形ABDEに着目します。
　　この四角形は円に内接していますね。
　　　よって，∠A＝180°－108°＝72° です。
　　△ABCの内角の和より，∠x＝180°－(72°＋62°)＝**46°** 〔答〕

類題 2

次の図で，∠x の大きさを求めよ。

(1)

(2)
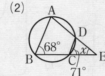

(3)

（中央大附高）

(4)
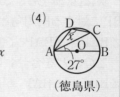
（徳島県）

例題 3

次の図で，∠x の大きさを求めよ。

(1) $\overset{\frown}{BC}:\overset{\frown}{CD}$ ＝2：3

(2) 点は円周を
　　9等分する点

〈弧の長さの比と円周角〉

弧の長さの比と円周角の比は等しくなっています。

(1) $\overset{\frown}{BC}:\overset{\frown}{CD}$＝2：3 より，30：x＝2：3
　　よって，∠x＝**45°** 〔答〕

(2) ∠AOC＝360°×$\frac{4}{9}$＝160°
　　これが$\overset{\frown}{AC}$に対する中心角
　　なので，∠x＝**80°** 〔答〕

円周の$\frac{4}{9}$

〔弧の長さと円周角〕

比が
等しい

∠APB：∠BPC
＝$\overset{\frown}{AB}$：$\overset{\frown}{BC}$

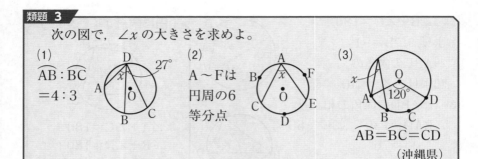

次の図で，∠x の大きさを求めよ。

(1) $\overparen{AB}:\overparen{BC}$ =4:3

(2) A〜Fは 円周の6 等分点

(3) $\overparen{AB}=\overparen{BC}=\overparen{CD}$

（沖縄県）

円における角の定理として，最後に「接弦定理」を紹介します。

まず，下の図①を見てください。この図で，∠OPQ＝90°です。また，∠PBC＝90°となっています。このことから，∠BPCに∠BPQをたして90°，∠BPCに∠BCPをたして も90°です。このことから，∠BPQ＝∠BCPがいえます。

次に図②を見てください。$\overparen{BP}$に対する円周角として，∠BCP＝∠BAP です。

このことを合せれば，∠BPQ＝∠BAP が成り立ちます。これを接弦定理といいます。

〈接線と弦のなす角〉

接弦定理

∠BPQ＝∠BAP

どこの角とどこの角が等しいのか，わからなくなりそうです〜。

そうですよね。では，次のように覚えてください。

接線と弦でできた角は，そこにとじ込められた弧に対する円周角に等しい。

とじこめられた弧

次の図で，∠x の大きさを求めよ。

(1)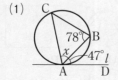

(2)

(3)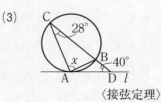

〈接弦定理〉

(1) 接弦定理より，
$\angle$BCA＝$\angle$BAD
＝47°で，$\triangle$ABC
の内角の和より，
$\angle x$＝$55°$ 答

(2) $\triangle$ABCの内角の
和より，
$\angle$ABC＝82° です。
接弦定理より，
$\angle x$＝$\angle$ABC＝$82°$ 答

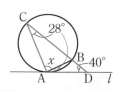

(3) まず，接弦定理を用いれば，
$\angle$BAD＝$\angle$BCA＝28° とわかります。
すると，$\triangle$ACDの内角の和が180°より，
28°＋$(x$＋28°$)$＋40°＝180° $\angle x$＝$84°$ 答

類題 4

次の図で，$\angle x$の大きさを求めよ。

(1)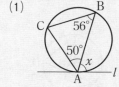

(2)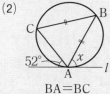

BA＝BC

(3)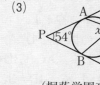

（桐蔭学園高・改）

例題 5

次の図で，$\angle x$の大きさを求めよ。

(1)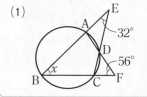

(2)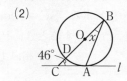

〈方程式を立てて
解く問題〉

(1) $\triangle$ABFの外角で，$\angle$EAD＝56°＋x
四角形ABCDは円に内接しているので，
向かいあう角の和は180°でしたね。
よって，$\angle$ADC＝180°－x と表せます。
最後に$\triangle$AEDの外角で，32°＋$(56°$＋$x)$＝180°－x $\angle x$＝$46°$ 答

(2) ADを結びます。接弦定理より，$\angle$DAC＝x，
BDは直径なので，$\angle$BAD＝90° です。
最後に$\triangle$ABCの内角の和について，
46°＋$(x$＋90°$)$＋x＝180° $\angle x$＝$22°$ 答

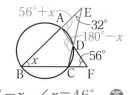

このように，xを用いて角を表していき，方程式を立てて解きます。

テーマ 30 円と相似

:: イントロダクション ::

◆ 円によってできる相似な三角形をさがす ➡ 等しい角はどこか
◆ 相似を利用して長さを求める ➡ 対応する辺に注意する
◆ 円と角の二等分線を含む図形で相似を利用する ➡ 相似はどこにあるか

　円という図形は，等しい角ができやすい性質を持っています。ということは，相似な三角形ができるということです。つまり，「2組の角がそれぞれ等しい」という相似条件をみたす三角形があるのです。ここでは，それを用いて，いろいろな線分の長さを求めていきます。

例題 1

次の問に答えよ。

(1) 右の図で，4点A，B，C，Dは円周上の点である。ACとBDの交点をPとする。AP＝4cm，BP＝3cm，CP＝2cm のとき，DPの長さを求めよ。

(2) 右の図で，円外の点Pから円Oと2点で交わる2本の線分をひく。線分と円Oの周との交点をA, B, C, Dとする。BC＝10cm，AD＝12cm，PD＝15cm とするとき，PBの長さを求めよ。　〈円と相似①〉

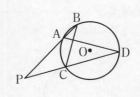

---

(1) 対頂角で∠APD＝∠BPC，⌢CDに対する円周角で，∠PAD＝∠PBC
2組の角がそれぞれ等しくなったので，△PAD∽△PBC
です。すなわち，AP：BP＝DP：CP が成り立ちます。

$$4：3＝DP：2$$

これを解いて，$DP＝\dfrac{8}{3}$cm 答

> 砂時計型の相似で 4：2＝DP：3 ではないんですか？

　そうではないのです。形が似ていてまぎらわしいですが，平行線によってできる砂時計型の相似とは，対応する辺がちがうのです。

(2) $\overset{\frown}{AC}$に対する円周角で，
∠ADC＝∠ABCです。
また，∠Pが共通なので，
△PAD∽△PCB
よって，

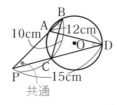

対応する辺の
ちがいに注意

PD：PB＝AD：CB となります。

$15 : PB = 12 : 10$　　$PB = \dfrac{25}{2}$cm　㊜

類題 1

次の問に答えよ。

(1) 右の図で，点A，B，C，Dは円Oの周上
の点で，EはACとBDの交点である。

　　AB＝9cm，CD＝3cm，AE＝6cm，
BD＝10cm のとき，DEとCEの長さを求
めよ。

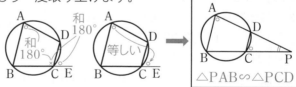

(2) 右の図で，xの長さを求めよ。

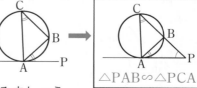

　　ここまで，2通りの相似のパターンが出てきましたね。さらに典型的な
円と相似のパターンを紹介します。**テーマ㉙**で，円に内接する四角形が
出てきました。これをもう一度取り上げます。

円に内接する四角形
は，向かいあう角の
和が180°でした。
右の図で，∠BCDに
∠Aをたして180°で，∠BCDに∠DCEをたしても180°です。

　　したがって，∠A＝∠DCE が成り立つのです。

　　すると，一番右の図で，△PAB∽△PCD が成り立ちます。

　　次に接弦定理を用いて，右の図で
∠BAP＝∠BCA でした。

　　すると，一番右の図のように，
△PAB∽△PCA が成り立ちます。

　　今紹介した2つの相似の問題をやってみましょう。

例題 2

次の問に答えよ。

(1) 右の図のように，円に内接する四角形
ABCDの辺AD，BCの延長の交点をPと
する。AB＝5cm，CD＝3cm，CP＝6cm
のとき，PAの長さを求めよ。

(2) 右の図で，3点A，B，Cは円周上の点で，
ABの延長と点Cにおける円の接線との交
点をPとする。xの値を求めよ。

〈円と相似②〉

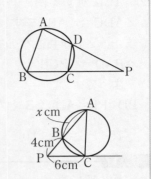

(1) 前のページで説明したとおり，∠BAD＝∠DCP
が成り立つので，△PAB∽△PCD です。
AB：CD＝PA：PC より，5：3＝PA：6
これを解いて，**PA＝10cm** 答

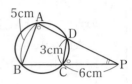

ピラミッド型に似てますが，これもちがうんですね。

はい，よく気がつきましたね。これ
も，形が似ていてまぎらわしいですが，
**平行線によってできるピラミッド型
の相似とは対応する辺がちがいます。**

ポイント

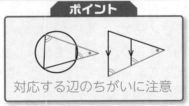

対応する辺のちがいに注意

(2) 接弦定理より，∠BCP＝∠BAC
そして，∠Pが共通なので，
△PCB∽△PAC
が成り立ちます。よって，PC：PA＝PB：PC
より，6：(4＋x)＝4：6　　**x＝5** 答

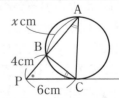

類題 2

次の図で，x，yの値を求めよ。

(1)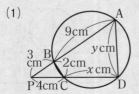

(2)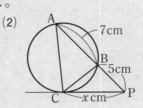

ここで，円における相似の典型パターンをまとめておきましょう。

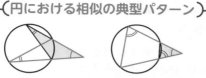

（円における相似の典型パターン）

この4つの相似の型が使いこなせれば，円と相似はほぼマスターですよ。

例題 3

右の図で，4点A，B，C，Dは円周上にあり，∠BAC＝∠CAD である。ACとBDの交点をEとする。AB＝12cm，AD＝8cm，CE＝10cm のとき，AEの長さを求めよ。 〈円と相似の応用〉

円と角の二等分線を含む図形では，今までとはちがったところに相似な三角形が現れます。

$\overparen{AD}$ に対する円周角で，∠ABD＝∠ACD なので，△ABE∽△ACD が成り立つのです。

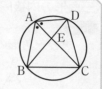

よって，AE：AD＝AB：AC

AE＝x とすると，

$$x：8＝12：(x＋10)$$

解いてください。2次方程式です。

（円＋角の二等分線）

相似

$x＝-16，6$ と求まりました。$x＞0$ より，$x＝6$ です。

はい，正解です。 答 **AE＝6cm**

類題 3

次の図で，x の値を求めよ。

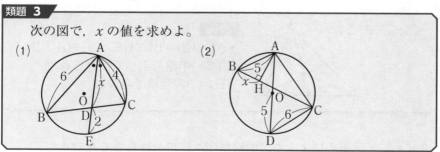

(1)

(2)

三角形の内接円・外接円における相似は，**テーマ㉛** で扱っています。

■■ **イントロダクション** ■■　　　　　　　　　　　　　中1 中2 中3

◆ いろいろな三角形の内接円の半径を求める
◆ いろいろな三角形の外接円の半径を求める
◆ 相似・三平方の定理を利用する ➡ どの三角形で使うか

　正三角形・直角三角形・二等辺三角形の内接円や外接円の半径を求めます。

〈三角形の内接円〉

例題 1

　　次の三角形の内接円の半径を求めよ。

(1) 　正三角形

(2) 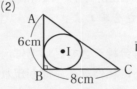　直角三角形

〈正三角形・直角三角形の内接円〉

(1)　正三角形だけが持つ性質を説明します。一般の三角形の場合，内心，外心，重心がちがった位置にあります。
　　正三角形の場合は，内心と外心と重心が一致し，同じ位置にあります。
　　三角形の重心について，まとめましょう。

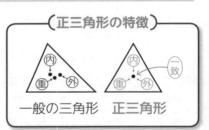

正三角形の特徴

一般の三角形　　正三角形

三角形の重心

　　重心とは，頂点とその向かいあう辺の中点を結ぶ直線（中線という）の交点である。

性質
・$AG:GD=BG:GE=CG:GF=2:1$
・3本の中線によって分けられた三角形の面積は等しい

重心によって，中線が $2:1$ に分けられるんですね。

はい，これが重要です。説明が長くなりましたが，(1)にもどります。

本当は，点Iは内接円の中心なので内心ですが，正三角形の場合は重心と一致します。

ということは，Iを重心と考えてしまえば，重心の性質 AI：IH＝2：1 を使うことができるのです。

AIを延ばしてBCとの交点をHとすれば，IHが求める半径です。

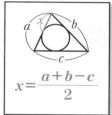

△ABHは30°定規なので，

$$AH=6×\frac{\sqrt{3}}{2}=3\sqrt{3}，AI：IH＝2：1 より，IH=3\sqrt{3}×\frac{1}{3}=\sqrt{3} \text{ cm}$$

答 $\sqrt{3}$ **cm**

(2) この問題に入る前に，右の図を見てください。

x の長さは，$x=\dfrac{a+b-c}{2}$ で求められます。

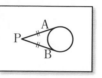

理由を説明しますね。円の外からひいた2本の接線の長さが等しい性質を利用します。

等しい長さを x, y, z で表してみます。

$$\frac{a+b-c}{2}=\frac{(x+y)+(x+z)-(y+z)}{2}$$

$$=x \text{ となるからです。}$$

xに隣り合う2辺をたして，離れた辺をひいて，2でわる!?

はい，そう覚えてください。では，(2)を解いてみましょう。

三平方の定理を用いると，AC＝10cm です。

円Iと辺AB，BCとの接点をP，Qとすると，

四角形IPBQは正方形になります。

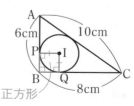

半径IQのかわりにPBを求めればよいので，

$$PB=\frac{6+8-10}{2}=2\text{cm}$$ **答** **2cm**

今紹介した公式を使って，楽に解けましたね。

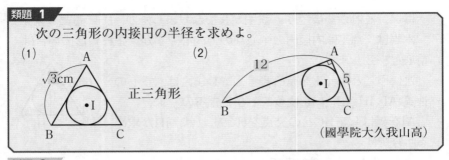

類題 1

次の三角形の内接円の半径を求めよ。

(1) 正三角形

(2)

（國學院大久我山高）

例題 2

次の三角形の内接円の半径を求めよ。

〈二等辺三角形の内接円〉

〈解法1〉 ～相似を利用する解き方～

　二等辺三角形が出てきたら，まず垂線を下ろします。Aから垂線AHを下ろせば，IはAH上にあって，HはBCの中点になります。

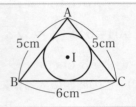

　BH＝3cm，AB＝5cm より，**AH＝4cm** です。
円とABとの接点をPとすれば，**△ABH∽△AIP** が成り立ちます。

　よって，BH：IP＝AH：AP

円にひいた接線の長さは等しいので，**BP＝BH＝3cm** より，**AP＝2cm**

　　　3：IP＝4：2

　　これを解いて，半径 $IP=\dfrac{3}{2}$ cm　答 $\dfrac{3}{2}$ cm

〈解法2〉 ～三平方の定理を利用する解き方～

　半径を r cmとします。

△AIPで三平方の定理より，$IP^2+AP^2=AI^2$

$IP=r$，$AP=2$ ですが，AIはどう表しますか？

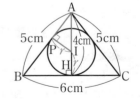

　　　半径が r なら IH も r なので，AIは（$4-r$）cm です。

はい，その通りです。

よって，$r^2+2^2=(4-r)^2$ という方程式が立ちます。

これを解いて，$r=\dfrac{3}{2}$ 　答　$\dfrac{3}{2}$ cm

類題 2

次の三角形の内接円の
半径を求めよ。

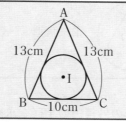

まとめ　三角形の内接円の半径の求め方

正三角形	直角三角形	二等辺三角形
	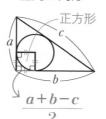	
高さの $\dfrac{1}{3}$	$\dfrac{a+b-c}{2}$	相似　三平方の定理

〈三角形の外接円〉

例題 3

次の三角形の外接円の半径を求めよ。

(1)

 正三角形

(2)

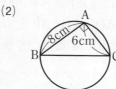 直角三角形

〈正三角形・直角三角形の外接円〉

(1)　**正三角形の外心Oも，重心と一致します。**

右の図で，AO：OH＝2：1 となります。

$AH=6\times\dfrac{\sqrt{3}}{2}=3\sqrt{3}$ より，$AO=3\sqrt{3}\times\dfrac{2}{3}=2\sqrt{3}$ cm 答

(2)　これは実は簡単です。$\angle A=90°$ のとき，BCは直径ですね。

BC＝10cm なので，半径は**5cm** 答 です。

次の三角形の外接円の半径を求めよ。

(1)

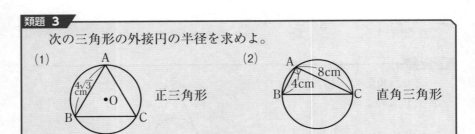

正三角形

(2)

直角三角形

例題 **4**

次の三角形の外接円の半径を求めよ。

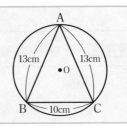

〈二等辺三角形の外接円〉

内接円のときと同じように，2通りの解き方を紹介します。

〈解法1〉　～相似を利用する解き方～

二等辺三角形なので，まず垂線を下ろします。A
からBCに垂線AHを下ろせば，AHは中心Oを通り
ます。そして，HはBCの中点なので，BH＝5cm

AB＝13cm，BH＝5cm なので，AH＝12cm
と求められます。これで高さが求まりました。

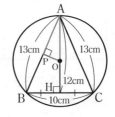

次に，OからABに垂線OPを下ろせば，△ABH∽△AOP が成り立ちま
す。よって，AB：AO＝AH：AP となります。AOが半径ですね。
AB＝13cm，AH＝12cm とわかりますが，APの長さがわかりますか？

PはABの中点ではないでしょうか。AP＝$\dfrac{13}{2}$ cmです。

はい，その通りです。ABは弦で，**中心から弦に
垂線を下ろせば，垂線の足は弦の中点になる**のです。

よって，13：AO＝12：$\dfrac{13}{2}$

これを解いて，AO＝$\dfrac{169}{24}$ cm 答

〈解法2〉 ～三平方の定理を利用する解き方～

解法1の図をもう一度見てください。△AOPで三平方の定理を使おうと考えます。半径を r とすると AO＝r, AP もわかっていますが, 問題は OP の長さです。うまく表すことができません。

ダメなので, 方針を変えます。

△BOHに着目します。

BH＝5cm, BO は半径なので r cm, AO も半径で r なので, OH＝$12-r$ と表せました。

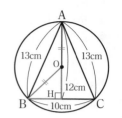

この△BOHで三平方の定理を用いれば

BH^2＋OH^2＝BO^2 より, $5^2+(12-r)^2=r^2$

これを解いて, $r=\dfrac{169}{24}$ cm 答 と求まります。

解き方によって, 着目する三角形がちがうわけですね。

そういうことになります。

類題 4

次の三角形の外接円の半径を求めよ。

最後に, 三角形の外接円の半径の求め方を, まとめておきます。

まとめ 三角形の外接円の半径の求め方

正三角形	直角三角形	二等辺三角形	
高さの $\dfrac{2}{3}$	斜辺の $\dfrac{1}{2}$	相似　　三平方の定理	

③32 折り返し問題

■■ イントロダクション ■■

◆ 図形の折り返しの特徴を知る ⇒ 対称移動と考える
◆ 折り返してできた線分の長さを求める ⇒ 等しい長さを利用する
◆ 長方形・正方形・正三角形の折り返しで長さを求める ⇒ 相似はどこか

　図形を折り返した問題はよく出題されます。まず，「折り返し」とは「対称移動」であることを意識しましょう。そして，等しい線分や等しい角を見つけていきます。

ポイント

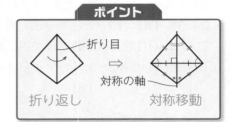

例題 **1**

　AB＝18cm，BC＝12cm の長方形ABCDを，線分EFを折り目にして折ったところ，頂点Aが辺BCの中点Gに重なった。次の問に答えよ。
(1)　線分FGの長さを求めよ。
(2)　線分CIの長さを求めよ。

〈長方形の折り返し〉

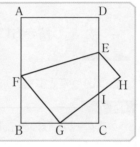

　EFを折り目にして折り返したということは，EFを対称の軸とした対称移動です。どことどこが等しい長さかわかりますか？　3組あります。

　　　　AFとGF，ADとGH，それにDEとHEだと思います。

　はい，その通りです。まずそれを押さえておきます。

(1)　FG＝x とおきます。するとAFも x なので，FB＝$18-x$ と表すことができますね。
　　△FBGは直角三角形なので，三平方の定理を用いて，$6^2+(18-x)^2=x^2$ という式ができます。これを解いて，$x=10$ 答 **10cm**

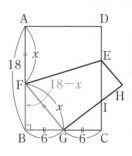

(2) ∠FGBに∠IGCをたすと90°，∠GFBを
たしても90°なので，∠IGC＝∠GFB です。
よく出てくるパターンですね。このことから，
△FBG∽△GCI が成り立ちます。

　　よって，BG：CI＝FB：GC　　6：CI＝8：6

　これを解いて，CI＝$\dfrac{9}{2}$cm　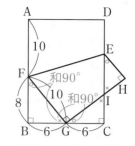答

　右上の図を見てください。この問題では，△FBG∽△GCI を用いて
解きましたが，△GCI∽△EHI も成り立ちます。

> 折り返してできた三角形は全部相似になるんですか？

　はい，それが正方形や長方形の
折り返しの特徴です。これを使っ
て解くようにしてください。

類題 **1**

次の問に答えよ。

(1) 右の図の四角形ABCDは長方形で，
AB＝6cm，BC＝10cm である。い
ま，辺CD上の点をEとし，線分BE
を折り目にして折ると，点CがAD上
の点C′に重なった。

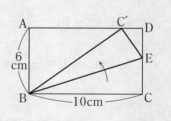

　① C′Dの長さを求めよ。　　② CEの長さを求めよ。

(2) 1辺の長さが16cmの正方形ABCD
において，辺AB上にE，辺CD上にF
をとり，線分EFを折り目にして折っ
た。頂点Bはちょうど辺ADの中点M
に重なり，頂点CはNに移った。Gは
MNとCDの交点である。

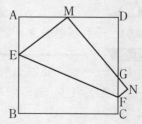

　① AEの長さを求めよ。　　② DGの長さを求めよ。

右の図は，正三角形ABCの紙を，頂点Aが辺BC上の点Fに重なるように，線分DEを折り目として折った図である。

BF＝3cm，FD＝7cm，DB＝8cm のとき，線分AEの長さを求めよ。〈正三角形の折り返し〉

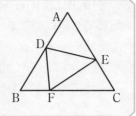

まず，示されていないところの長さを求めておきます。DEを対称の軸とした対称移動と考えれば，ADはFDと等しくて，7cmとわかります。ということは，この**正三角形の1辺は15cm**なので，FC＝12cm もわかりますね。そして，求めるAEはFEと等しいので，FEの長さを求める問題ということになります。長さの関係は，いいですか？

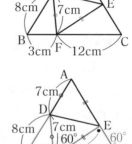

次に，∠EFCに∠DFBをたすと120°で，∠FECをたしても120°なので，∠DFB＝∠FECです。これもよく出るパターンです。このことから，△DFB∽△FEC が成り立ちます。

よって，DF：FE＝DB：FC

　　　7：FE＝8：12

これを解いて，FE＝$\dfrac{21}{2}$cm

よって，AE＝FE＝$\dfrac{21}{2}$cm 答

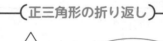

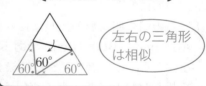

正三角形の折り返し

左右の三角形は相似

正三角形の折り返しでも相似ができるんですね。

はい，それがポイントなんです。

図のように，正三角形ABCの各辺上に点D，E，Fを，AD＝DE，AF＝FE，∠DEF＝60° となるようにとる。AB＝30，AD＝14，BE＝6 のとき，EFの長さを求めよ。　　　（中央大杉並高・改）

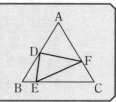

例題 3

　右の図のように，AB＝AC の二等辺三角形を，点Aが点Cに重ねるように折った。次の問に答えよ。

(1)　∠BCD＝15° のとき，∠Bの大きさを求めよ。

(2)　AD＝9cm，DB＝3cm のとき，DEの長さを求めよ。　　　　〈その他の図形の折り返し〉

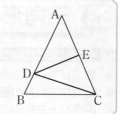

(1)　∠B＝x とおきます。

　　すると，AB＝AC なので，∠ACB＝x です。

　　そして，∠BCD＝15° ですから，∠DCE＝$x-15$°といえます。ここまでいいですか？

　　DEで折り返したので，∠DAE＝∠DCE＝$x-15$°すると，△ABCの内角の和について，

$(x-15°)+2x=180$° という方程式が立ちます。

　　これを解いて，$x=65$° と求まります。　**㊐**　65°

　　折り返したとき，対応する角も等しくなるわけです。

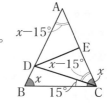

〔折り返しのポイント〕

対応する角が等しい

(2)　折り返したときに，対応する辺や角が等しいことを用いれば解けます。

　　まず，CE＝AE なので，AE＝6cm とわかります。また，角は ∠CED＝∠AED が成り立ちます。そして，その角の和は180°なので，

　　∠CED＝∠AED＝90° です。

　　△ADEで，DEは求められますね？

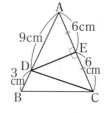

直角三角形なら，三平方の定理ですね。DE＝$3\sqrt{5}$ cm です。

はい，正解です。　**㊐**　$3\sqrt{5}$ cm

類題 3

　右の図の四角形ABCDは直角三角形AEDの斜辺AEを，AとEが重なるように，2つに折りたたんだときにできた図形である。

(1)　辺CDの長さを求めよ。

(2)　辺BCの長さを求めよ。　　　（國學院高）

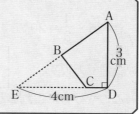

テーマ ㉝ 三角形の面積比

■■ **イントロダクション** ■■

◆ 底辺が等しい三角形・高さが等しい三角形の面積の比を求める
◆ 相似な三角形の面積比を求める ➡ 相似比と面積比の関係を理解する
◆ 四角形と三角形の面積比を求める ➡ 一方を文字でおく

　まず，2つの三角形の底辺が等しいとき，高さが等しいときの面積比の求め方から学びましょう。

底辺が等しい三角形の面積の比は，高さの比に等しくなります。

　高さが等しい三角形の面積の比は，底辺の比に等しくなり，三角形の面積は，

　　底辺×高さ×$\frac{1}{2}$

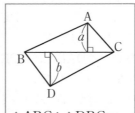

△ABC：△DBC＝
$a:b$　高さの比
底辺が等しい三角形

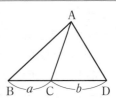

△ABC：△ACD＝
$a:b$　底辺の比
高さが等しい三角形

で求められるわけですから，一方が等しいときは，もう一方の比と等しくなります。

　右の例を見てください。△ABC＝15cm² で，BC：CD＝3：4 です。このとき，△ACDの面積は，どうやれば求められますか？

　式を作ってください。

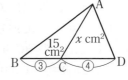

> 高さが等しいので，底辺の比です。15：x＝3：4 です。

　はい，それを解いて，x＝20 が求められますね。ここで，もう少し楽な式の立て方を紹介しましょう。

　$x=15×\frac{4}{3}=20$ です。つまり，わかっている面積に，分数をかけるというやり方です。

$$x=15×\frac{④}{③}\quad\begin{array}{l}←求める三角形の底辺\\←面積がわかっている三角形の底辺\end{array}$$

　このやり方に慣れると，速く，楽に求めることができますよ。

練習しよう 分数をかける方法を用いて，xを求めてみてください。

(1)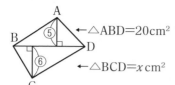
←△ABD＝20cm²
←△BCD＝$x$cm²

(2)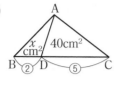

(3)

(4)
△ABE＝30cm²

(5)
△ABE＝$x$cm²

解答

(1) $x=20\times\dfrac{6}{5}=24$ (2) $x=36\times\dfrac{3}{4}=27$ (3) $x=40\times\dfrac{2}{5}=16$

(4) $x=30\times\dfrac{2}{5}=12$ (5) $x=16\times\dfrac{9}{4}=36$ 慣れたでしょうか？

例題 1

右の△ABCの面積は30cm²で，
BP：PC＝1：2，Qは線分APの中点である。
このとき，△PQCの面積を求めよ。
〈三角形の面積を求める〉

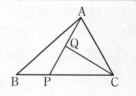

△ABC➡△APC➡△PQC の順に求めていきます。

BP：PC＝1：2 より，△APC＝$30\times\dfrac{2}{3}=20$cm²

△APCから△PQCを求めるには，APを底辺と
みます。

AQ：QP＝1：1 より，△PQC＝$20\times\dfrac{1}{2}=10$cm² 含

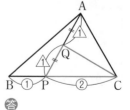

類題 1

右の△ABCの面積は70cm²で，
AP：PD＝2：3，BD：DC＝3：4
である。
このとき，△BPDの面積を求めよ。

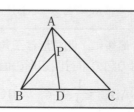

次は，相似な図形の面積比です。相似比と面積比の関係はどうですか？

> 確か，面積の比は相似比の2乗でした。

はい，よく覚えていましたね。

相似な図形で，相似比 $a:b$ のとき，面積比は $a^2:b^2$ です。

例題 2

　右の四角形ABCDは，AD∥BC の台形で，OはACとBDの交点である。

　AO：OC＝2：3，△AOD＝12cm^2 であるとき，次の面積を求めよ。

(1) △COD

(2) △COB 〈相似な図形の面積比〉

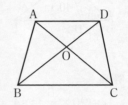

(1) AO：OC＝2：3 より，$\triangle COD = 12 \times \dfrac{3}{2} = 18cm^2$ 答

これは相似ではなく，底辺の比から求めるものです。

(2) △AOD∽△COB で，相似比 2：3 より，

面積比は $2^2:3^2 = 4:9$ です。

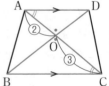

　よって，$\triangle COB = 12 \times \dfrac{9}{4} = 27cm^2$ 答

類題 2

　1辺の長さが4cmの正方形ABCDがあり，辺BC上に点Pを BP＝3cm となるようにとる。APを1辺とする正方形APEFを点D側に作る。また，辺CDと辺PEの交点をQとするとき，次の問に答えよ。

(1) APの長さは□cmである。

(2) △ABPと△PCQ の面積の比を最も簡単な整数で表すと，△ABP：△PCQ＝□ である。 （福岡大附大濠高）

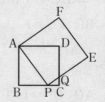

　最後に，四角形と三角形の面積比を考えます。

右の図の平行四辺形の面積をSとおいたとき，

$\triangle ABC = \dfrac{1}{2}S$ で，$\triangle BCP = \dfrac{1}{2}S \times \dfrac{2}{3} = \dfrac{1}{3}S$ となります。

例題 3

　平行四辺形ABCDの辺CDの中点をEとし，AEとBDの交点をFとする。このとき，平行四辺形ABCDの面積は，△AFDの面積の何倍か。

（四角形と三角形の面積比）

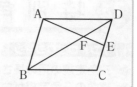

　問題文で面積が与えられていないときには，面積を文字でおいて考えるのが鉄則です。平行四辺形の面積を S とおきます。

　ここから，面積を小さくしていって，△AFDの面積を求めていきます。

　第1段階として，$\triangle \text{ABD} = \dfrac{1}{2}S$ です。

ポイント

面積が与えられていなかったら，文字でおく

平行四辺形は対角線で面積が2等分されるからです。

　第2段階は，△ABDから△AFDを求めていきます。

　このとき，BF：FDが必要ですね。そこで，砂時計型（**テーマ 28**）です。

　△ABF∽△EDF　より，BF：FD＝2：1

とわかりますね。

$$\triangle \text{AFD} = \frac{1}{2}S \times \frac{1}{3} = \frac{1}{6}S$$

したがって，**6倍**と求まります。　**答　6倍**

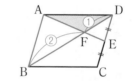

△AFDの面積のほうをSとおいたらダメですか？

　よい質問です。もちろんOKです。△AFD＝S とおくと，△ABD＝$3S$ となって，平行四辺形は $6S$ ですね。これで6倍と求まります。どちらを文字でおいても解けることがわかりますね。

類題 3

　図のように，AB＝4cm，BC＝6cm，∠ABC＝60°の平行四辺形ABCDがある。辺BCを2：1に分ける点をE，ACとDEの交点をFとする。

（1）　平行四辺形ABCDの面積を求めよ。

（2）　△ADFの面積を求めよ。

（東京電機大高・改）

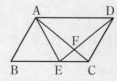

ヒント！　（1）　AからBCに垂線を下ろして考えます。

34 特 別 角

■■■ イントロダクション ■■■

◆ 三角定規の辺の長さを求める ⇒ 比を使いこなそう
◆ 複数の三角定規がつながれた図形で正確に長さを求める
◆ 垂線をひいて三角定規を作る ⇒ どこに垂線をひけばよいか

　三角定規は2種類あって、直角二等辺三角形型と、正三角形の半分の型です。

　この本では、それぞれ45°定規、30°定規と呼ぶことにします。そして、45°定規の辺の比は $1:1:\sqrt{2}$ で、30°定規の辺の比は $1:2:\sqrt{3}$ です。

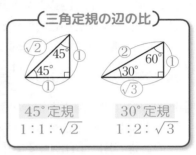

三角定規の辺の比

45°定規
$1:1:\sqrt{2}$

30°定規
$1:2:\sqrt{3}$

　この比を用いて、辺の長さを求めます。

　右の図で、x, yを求めてみましょう。まず、比を表す数を書き込みます。そのとき、比なので、①、②、$\sqrt{3}$ など、○印で囲んでください。それがないと、実際の長さと区別がつかなくなるからです。

　x, yは、どんな式で求められますか？

> $6:x=\sqrt{2}:1$, $8:y=2:\sqrt{3}$ です。

　比例式ですね。それで解けますが、楽に解ける方法を紹介しましょう。わかっている長さに、分数をかけるという方法です。

$$x=6\times\frac{①}{\sqrt{2}}$$

←求めたい長さの比を表す数
←わかっている長さの比を表す数
↑ わかっている長さ

これで $x=3\sqrt{2}$ が求まるのです。同じようにして、y については、

$$y=8\times\frac{\sqrt{3}}{②}$$

←yのところの(比)
←8cmのところの(比)
↑ わかっている長さ

で $y=4\sqrt{3}$ が求まります。

　練習して、速く、正確に求められるようにしてください。

練習しよう 次の各図で，x，yの値を求めよ。

(1)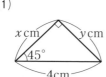

(2)

(3)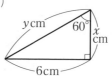

解答 まず，比を書きます。比のとりちがえに注意しよう。特に，30°定規では斜辺に②を書くことをまちがえないことです。

(1)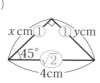

(2)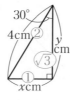

(3)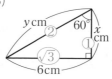

$$x=4\times\frac{1}{\sqrt{2}}=2\sqrt{2}$$

$$y=x=2\sqrt{2}$$

$$x=4\times\frac{1}{2}=2$$

$$y=4\times\frac{\sqrt{3}}{2}=2\sqrt{3}$$

$$x=6\times\frac{1}{\sqrt{3}}=2\sqrt{3}$$

$$y=6\times\frac{2}{\sqrt{3}}=4\sqrt{3}$$

例題 1

次の図のx，yの値を求めよ。

(1)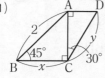

(2)

〈複数の三角定規〉

三角定規を1つずつ見るのがコツです。

(1) △ABCで，$x=2\times\dfrac{1}{\sqrt{2}}=\sqrt{2}$ **答**

AC$=\sqrt{2}$ をキャッチして，△ACDで，

$$y=\sqrt{2}\times\frac{2}{\sqrt{3}}=\frac{2\sqrt{6}}{3}$$ **答**

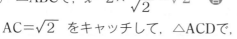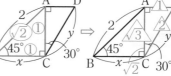

(2) △ACHで，AH$=6\times\dfrac{\sqrt{3}}{2}=3\sqrt{3}$

△ABHで，

$x=3\sqrt{6}$ ，$y=3\sqrt{3}$ **答**

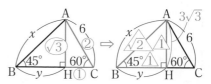

次の図で，x，yの値を求めよ。

(1)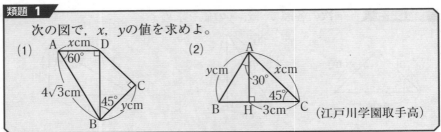

(2) (江戸川学園取手高)

次の図で，辺BCの長さを求めよ。

(1)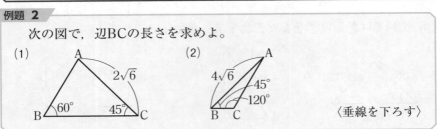

(2) 〈垂線を下ろす〉

(1) AからBCに垂線を下ろせば，左は30°定規，右は45°定規ですね。

垂線AHを下ろせば，△ACHで，

$$AH=2\sqrt{6}\times\frac{1}{\sqrt{2}}=2\sqrt{3}，$$

$$CH=2\sqrt{3}$$

△ABHで，$BH=2\sqrt{3}\times\frac{1}{\sqrt{3}}=2$　よって，**BC=$2\sqrt{3}+2$** 答

(2) BCの延長にAから垂線AHを下ろせば，△ABHは45°定規で，

∠ACH＝60° より，△ACHは30°定規です。△ABHで，

$$AH=4\sqrt{6}\times\frac{1}{\sqrt{2}}=4\sqrt{3}，\quad BH=4\sqrt{3}$$

△ACHで，$CH=4\sqrt{3}\times\frac{1}{\sqrt{3}}=4$

よって，**BC=$4\sqrt{3}-4$** 答

次の図で，辺BCの長さを求めよ。

(1)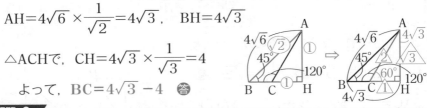

(2)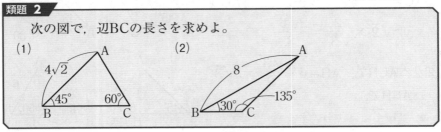

例題 3

次の△ABCの面積を求めよ。

(1)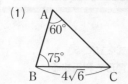

(2)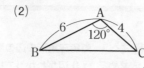

〈工夫して垂線をひく〉

(1) どこから垂線をひきますか?

> **AからBCに垂線を下ろす……ちょっと自信がありません。**

　残念ながら,それではその後が行き詰まってしまいます。∠Bの75°がどうしようもありません。その補助線は〈悪魔の補助線〉です。BからACに垂線を下ろすとどうでしょうか。三角定規2つにきれいに分かれる

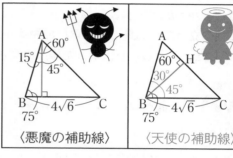

〈悪魔の補助線〉　　〈天使の補助線〉

〈天使の補助線〉ですね。　BH＝CH＝$4\sqrt{3}$,　AH＝4 と求まり,

△ABC＝$8\sqrt{3}+24$　**答**

(2)　これもAからBCに垂線を下ろすのは〈悪魔の補助線〉です。なぜなら,二等辺三角形ではないので,∠Aが60°ずつに分かれないからです。

天使の補助線

　この問題の〈天使の補助線〉は,CAの延長にBから下ろした垂線です。△ABHは30°定規となって,BH＝$3\sqrt{3}$　と求まります。△ABCの底辺をAC,高さをBHとすればいいので,　△ABC＝$6\sqrt{3}$　**答**

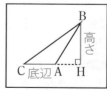

類題 3

次の△ABCの面積を求めよ。

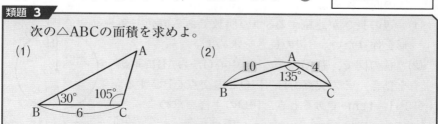

(1)

(2)

テーマ
㉟ 三平方の定理を利用して方程式を立てる

■■ **イントロダクション** ■■　　　　　　　　　　　　中1 中2 中3

◆ **三平方の定理から方程式へ** ➡ 直角三角形の辺の関係で式を立てる
◆ **三角形の高さ・面積を求める** ➡ 3辺がわかっている三角形で利用する
◆ **直角三角形の辺を文字でおく** ➡ 等しい長さに着目する

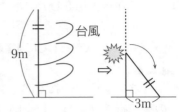

　高さ9mの電柱が，地面に垂直に立っていました。ある日，台風でこの電柱が折れてしまいました。

　さて，折れた場所が地面から何mのところかを調べます。

　電柱の立っている地点から電柱の先端が地面についた地点までの長さは3mでした。どうしたら，折れた場所の高さがわかるでしょうか？

> **直角三角形ができたので，三平方の定理が使えます。**

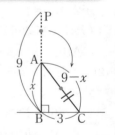

　はい，そのとおりです。右の図のように点を定めます。求める長さABをxとおけば，CA＝PA＝$9-x$ といえます。直角三角形ABCで三平方の定理を用いると，$3^2+x^2=(9-x)^2$ となります。

　これを解いて，$x=4$　つまり，4mと求まります。

　今まで，三平方の定理は，2辺がわかっているときに残りの辺の長さを求めるのに利用してきましたが，実は，**辺の長さの関係を方程式にするために使えるのです。**このことが，たいへん重要です。

例題 1

　次の問に答えよ。

(1) 辺の長さが連続する3つの偶数である直角三角形を作りたい。3辺の長さを求めよ。

(2) 右の図で，弦AB＝6cm，中心OからABに垂線をひき，その交点をH，円Oとの交点をPとする。PH＝1cm であるとき，円Oの半径を求めよ。

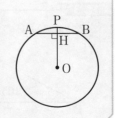

(1) 一番短い辺をxとおくと，他の2辺は，$x+2$，
　　$x+4$ と表せます。一番長い辺は斜辺です。
　　　三平方の定理より，$x^2+(x+2)^2=(x+4)^2$
　　　整理して，$x^2-4x-12=0$
　　　$(x-6)(x+2)=0$ より，$x=6$，-2
　　　$x>0$ より，$x=6$　㊙　6，8，10

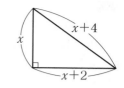

(2) **弦に中心から垂線を下ろせば，垂線の**
　　足は弦の中点になります。
　　　よって，AH＝BH＝3cm です。OとAを
　　結んで**直角三角形を作ります。**　←ポイント
　　　円Oの半径をrとすると，OA＝r で，
　　OP＝r なので，OH＝$r-1$ と表せます。
　　　△AOHで三平方の定理より，$3^2+(r-1)^2=r^2$
　　　これを解いて，$r=5$ と求まります。　㊙　**5cm**

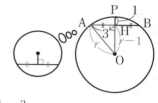

> $OH=\sqrt{r^2-3^2}$ として，$\sqrt{r^2-3^2}+1=r$ はダメですか？

　そのような式を立てる人もいますが，そのあとの計算がややこしくなっ
てしまいます。三平方の定理から方程
式を立てるときは，文字が$\sqrt{}$ の中に
入った式は避けたほうが無難ですね。
基本は $a^2+b^2=c^2$ にすることです。

三平方➡方程式のポイント

根号（$\sqrt{}$ ）の中に文字を含
まない式にする

類題 1

次の問に答えよ。

(1) 右の図の直角三角形ABCで，辺BCは
　ABより7cm長く，辺ACはBCより1cm
　長い。辺ABの長さを求めよ。

(2) 右の図で，円外の点Pから円に接線を
　ひき，接点をAとすると，PA＝$\sqrt{55}$ cm
　である。Pと円の中心Oを結び，線分OP
　と円Oの交点をBとする。BP＝5cm で
　あるとき，円Oの半径を求めよ。

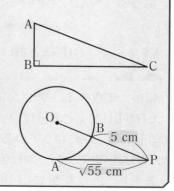

　右のような，AB＝15cm，BC＝14cm，CA＝13cm の△ABCの面積を求めよ。

〈3辺がわかっている三角形〉

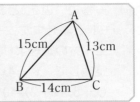

3辺の長さがわかっている三角形は，必ず高さや面積が求められます。求め方の手順を説明します。

まず，AからBCに垂線AHを下ろします。このAHを求めることになりますね。

次に，ある長さを文字でおくのですが，**求めたいAHをxにしないことがポイントです。**

CHの長さを x とおくのです。

すると，直角三角形が △ACH，△ABH の2つあるので，それぞれで三平方の定理を用います。

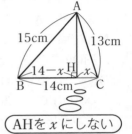

AHを x にしない

① △ACH で，
$$x^2 + AH^2 = 13^2$$
$$AH^2 = 13^2 - x^2$$

② △ABH で，
$$(14-x)^2 + AH^2 = 15^2$$
$$AH^2 = 15^2 - (14-x)^2$$

どちらもAH²を表しているので，＝で結びます。

$$13^2 - x^2 = 15^2 - (14-x)^2$$

—（手順）—
①CH＝x とおく
②AH²を2通りに表す
③等号でつなぐ

やや複雑になりますが，必ず1次方程式になります。

これを解いて，$x=5$ と求まります。

でも，これは高さではなくてCHです。注意してください。

△ACHで，AC＝13，CH＝5 より，三平方の定理を用いて，AH＝12

よって，△ABC＝84cm² と求まります。　⚈　**84cm²**

BHをxとおいてもできますか？

はい，できます。やってみてください。$x=9$ が求まるはずです。

CHかBHを x とおけばいいわけです。

3辺の長さがわかっている三角形の高さや面積は，この方法でないと求められないので，しっかり練習しておいてください。

ただし，この方法は，**3辺の長さ**しかわかっていないときの解き方です。

他の条件が加わったときは，この方法よりも楽に高さが求められるので，それを見きわめてください。右の図の高さは，簡単ですね。

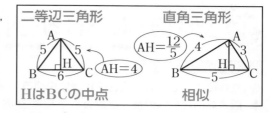

二等辺三角形　　直角三角形
$AH=\frac{12}{5}$
$AH=4$
HはBCの中点　　相似

類題 2

右の図のような，AB＝5cm，BC＝6cm，CA＝7cm の△ABCの面積を求めよ。

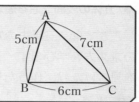

例題 3

右の図のように，AB＝4cm，AD＝6cm の長方形ABCDの辺BC, CD, DAに接する円をかく。Aからこの円に接線をひき，BCとの交点をEとするとき，AEの長さを求めよ。　　〈等しい長さに着目する〉

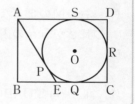

図のように点を定めれば，円Oの直径4cmより，半径2cmです。SD＝OR＝2 より，AS＝4cm。

ここで，AP＝AS＝4，EP＝EQ とわかります。

EP＝x とおくと，EQ＝EP＝x より，AE＝4＋x，BE＝4−x です。

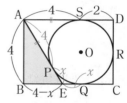

△ABEで三平方の定理を用いて，$4^2+(4-x)^2=(4+x)^2$

これを解いて，$x=1$　**答**　**5cm**

類題 3

次の図で，x，y の値を求めよ。

(1)

(2)

四角形ABCD
は正方形

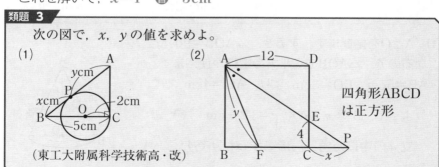

（東工大附属科学技術高・改）

ヒント！ （1）中心と接点を結びます。（2）どこかに二等辺三角形があります。

テーマ 36 空間図形における三平方の定理の利用

■ イントロダクション ■

中1 中2 中3

◆ 立体において線分の長さを正確に求める ➡ どこに直角三角形を作るか
◆ 直方体の対角線の長さを求める ➡ 直角三角形を利用する
◆ 立体の表面を通る最短距離を求める ➡ 展開図を利用する

　ここでは，三平方の定理を利用した，空間図形におけるいろいろな長さの求め方を学びます。三平方の定理を利用するということは，直角三角形を見つけたり，作ったりすることがポイントとなります。

例題 1

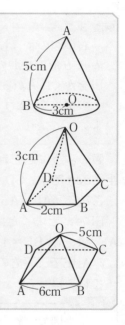

次の問に答えよ。

(1)　右の図のような，底面の半径が3cm，母線の長さが5cmの円錐の体積を求めよ。

(2)　正四角錐OABCDがあり，底面ABCDは1辺が2cmの正方形で，他の辺はすべて3cmである。この正四角錐の高さを求めよ。

(3)　正四角錐OABCDがあり，底面は1辺6cmの正方形で，他の辺はすべて5cmである。この正四角錐の表面積を求めよ。

〈立体の高さ・体積・表面積〉

(1)　AとOを結びます。すると，∠AOB＝90° となるので，△AOBで三平方の定理が使えます。
AB＝5cm，BO＝3cm より，AO＝4cm です。

よって，$3^2 \times \pi \times 4 \times \dfrac{1}{3} = 12\pi$ cm³ **答**

立体の中に直角三角形を作るわけです。

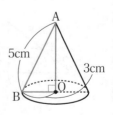

(2)　Oから底面に垂線OHを下ろします。この長さを求める問題です。

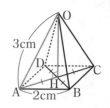

　　∠OHA＝90° となるので，直角三角形OAHで三平方の定理を用います。

　　AH＝CH なので，ACの長さが必要ですね。ACの長さはどうやって求めたらいいですか？

> $\triangle$ABCは∠B＝90° なので，三平方の定理で求められます。

　　はい，そのとおりです。$\triangle$ABCは，∠BAC＝45° で45°定規です。それを用いると，AC＝$2\sqrt{2}$ cm とわかります。

　　よって，AH＝$\sqrt{2}$ cm です。$\triangle$OAHで三平方の定理を用いて，
$$(\sqrt{2})^2＋OH^2＝3^2$$
$$OH^2＝7$$

　　OH＞0 より，OH＝$\sqrt{7}$ cm　答　$\sqrt{7}$ cm

(3)　$\triangle$OABは二等辺三角形です。OからABに垂線OHを下ろせば，AH＝3cm，OA＝5cm で，$\triangle$OAHで三平方の定理より，OH＝4cm です。

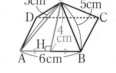

　　よって，$6\times6＋\left(6\times4\times\dfrac{1}{2}\right)\times4＝84\text{cm}^2$　答

類題 1

次の問に答えよ。

(1)　右の図に示した立体は，底面の半径が3cm，母線の長さが5cmである円錐と，半径が3cmの半球を合わせた立体である。その立体の体積は何cm³か。(都立墨田川高)

(2)　右の図のように，底面が1辺6cmの正方形ABCDで，他の辺の長さがすべて5cmである正四角錐OABCDがある。正四角錐OABCDの体積を求めよ。　(愛媛県)

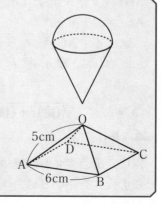

ヒント！　(1)　球の体積の公式は，**テーマ 38** に載せてあります。

次の問に答えよ。

(1) 右の図のような直方体ABCD-EFGHにおいて，対角線AGの長さを求めよ。

(2) 1辺が5cmの立方体の対角線の長さを求めよ。

(3) 右の図のような直方体で，Mが辺CDの中点であるとき，線分EMの長さを求めよ。

〈直方体・立方体の対角線〉

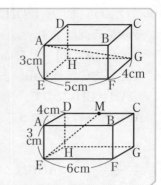

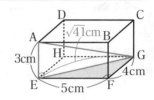

(1) いきなり求めることはできないので，直角三角形を組み合わせて，三平方の定理を利用していきます。はじめに，直角三角形EFGを用いてEGを求め，次に△AEGを用いてAGを求めていきます。

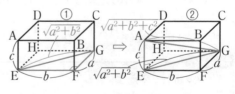

△EFGで，三平方の定理より，$EG=\sqrt{41}$ cm

そして，△AEGで，$3^2+(\sqrt{41})^2=AG^2$

$AG^2=50$ $AG>0$ より，$AG=5\sqrt{2}$ cm と求まります。 答 $5\sqrt{2}$ cm

ここで，縦 a，横 b，高さ c の直方体の対角線を求めてみます。

① △EFGで，$EG^2=a^2+b^2$

よって，$EG=\sqrt{a^2+b^2}$

② △AEGで，

$AG^2=(\sqrt{a^2+b^2})^2+c^2$ より，

$AG^2=a^2+b^2+c^2$

よって，$AG=\sqrt{a^2+b^2+c^2}$ となります。ちょっと複雑ですね。

まとめれば，縦 a，横 b，高さ c の直方体の対角線は，$\sqrt{a^2+b^2+c^2}$ です。

$\sqrt{(縦)^2+(横)^2+(高さ)^2}$ なんですね。

はい，そう覚えれば簡単ですね。

この公式を用いれば，(1)は，$AG=\sqrt{4^2+5^2+3^2}=5\sqrt{2}$ cm と，簡単に求められますね。

では，1辺 a の立方体の対角線の長さは，どうなるか考えてください。

縦・横・高さがaなので，$\sqrt{a^2+a^2+a^2}=\sqrt{3a^2}$ ですか？

はい，そのとおりです。そして，$\sqrt{3a^2}=\sqrt{3}\,a$ ですね。
まとめておきましょう。

―(対角線の長さの求め方)―

縦 a，横 b，高さ c の直方体の　　　1辺 a の立方体の　　　　覚えよう
対角線は，$\sqrt{a^2+b^2+c^2}$　　　　対角線は，$\sqrt{3}\,a$

(2)　立方体の対角線の公式より，

$\sqrt{3}\times5=5\sqrt{3}$ cm　答　楽ですね。

(3)　EMが対角線となるような直方体を作ります。
　　　すると，縦 AD＝4cm，横 DM＝3cm，
　　　高さ AE＝3cm の直方体の対角線となります。
　　　よって，EM＝$\sqrt{4^2+3^2+3^2}=\sqrt{34}$ cm　答

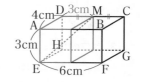

類題 2

次の問に答えよ。

(1)　右の図のような，AB＝7cm，BC＝5cm，
　　　CG＝4cm の直方体がある。この直方体の
　　　対角線CEの長さを求めよ。

(2)　1辺が$\sqrt{6}$ cmの立方体の対角線の長さを
　　　求めよ。

(3)　右の図は，1辺4cmの立方体である。辺
　　　GHの中点をMとするとき，線分AMの長さ
　　　を求めよ。

(4)　右の図のような立方体がある。対角線AB
　　　の長さが1cmのとき，立方体の体積は
　　　□ cm³である。
　　　　　　　　　　　　　　　　　　　　（慶應義塾高）

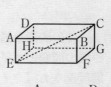

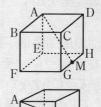

ヒント!　(4)　1辺をa cmとおいて，式を立てます。

そろそろ，三平方の定理も慣れてきたころかと
思います。図1で，$x=\sqrt{4^2+6^2}=\sqrt{52}=2\sqrt{13}$，
図2で，$y=\sqrt{(2\sqrt{5})^2-2^2}=\sqrt{16}=4$ と求めてい
きましょう。つらい人は無理しなくてもいいです。

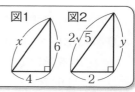

例題 **3**

次の問に答えよ。

(1) 右の図は，AB＝4cm，BC＝5cm，AE＝6cm の直方体 ABCD-EFGH である。辺BC上に点 Pをとり，DP＋PF の長さを最短にするとき，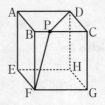
　① BPの長さを求めよ。
　② DP＋PF の長さを求めよ。

(2) 右の図は，AB＝3cm，AD＝4cm，AE＝5cm の直方体 ABCD-EFGH である。辺BF上に点 P，辺CG上に点Qをとり，AP＋PQ＋QH の長 さを最短にするとき，AP＋PQ＋QH の長さを 求めよ。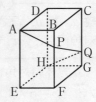

(3) 右の図は，1辺の長さが4cmの正四面体ABCD で，点MはABの中点である。辺AC上に点Pを とり，MP＋PD の長さが最短になるようにす るとき，MP＋PD の長さを求めよ。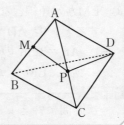

〈多面体の表面を通る最短距離〉

(1) 立体の表面を通る最短 距離の問題のポイントは， **展開図をかくこと**です。
　といっても，すべての 面の展開図は不要です。 右のように，その線が 通る面だけをつなげてかきます。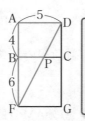

ポイント

立体の表面を通る最短距離
⬇
展開図をかく
線分の長さを求める

　DP＋PF が最短ということは，どうなっているときですか？

D，P，Fが一直線上に並んでいるときです。

そのとおりです。このとき，**DP＋PFは，線分DFの長さ**です。
① △FBP∽△FADより，6：10＝BP：5
　これを解いて，**BP＝3cm** ⎞答

② △ADFで，三平方の定理より，DF＝$\sqrt{5^2+10^2}$＝$5\sqrt{5}$ cm ⎞答

(2) 通っている3つの面の展開図をつなげると，右のようになります。△AEHで，
$$AH=\sqrt{5^2+10^2}=5\sqrt{5}\ \text{(cm)}\ \text{⚫}$$

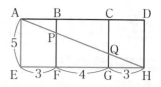

(3) 正四面体は，すべての面が正三角形でできています。よって，正三角形ABCとACDを，ACでつなげた展開図をかきます。

DAの延長にMから垂線MHを下ろします。

テーマ **34** で扱った「天使の補助線」です。

△AMHは30°定規で，AH＝1，MH＝$\sqrt{3}$

△MHDで，MD＝$\sqrt{(\sqrt{3})^2+5^2}=2\sqrt{7}$ cm ⚫

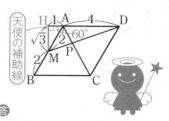

類題 3

次の問に答えよ。

(1) 右の図の直方体で，AI＋IJ＋JHの最短の長さを求めよ。

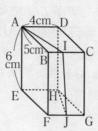

(2) 右の図は正四面体で，OAの中点がPである。PQ＋QCが最短となる点QをOB上にとる。PQ：QC を求めよ。

（和洋国府台女子高・改）

例題 4

右の図は，底面の半径が2cm，母線の長さが8cmの円錐である。底面の円周上の1点Pから円錐の側面に糸を一巻きさせる。糸の長さが最も短くなるように巻くとき，その長さを求めよ。　〈円錐の側面を通る最短〉

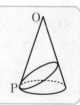

円錐の側面の展開図をかきます。おうぎ形ですね。

$$\boxed{\text{おうぎ形の中心角}=360°\times\dfrac{\text{底面の半径}}{\text{母線}}}\ ←\ \boxed{\text{ポイント}}$$

これを用いて，90°。△OPP′は直角二等辺三角形より，PP′＝$8\sqrt{2}$ cm ⚫

類題 4

右の図のように，底面の円周上の点Pから円錐の側面を1周して，点Pまでひもをかけるとき，ひもの長さが最も短くなるときのひもの長さを求めよ。

（富山県）

イントロダクション

◆ 立方体の切断面の面積を求める ➡ 正しい切断面がかけるようにしよう
◆ さまざまな立体の切断面の面積 ➡ 切断面を取り出して考える
◆ 頂点から切断面までの距離を求める ➡ 求め方をマスターしよう

　ここでは，立体を切断していきます。苦手な人が多いテーマですが，基本がわかれば，必ずできるようになります。がんばってください。

　まずは，立方体を切断してみます。右の立方体を，3点B，D，Gを通る平面で切断したときの切り口の図形は，△BDGです。そして，BDもDGもBGも，すべて正方形の対角線なので，長さが等しいです。したがって，切り口の△BDGは，正三角形になります。ここまではいいですね。

　では，この立方体を，3点A，D，Gを通る平面で切断すると，切り口の図形は何でしょうか？

> △ADGなので，直角三角形だと思います。

　残念ながら，正解ではありません。そう思う人が多いのですが，切り口は三角形ではないのです。△ADGは，この立方体に切れ込みを入れただけで，2つの立体に分かれませんね。つまり，切断するということは，完全に2つの立体に分かれないといけないのです。では，どうすればいいんでしょうか。

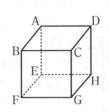

切れていないよ

❶　切り口の線は，必ず立体の表面に書きます。したがって，AとGは結んでいけないんです。

切断面のポイント
❶切り口の線は立体の表面に書く
❷平行を利用する

❷　DGと平行な直線をAからひくのです。すると，右の図のような切断面ができます。
　この四角形AFGDは，長方形です。

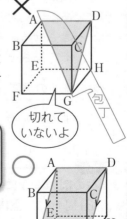

1辺4cmの立方体ABCD-EFGHを，次の3点を通る平面で切ったとき，切り口の面積を求めよ。ただし，PはBFの中点である。

(1) B, D, G

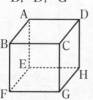

(2) A, D, G

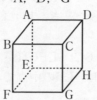

(3) A, P, G

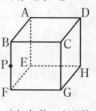

〈立方体の切断〉

(1) △BDGは，**1辺$4\sqrt{2}$ cmの正三角形**です。

ここで，正三角形の高さと面積の公式を紹介します。

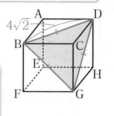

1辺 a の正三角形の高さは，30°定規を作って，

$$a \times \frac{\sqrt{3}}{2} = \frac{\sqrt{3}}{2}a$$

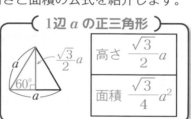

1辺 a の正三角形

高さ	$\dfrac{\sqrt{3}}{2}a$
面積	$\dfrac{\sqrt{3}}{4}a^2$

覚えよう

面積は，

$$a \times \frac{\sqrt{3}}{2}a \times \frac{1}{2} = \frac{\sqrt{3}}{4}a^2 より，\quad \frac{\sqrt{3}}{4} \times (4\sqrt{2})^2 = 8\sqrt{3} \ \text{cm}^2 \ 答$$

(2) **長方形AFGD**ができます。DG$=4\sqrt{2}$ cm より，

$$4 \times 4\sqrt{2} = 16\sqrt{2} \ \text{cm}^2 \ 答$$

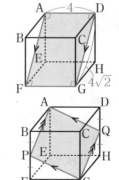

(3) AとGを結んではいけません。平行を利用して切り口を作ると，QをDHの中点とすれば，四角形APGQができます。これは4辺が等しく，**ひし形**です。

正方形ではないのですか？

はい，正方形ではありません。その理由は，

AGは立方体の対角線と等しいので，$4\sqrt{3}$ cm　←$\sqrt{3}\,a$より

PQはBDと等しいので，$4\sqrt{2}$ cmです。つまり，対角線AGとPQが異なっています。ひし形の面積は，AG$\times$PQ$\times\dfrac{1}{2}$より，$8\sqrt{6} \ \text{cm}^2$ 答

次の問に答えよ。

(1) 右の図は，1辺6cmの立方体ABCD-EFGH である。ABの中点をPとし，3点P，F，Gを 通る平面で立方体を切ったとき，切り口の図 形の面積を求めよ。

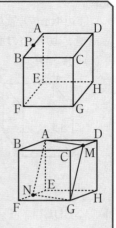

(2) 図のような立方体ABCD-EFGHがある。 点M，Nはそれぞれ辺CD，EFの中点であり， AM＝$2\sqrt{5}$ cmである。

① この立方体の1辺の長さを求めよ。

② 4点A，N，G，Mを結んでできる四角形 ANGMの面積を求めよ。 （法政大第二高）

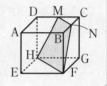

1辺の長さが12cmの立方体ABCD-EFGHがあ る。辺CD，BCの中点をそれぞれM，Nとするとき， 四角形MNFHの面積を求めよ。

〈切断面を取り出す〉

切り口の図形は**等脚台形**です。

このままで考えるのは，ミスのもとになります。人間の脳は，三次元(つ まり立体)を考えるのに限界があるからです。この三次元のものを二次元 の世界(平面図形)に持ち込めれば，一気に解きやすくなります。

切り口の図形だけを取り出すんですね。

はい，そのとおりです。右の図のように取り出し ます。長さを，もとの立体図形で調べて書き込みます。 MN＝$6\sqrt{2}$ cm，HF＝$12\sqrt{2}$ cm です。

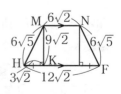

△DMHで，三平方の定理より，

MH＝$\sqrt{6^2+12^2}$＝$6\sqrt{5}$ cm

あとは，この台形で，Mから垂線MKを下ろせば，HK＝$3\sqrt{2}$ cm です から，△MKHで，MK＝$\sqrt{(6\sqrt{5})^2-(3\sqrt{2})^2}$＝$9\sqrt{2}$ cm

面積は**162cm²** 答

類題 2

次の問に答えよ。

(1) 右の図のように，点A, B, C, D, E, Fを
頂点とし，∠DEF＝90°の直角二等辺三角形
DEFを底面の1つとする三角柱がある。辺AC
の中点をG，辺BCの中点をHとし，4点D, E, H,
Gを結んで四角形DEHGをつくる。辺ADの長
さが6cm，辺DEの長さが6cmのとき，

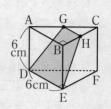

① 辺GHの長さを求めよ。

② 四角形DEHGの面積を求めよ。　　（三重県）

(2) 右の図のような，すべての辺の長さが4cmの
正四角錐O－ABCDがある。辺OCの中点をP，
辺ODの中点をQとするとき，四角形ABPQの
面積は □ cm^{2}である。　　（福岡大附大濠高）

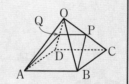

例題 3

右の図は，AB＝AD＝12cm，AE＝6cm の
直方体ABCD-EFGHである。点Aから面DBE
に垂線AKをひくとき，AKの長さを求めよ。

〈頂点から切断面までの距離〉

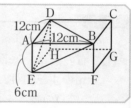

　一見難しそうですね。しかし，この種の問題には，解き方の手順があり
ます。3つの段階を踏んで，解答にたどり着きます。

　まず，はじめにやるべきは，三角錐 A–BDE の体積を求めることです。
△ABDを底面にしてAEを高さにすれば，簡単に144cm^{3}と求まります。

　次に，切断面の△BDEの面積を求めます。EB＝ED＝$6\sqrt{5}$ cm，
DB＝$12\sqrt{2}$ cm の二等辺三角形なので，右の図のよう
に，Eを上にして取り出します。EからBDに垂線EIを
下ろせば，BI＝$6\sqrt{2}$ cm とわかります。△EBIで，
$$EI＝\sqrt{(6\sqrt{5})^2-(6\sqrt{2})^2}＝6\sqrt{3} \text{ cm}$$
よって，△EBD＝$36\sqrt{6}$ cm^2 と求まります。

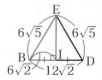

　最後に，右の図のようにおけば，求める長さをhとして，
$$36\sqrt{6} \times h\times\frac{1}{3}＝144$$
これを解いて，$h＝2\sqrt{6}$ cm　答

もう一度まとめておきます。

① 体積を求めます。できるだ
け簡単に底面，高さを決めて
求めてください。

② 切断面の面積を求めます。
その面が二等辺三角形なら頂
点から底辺に垂線を下ろして
求めます。

> **頂点から切断面までの距離の求め方**
> 手順① 三角錐の体積を求める
> ↓
> 手順② 切断面の面積を求める
> ↓
> 手順③ 求める長さを文字でおき，
> 方程式を立てる

③ 最後に，求める長さを文字でおき，①，②を用いて方程式を立てて
ください。

> 体積 ➡ 面積 ➡ 方程式 ですね。

はい，こうやって解く問題はよく出るので，ぜひマスターしてください。

類題 3

次の問に答えよ。

(1) 右の図は，底面が1辺4cmの正三角形で，高さが
3cmの正三角柱ABC−DEFである。

　① CDの長さを求めよ。

　② △CDEの面積を求めよ。

　③ △CDEでこの立体を切断するとき，頂点Fを含
む方の立体の体積を求めよ。

　④ 頂点Fから△CDEに下した垂線の長さを求めよ。

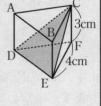

(2) 図のように，6つの点A，B，C，D，E，Fを頂点
とする三角柱ABCDEFがあり，側面はいずれも底
面に垂直で，AB＝BC＝AD＝4cm，∠ABC＝90°
である。点Eから△BDFにひいた垂線と△BDFと
の交点をHとする。このとき，線分EHの長さは何
cmか。

（長崎県）

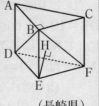

このテーマの最後は，球の切断です。難しいイメージがあるかも知れま
せんが，球はどのように切っても必ず切断面が円になってくれるので，あ
る意味楽なんですよ。

例題 4

次の問に答えよ。

(1) 半径10cmの球Oを，中心Oからの距離が6cmの平面で切断するとき，球の切断面の面積を求めよ。

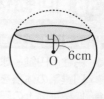

(2) 右の図のように，底面の半径が6，高さが8の円錐に球が内接している。この球の半径を求めよ。

〈球の切断〉

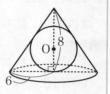

(1) Oから切断面に下ろした垂線の足をHとする。
OとHを含む平面で球を切断すると，右の図のような円となります。図のようにA，Bを定めれば，HはABの中点です。OAはこの円の半径なので，球の半径と等しく10cmです。

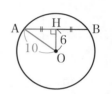

△OAHで，$AH=\sqrt{10^2-6^2}=8$cm

これが求める切断面の半径となります。よって，**$64\pi\,\mathrm{cm}^2$**

(2) Oを通る，底面に垂直な面で切断します。

すると，二等辺三角形の内接円の半径を求める問題になりました。**テーマ31**でやった通り，

△ABH∽△AOP を用いると，BH：OP＝AH：AP

AB＝10，BP＝BH＝6 なので，AP＝4 です。

よって，6：OP＝8：4 これを解いて，**OP＝3**

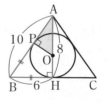

類題 4

次の問に答えよ。

(1) 右の図のように，高さが2cm，底面の半径が4cmの円錐の頂点と底面の周が，球Oに内接している。このとき，球Oの半径を求めよ。

(2) 右の図のように，底面の半径が5cm，高さが12cmの円錐に，球Oが内接している。このとき，球Oの半径を求めよ。

■:■ イントロダクション ■:■

◆ 円柱・円錐・球の体積・表面積を正確に求める ➡ 公式を覚えよう
◆ 円錐系の体積を効率よく求める ➡ 求め方を理解する
◆ 座標平面上の回転体の体積を求める ➡ 座標から半径・高さを決める

はじめに，基本的な回転体の体積・表面積の求め方を確認しておきます。

例題 1

次の立体の体積と表面積を求めよ。

(1) 円柱　　　　(2) 円錐　　　　(3) 球

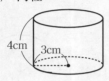　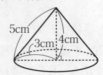　

(1) 円柱の体積は，底面積×高さ　なので，$9\pi \times 4 = 36\pi \text{ cm}^3$ **㊙**
　　表面積は，底面積×2＋側面積 で求められ，底面積は$9\pi \text{ cm}^2$です。
　　側面を開くと長方形になり，横は底面の円周に等しいので，$6\pi \text{ cm}$
　　よって，$9\pi \times 2 + 4 \times 6\pi = 42\pi \text{ cm}^2$ **㊙**

(2) 円錐の体積は，底面積×高さ×$\dfrac{1}{3}$ なので，

$$9\pi \times 4 \times \frac{1}{3} = 12\pi \text{ cm}^3 \quad ㊙$$

　　表面積は，底面積＋側面積で求められ，底面積は$9\pi \text{ cm}^2$です。
　　では，円錐の側面積はどうやれば求められますか？

> 展開図をかいて，側面を開いたおうぎ形の面積を求めます。

はい，そのようにやっても求まりますね。
もっと楽な求め方を紹介しましょう。
母線×底面の半径×π で求められるのです。
展開図をかかずに，すぐ求まるので，楽ですね。
よって，この円錐の側面積は，$5 \times 3 \times \pi = 15\pi \text{ cm}^2$

（円錐の側面積）

となり，表面積は，$9\pi + 15\pi = 24\pi\ \text{cm}^2$ 答

(3) 球の体積や表面積は，公式をしっかり覚えて，使えるようにしてください。公式にあてはめて，体積は，

$$\frac{4}{3}\pi \times 6^3$$
$$= 288\pi\ \text{cm}^3$$ 答

表面積は，
$$4\pi \times 6^2$$
$$= 144\pi\ \text{cm}^2$$ 答

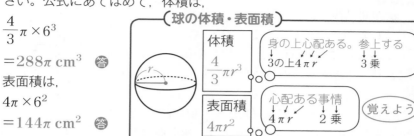

球の体積・表面積

体積	身の上心配ある。参上する
$\dfrac{4}{3}\pi r^3$	3の上 4 π r　　3乗

表面積	心配ある事情
$4\pi r^2$	4 π r　2乗

覚えよう

例題 2

次の問に答えよ。

(1) 右の△ABCを，直線BCを回転の軸として1回転させてできる立体の体積をそれぞれ求めよ。

① B 4cm H 4cm A 2cm C

② B 3cm C 2cm H 4cm A

(2) 右の図のような，1辺の長さが r cmの正方形ABCDがある。中心角が90°のおうぎ形ABDの $\overset{\frown}{\text{BD}}$ と正方形の2辺BC，CDとで囲まれた図形を，直線ABを軸として回転させてできる立体の体積を，r を用いた式で表しなさい。

A $r$cm D

r cm

B C

（宮城県）〈複合図形の回転体〉

---

(1)の①や②は，どうやって体積を求めたらいいでしょうか？

　①は上と下の円錐をたして，②は円錐から円錐をひきます。

そのようにやっても，もちろん求められますが，これも楽な求め方があります。

右にかいたとおり，軸と重なった部分を高さとして円錐の公式と同じ方法で求められるのです。覚えておいてください。

円錐系の体積の求め方

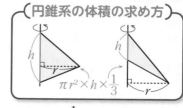

$$\pi r^2 \times h \times \frac{1}{3}$$

①は，$16\pi \times 6 \times \dfrac{1}{3} = 32\pi\ \text{cm}^3$ 答，②は，$16\pi \times 3 \times \dfrac{1}{3} = 16\pi\ \text{cm}^3$ 答

(2) 円柱－半球なので，$\pi r^2 \times r - \dfrac{4}{3}\pi r^3 \times \dfrac{1}{2} = \dfrac{1}{3}\pi r^3$（cm³）　㊜

類題 1

次の問に答えよ。

(1) 右の図の△ABCは，BA＝BC の二等辺三角形
である。この△ABCを，辺ACを軸として1回転
させてできる立体の体積を求めよ。　（鳥取県）

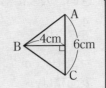

(2) 右の図のような直角三角形を，直線lを軸として
1回転させてできる立体について，次の問に答えよ。
① 体積を求めよ。
② 表面積を求めよ。　（法政大高）

例題 3

図のような，AC＝2cm，BC＝4cm，∠C＝90°
である直角三角形ABCを，直線ABを回転の軸とし
て1回転させてできる立体の体積を求めよ。

（広島大附高）〈長さを求めてから体積を求める〉

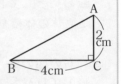

一見やさしそうですが，回転の軸がABとなっています。さて，体積を
求めるために必要な長さがあります。どこでしょうか？

> **CからABに垂線を下ろした長さです。半径となります。**

はい，それ以外にも，ABの長さが必要ですね。まず，ABの長さは三平
方の定理を使って$2\sqrt{5}$ cmと求まります。次に，
右の図のCHの長さを求めます。この図は，**典型的
な相似の図です！**

△ABC∽△ACH より，BC：CH＝AB：AC
　　　$4 : CH = 2\sqrt{5} : 2$

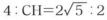

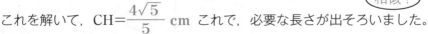

これを解いて，$CH = \dfrac{4\sqrt{5}}{5}$ cm これで，必要な長さが出そろいました。

体積は，$\left(\dfrac{4\sqrt{5}}{5}\right)^2 \times \pi \times 2\sqrt{5} \times \dfrac{1}{3} = \dfrac{32\sqrt{5}}{15}\pi$（cm³）　㊜

このように，三平方の定理や相似を利用して，長さを求めていきます。

類題 2

右の図の五角形ABCDEにおいて，AB＝BC＝AE＝4cm である。そのとき，五角形ABCDEを直線ABを軸として1回転させてできる立体の体積は $\boxed{}$ $\pi\,\mathrm{cm}^3$ である。 （国立高専）

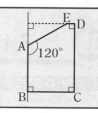

例題 4

2つの関数 $y=\dfrac{1}{4}x^2$ と $y=x+3$ のグラフが2点A，Bで交わり，点Aのx座標は正である。直線$y=x+3$のグラフとy軸との交点をCとして，次の問に答えよ。

(1) 2点A，Bの座標を求めよ。

(2) △AOCをy軸を軸として1回転してできる立体の体積を求めよ。

(3) △BOCをy軸を軸として1回転してできる立体の体積を求めよ。

〈座標平面上の回転体〉

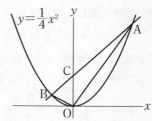

(1) $\begin{cases} y=\dfrac{1}{4}x^2 \\ y=x+3 \end{cases}$ を連立します。$\dfrac{1}{4}x^2=x+3$

整理して，$x^2-4x-12=0$

$(x-6)(x+2)=0$ より，$x=6,\ -2$

答 A$(6,\ 9)$，B$(-2,\ 1)$

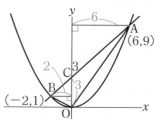

(2) 半径が6，OC＝3 より，$6^2\times\pi\times3\times\dfrac{1}{3}=36\pi$ **答**

(3) 半径が2，OC＝3 より，$2^2\times\pi\times3\times\dfrac{1}{3}=4\pi$ **答**

類題 3

2つの関数 $y=\dfrac{1}{2}x^2$ と $y=x+12$ のグラフが2点A，Bで交わり，点Aのx座標は正である。直線とy軸との交点をCとして，次の問に答えよ。

(1) △AOCをy軸を軸として1回転してできる立体の体積を求めよ。

(2) △BOCをy軸を軸として1回転してできる立体の体積を求めよ。

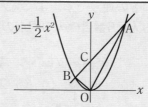

テーマ 39 ヒストグラム・箱ひげ図・標本調査

中1　中2　中3

■■ **イントロダクション** ■■

◆ ヒストグラム・度数分布表を読みとる
◆ データを比較する ⇒ 箱ひげ図を理解する
◆ 個数を正しく推定する ⇒ 標本調査の考え方を理解する

　小学校で学習した代表値の求め方から，おさらいましょう。代表値には，平均値，最頻値，中央値などがあります，例を使って確認します。

　次の表は，9人の生徒に行った10点満点の数学の小テストの結果です。

生 徒	A	B	C	D	E	F	G	H	I
得 点	9	4	10	5	5	4	9	8	9

　↓並べかえ　　データがバラバラなので，得点順に並べかえます。

生 徒	B	F	D	E	H	A	G	I	C
得 点	4	4	5	5	8	9	9	9	10

　平均値は全員の得点の合計を人数9でわって，7点と求まります。

　最頻値は，最も多くの人が取った得点です。9点の人が最も多いですね。よって，最頻値は9点となります。

　中央値は，得点順に並べたときのまん中の人の得点です。したがって，5番目の人はHさんなので8点です。

　もし人数が偶数だったら，中央値はどう求めるか覚えていますか？

> **確か，まん中の2人の平均だったと思います。**

　その通りです。よく覚えていましたね。たとえば，10人いたら，5番目の人と6番目の人の得点の平均が中央値となります。

奇数のとき	偶数のとき	10人なら ÷2 +1 → 5番と6番 の平均
○　○　●　○　○ 中央値	○　○　○　○　○　○ 平均が中央値	

代表値が理解できたところで，度数分布表，ヒストグラムを復習します。

ある学級で，10人の生徒の握力を測定しました。

左の表を度数分布表，右のグラフをヒストグラムといいます。

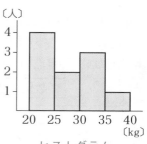

握力（kg）	度数	累積度数	相対度数
以上　　未満	（人）	（人）	
20 ～ 25	4	4	0.4
25 ～ 30	2	6	イ
30 ～ 35	3	ア	0.3
35 ～ 40	1	10	0.1
計	10		1.0

度 数 分 布 表

ヒストグラム

・各階級に入る資料の個数（この例では人数）を**度数**という。

・各階級について，最初の階級からその階級までの度数を合計したものを**累積度数**という。この例では，その階級までの人数の和です。

・各階級の度数の，全体に対する割合を，その階級の**相対度数**という。この例では，人数÷全体の人数（10人）です。

例題 1

上の例で，次の問に答えよ。　　　　　　　　〈度数分布表を読みとる〉

(1)　表の空欄ア，イにあてはまる数を求めよ。

(2)　25kg以上30kg未満の階級の累積相対度数を求めよ。

(1)　ア…この階級までの人数をたして，4＋2＋3＝**9**　㊜

　　イ…この階級の人数2を10でわって，**0.2**　㊜

(2)　最初の階級からこの階級までの相対度数を合計したものを，**累積相対度数**といいます。よって，0.4＋0.2＝**0.6**　㊜

類題 1

右の度数分布表は，あるクラス40人の通学時間を整理したものである。

(1)～(3)を求めよ。

(1)　40分以上50分未満の階級の相対度数

(2)　中央値が入る階級は，どの階級か。

(3)　20分以上30分未満の階級の累積度数と累積相対度数

通学時間〔分〕	度数〔人〕
0以上 ～10未満	4
10 ～20	6
20 ～30	8
30 ～40	10
40 ～50	8
50 ～60	4
計	40

いくつかのデータを比較するのに有効な，**箱ひげ図**について学ぼう。P230の小テストのデータを，箱ひげ図に表してみます。9人の得点は，4，4，5，5，8，9，9，9，10（点）でした。平均値は7点，中央値は8点，最小値は4点，最大値は10点となります。中央値は，**第2四分位数**といいます。**第1四分位数**はそれより下の4人の得点の中央値で，**第3四分位数**はそれより上の4人の得点の中央値です。

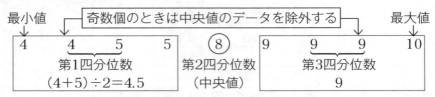

これを箱ひげ図に表すと，次のようになります。

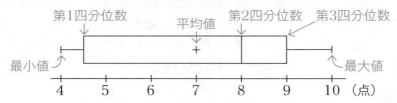

箱の幅には，どんな意味があるんですか？

　「約半数のデータがそこに入っている」ということがいえるのです。データがどのくらい集中しているのかが一目でわかるので，データどうしを比較しやすいわけです。そして箱の幅のことを**四分位範囲**といいます。

例題 2

　次のデータについて，最小値，四分位数，最大値をそれぞれ求めよ。
　3，4，4，6，7，8，10，11，11，12　　〈四分位数を求める〉

最小値	第1四分位数	第2四分位数	第3四分位数	最大値

データの個数が10なので，中央値は5番目と6番目の値の平均で7.5です。

類題 2

次のデータは，ある中学生の班の，通学時間を調べたものである。箱ひげ図を書きなさい。平均値も書き加えること。

3，5，8，10，10，11，12，12，15，17，19，22 （分）

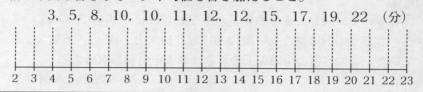

次に，ヒストグラムと箱ひげ図の関係について考えてみよう。

例題 3

ある中学3年生のグループで，10点満点のあるゲームを行った。そのヒストグラムから，正しい箱ひげ図をア～エの中から選びなさい。

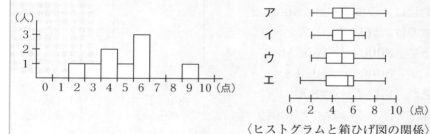

〈ヒストグラムと箱ひげ図の関係〉

まず，最小値は2点，最大値は9点ですね。そうなっていないイとエは除外できます。合計で9人なので中央値は小さい方から5番目の値で5点です。

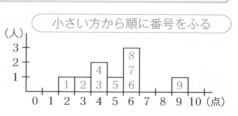

小さい方から順に番号をふる

第1四分位数は2番目と3番目の平均で3.5点，第3四分位数は7番目と8番目の平均で6点。したがって，正しい箱ひげ図は，**ウ** 答

類題 3

下のヒストグラムに対応する箱ひげ図を，ア～エからそれぞれ選べ。

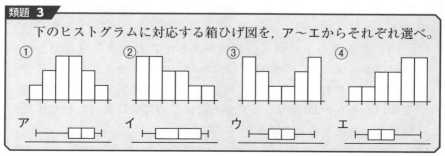

次に，**標本調査**について学習します。あまり慣れていないかも知れません が，考え方は簡単です。この内容は中3で学びます。

例題 4

容器の中に同じ大きさの赤玉と黒玉が合わせて8000個入っている。 この容器から160個の玉を無作為に取り出すと，赤玉が16個含まれ ていた。この容器の中の赤玉の個数はおよそ何個か求めよ。

〈取り出して調べる〉

もとの8000個全体を**母集団**といい，取り出して調べるものを**標本**とい います。

容器の中に赤玉が x 個あったとし ます。〔赤と黒の合計〕と〔赤玉の数〕 との比は，母集団では，$8000:x$， 標本では，$160:16$ と表せます。

よって，$8000:x=160:16$ 右辺を
16でわる
$8000:x=10:1$ ←

これを解いて，$x=800$

よって，赤玉は**およそ800個** 答

母集団
(8000個中
赤玉x個)

標本
(160個中
赤玉16個)

赤＋黒の合計個数：赤玉の個数を2通りに表すんですね。

はい，**母集団と標本**でそれぞれ比を表して，＝で結ぶわけです。

類題 4

次の問に答えよ。

(1) 同じ大きさの白玉と黒玉が合わせて10000個入っている箱があ る。この箱の中から，標本として300個の玉を無作為に取り出すと， 黒玉が75個含まれていた。この箱の中の黒玉の個数を推測すると およそ何個になるか。 (島根県・改)

(2) 同じ大きさの小豆が入った袋がある。この袋から取り出した 200粒の小豆に，印をつけて袋にもどし，よくかき混ぜた。そこ から小豆を無作為に取り出したところ，160粒あり，その中に印 をつけた小豆が10粒混じっていた。はじめに袋に入っていた小豆 はおよそ何粒と考えられるか，求めよ。 (山形県)

袋の中にコップ1杯分の米粒が入っている。この袋の中の米粒の数を推測するために，食紅で着色した赤い米粒300粒をこの袋の中に加え，よくかき混ぜた後，その中からひとつかみの米粒を取り出して調べたところ，米粒は336粒あり，そのうちの16粒が赤い米粒であった。この結果から，最初にこの袋の中に入っていたコップ1杯分の米粒の数は，およそ何粒と考えられるか。 　　　　　　(宮城県)

〈目印のあるものを加える〉

米粒の数を x 粒とします。これに赤い米粒を300粒加えたので，右の図のように，$x+300$ 粒になりました。

よって，全体と赤い米粒の比は，$(x+300):300$ です。図でとらえるとわかりやすいですね。

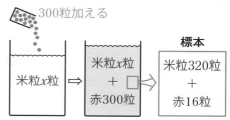

300粒加える

米粒x粒 ⇒ 米粒x粒 ＋ 赤300粒

標本

米粒320粒 ＋ 赤16粒

合計$x+300$粒　　合計336粒

ひとつかみの米粒の中の，全体と赤い米粒の比は，$336:16$ です。

よって，$(x+300):300=336:16$

これを解いて，$x=6000$ と求まります。　　**答** **およそ6000粒**

米粒：赤い米粒の比では解けませんか？

それでも解けます。$x:300=320:16$ となって，少し楽ですね。

次の問に答えよ。

(1)　箱の中に青玉だけがたくさん入っている。その箱の中に同じ大きさの赤玉100個を入れ，よくかき混ぜてから18個の玉を無作為に取り出したところ，赤玉が3個ふくまれていた。最初に箱の中にはいっていた青玉はおよそ何個と推測されるか求めよ。 　(宮崎県)

(2)　びんの中に同じ大きさの黒ゴマの粒がたくさん入っている。この中に，黒ゴマと同じ大きさの白ゴマを500粒入れてよくかき混ぜた。その中から300粒取り出したところ，白ゴマが125粒入っていた。びんの中に入っている黒ゴマはおよそ何粒と推定できるか求めよ。

(東海大附浦安高・改)

テーマ **40** 場合の数

イントロダクション

◆ 場合の数を正確に数え上げる ➡ 数え上げ方をマスターする
◆ 計算によって場合の数を求める ➡ 積の法則を正しく用いる
◆ 問題の条件にそって場合の数を求める

「場合の数」は「確率」を求める上で必要な考え方です。正確に場合の数が求められるようにしましょう。まず，意味から確認します。

> **場合の数**とは…あることがらがいくつかの起こり方をするとき，その起こり方の総数。「○○通り」と表す。

たとえば，1個のさいころを1回ふるとき，場合の数は6通りですね。

（例）　1, 2, 3の3枚のカードを使って3桁の整数をつくるときの，場合の数は何通りあるでしょうか。

次のようにして数え上げていきます。百の位，十の位，一の位を並べて，

$$
\begin{array}{ccc}
百 \quad 十 \quad 一 & 百 \quad 十 \quad 一 & 百 \quad 十 \quad 一 \\
1 \begin{cases} 2-3 \\ 3-2 \end{cases} & 2 \begin{cases} 1-3 \\ 3-1 \end{cases} & 3 \begin{cases} 1-2 \\ 2-1 \end{cases}
\end{array}
$$

よって，**6通り**です。

このような図を**樹形図**といいます。樹形図は，数え上げの基本です。ダブリやヌケなく数えることができます。

小さい数から順に書いて，枝分かれさせるんですね。

はい，そのとおりです。
別の例で練習しましょう。

（例）　100円硬貨と10円硬貨の2枚を投げるときの場合の数を求めよ。

右のような樹形図ができて，場合の数は4通りと求まります。

$$
\begin{array}{cc}
100円 & 10円 \\
表 \begin{cases} 表 \\ 裏 \end{cases} \\
裏 \begin{cases} 表 \\ 裏 \end{cases}
\end{array}
$$

どうですか？　樹形図の書き方はわかったでしょうか。

（例） 大小2つのさいころを同時に投げるとき，
目の和が8以上となる場合の数を求めよ。

　　さいころ2個を投げる問題は，**表を作る**と
簡単です。6×6＝36マスの表を作り，和が
8以上になるところに○印を書きます。

　　○の数を数えて，**15通り**と求まります。

		小				
大	1	2	3	4	5	6
1						
2						○
3					○	○
4				○	○	○
5			○	○	○	○
6		○	○	○	○	○

（例） A，B，C，Dの4枚のカードから2枚の
カードを選ぶときの場合の数を求めよ。

　　これは選ぶだけで，並べませんね。そういう場合は**書き出し**ます。

（A，B），（A，C），（A，D），（B，C），（B，D），（C，D）の**6通り**です。

　　選ぶだけのとき，（A，B）と書いたら（B，A）は同じなので書いては
いけません。

（場合の数の数え上げ方）

① 樹形図を書く	② 表を作る	③ 書き出す
• 数え上げの基本 • 並べるときなど	• さいころを2個 　投げるときなど	• 選ぶ（並べない） 　ときなど

例題 1

次の問に答えよ。

(1) 袋の中に白，黒，赤，青の4つの玉が入っている。この袋から2
　つの玉を1つずつ取り出し，取り出した順に左から並べるとき，並
　べ方は何通りあるか。

(2) テニスの試合で，A，B，C，D，Eの5チームがそれぞれ1回ず
　つ対戦するときの試合数を求めよ。　　　　　　　　　〈数え上げる〉

(1)　並べるので，樹形図で数えます。

　　よって，**12通り**　答

(2)　**2チームを選ぶ**ので，書き出します。

　　（A，B），（A，C），（A，D），（A，E），（B，C），（B，D），（B，E），
　　（C，D），（C，E），（D，E）の**10通り**　答

次の問に答えよ。

(1) A, B, C, Dの4人を一列に並べるとき, 最初にAがくる並び方は何通りあるか。

(2) 白, 黒, 赤, 青, 黄の5本の色鉛筆から3本を選ぶとき, その選び方は何通りあるか。

(3) 大小2つのさいころを同時に投げるとき, 目の和が5の倍数になる場合の数を求めよ。

(4) 1本50円の鉛筆と1冊120円のノートを合わせて360円以内で買うとき, 鉛筆とノートの買い方は何通りあるか。ただし, 鉛筆かノートのどちらか1つは必ず買うものとする。　　　　(法政大女子高)

例題 **2**

次の問に答えよ。

(1) A, B, C, Dの4人が一列に並ぶとき, 並び方は何通りあるか。

(2) 1, 2, 3, 4, 5 が書かれたカードがそれぞれ1枚ずつある。このカードのうち, 3枚を並べてできる3桁の整数は何通りできるか。

〈積の法則の利用〉

(1) 1番目を①, 2番目を②…として樹形図を書いて考えると, 右のようになります。

数が多くなると, 樹形図で解くのがたいへんになってきます。そこで, 別の考え方を用いた解き方を説明します。

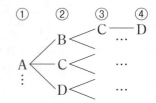

（積の法則）

ことがらAの起こり方が a 通りで, そのそれぞれについてことがらBの起こり方が b 通りであれば,

AかつBの起こり方は $a \times b$ 通り　これを積の法則という

右のように, マス目を作って, 人をあてはめてみます。①にくる人は4通りで, ②にはその人以外の3通りが入ります。

③には, 残りの2人が入れるので2通り,

④には, 最後の1人で1通り。

積の法則より, $4 \times 3 \times 2 \times 1 = 24$通り　答

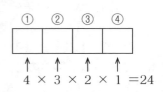

積の法則により，①に4通りの人が入り，かつ②に3通りの人が入り，かつ…… という場合の数が求められるのです。

並べる場合の数の求め方
並べる問題はマス目を作って積の法則

(2) これも百，十，一の位の数を入れるマス目を用意します。百の位に入る数は5通り。十の位に入る数は百の位に入った数以外の4通り，一の位は残っている3つのどれかで3通り。

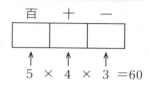

百　十　一

$5 \times 4 \times 3 = 60$

積の法則より，$5 \times 4 \times 3 = 60$通り　答

こんなに場合の数が多くなると，樹形図ではつらいですね。

1つずつ減る整数の積になるんですね。

はい，特別な条件がつかない限り，そうなります。

では，どんな特別な条件がつくと変わるのかを紹介します。

たとえば，0，1，2，3，4，の5枚のカードから3枚とって並べて，3桁の整数を作る場合を考えてみてください。

百の位には0が入ってはいけないですね。その条件が加わるわけです。

この場合，百の位は0以外の4通り，そして，十の位には百の位に入れた数字以外の4通りが入れます。そして一の位は残った3通り。

百　十　一

$4 \times 4 \times 3 = 48$

よって，$4 \times 4 \times 3 = 48$通りです。

式が変わりますね。

類題 2

次の問に答えよ。

(1) A町とB町の間にはバスと私鉄，B町とC町にはJR，バス，私鉄が動いている。A町からB町を通ってC町に行くとき，交通機関の選び方は何通りあるか。また，往復するときは何通りあるか。

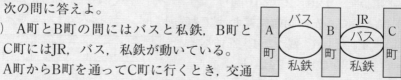

(2) A，B，C，D，Eの5人が一列に並ぶとき，並び方は何通りあるか。

(3) 0，1，2，3の4枚のカードを並べて，4桁の整数を作るとき，何通りの整数ができるか。

A，B，C，D，E，Fの6人がいて，A，B，Cの3人は男子，D，E，Fは女子である。この6人が一列に並ぶとき，次の問に答えよ。

(1) この6人の並び方は何通りあるか。

(2) AとBが隣り合う並び方は何通りあるか。

(3) AとBが両端にくる並び方は何通りあるか。

(4) 男子と女子が交互になる並び方は何通りあるか。

〈人を並べる問題〉

(1) 6人分の座席を，マス目で表してみます。一番左に入る人は6通り，左から2番目には一番左に入った人以外の5通り，…と考えるので，$6 \times 5 \times 4 \times 3 \times 2 \times 1 = 720$ 通りです。　答　**720通り**

$6 \times 5 \times 4 \times 3 \times 2 \times 1$

何も条件がないので，1つずつ減る整数の積となりました。

(2) これはどうしたらよいでしょうか。ちょっと難しく感じますね。どこで隣り合うのかがわかりません。ところが，それを一挙に解決するよい方法があります。それは，AとBを1つの輪の中に入れると考えるのです。

つまり，AとBを1人として扱って，合計5人を並べると考えれば，AとBは一緒に動くので，必ず隣り合うのです。

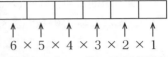

隣り合う2人を1人として考えるんですね。

すると，$5 \times 4 \times 3 \times 2 \times 1 = 120$通りとなります。しかし，最後に輪をはずすと，AとBがABと並ぶ場合と，BAと並ぶ場合の2通りあります。

よって，$120 \times 2 = $ **240通り**　答

（隣り合う問題）
隣り合う2人を1人と考える

(3) AとBに，先に両端にすわってもらいます。そして，残った4人を並べると，

$4 \times 3 \times 2 \times 1 = 24$通り

これをどうしますか？

A					B

$4 \times 3 \times 2 \times 1$

AとBが逆の場合もあるので，2倍して48通りです。

はい，正解です。　答　**48通り**

(4) 右のように，男子の席と女子の席を交互
に決めます。そして，まず男子のA，B，
Cがすわると，3×2×1＝6通り，次に女
子D，E，Fがすわると6通りです。積の法
則より，6×6＝36通り。

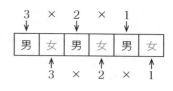

男子と女子の席が逆の場合もあるので，36×2＝**72通り** 答

第**1**章 数と式

第**2**章 関数

第**3**章 図形

第**4**章 データの活用

類題 3

男子3人と女子2人が1列に並ぶとき，並び方は全部で□通りあ
る。このうち，男女が交互になるような，並び方は全部で□通り
ある。

（桐蔭学園高）

例題 4

次の問に答えよ。

(1) A，B，Cの3人がじゃんけんを1回するとき，あいこになる場合
の数を求めよ。

(2) A，B，C，D，E，Fの6人を，手こぎボートに乗る2人とモーター
ボートに乗る4人に分ける方法は何通りあるか。〈1つを決めて考える〉

(1) 樹形図を全部書いてもできますが，
どこかを決めると楽に解けます。
たとえば，Aがグーを出したとします。
すると，あいこになるのは右の3通り。

Aがチョキやパーのときも3通りずつあるので，3×3＝**9通り** 答

(2) 手こぎボートに乗る2人を選びます。並べないで選ぶだけなので，書
き出します。(A, B), (A, C), (A, D), (A, E), (A, F), (B, C), (B, D),
(B, E), (B, F), (C, D), (C, E), (C, F), (D, E), (D, F), (E, F)
の15通りです。すると，残り4人は自動的にモーターボートに乗ります。
よって，**15通り** 答

類題 4

次の問に答えよ。

(1) A，B，Cの3人がじゃんけんを1回するとき，Aだけがちがうも
のを出す場合の数を求めよ。

(2) A，B，C，D，Eの5人を，3人組と2人組に分ける方法は全部で
□通りある。

（日本大習志野高）

テーマ
㊶ 確　率

中1　中2　中3

■■ イントロダクション ■■

◆ 確率の求め方の基本を知る ➡ 場合の数との関係を理解する
◆ さいころの問題を正確に解けるようにする ➡ マス目を活用する
◆ 条件にあった確率を求める ➡ 並べる，取り出す，文字にあてはめる

　確率に苦手意識を持った人は少なくありません。そういう人のほとんどは，場合の数との関係がよくわかっていないのです。

　簡単にいえば，「全ての場合の数」と「求める場合の数」という2種類の場合の数を求めて，確率にするだけです。場合の数の求め方に不安のある人は， テーマ㊵ でじっくり勉強してください。それが，確率が解けるようになる近道です。「急がばまわれ」ですね。

　では，本題に入ります。まず，確率の意味，求め方をおさらいします。

　確率とは，あることがらの起こりやすさを表す数で，分数で表します。

そして，求め方は，

$$確率 = \frac{Ⓑ求める場合の数}{Ⓐ全ての場合の数}$$

　です。

　たとえば，1個のさいころを投げて素数の目が出る確率は，
Ⓐ全ての場合の数は**6**通り，
Ⓑ素数の目が出る場合の数は，
　2，3，5の**3**通り
（1は素数ではありません）

　よって，確率は $\dfrac{3}{6} = \dfrac{1}{2}$ です。

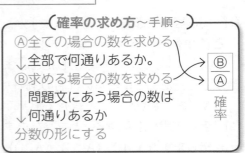

確率の求め方〜手順〜

Ⓐ全ての場合の数を求める
↓全部で何通りあるか。
Ⓑ求める場合の数を求める
↓問題文にあう場合の数は
　何通りあるか
分数の形にする

→ $\dfrac{Ⓑ}{Ⓐ}$ 確率

例題 1

　次の問に答えよ。

(1)　大小2つのさいころを同時に投げるとき，出る目の数の和が素数となる確率を求めよ。
　　　　　　　　　　　　　　　　　　　　　　　　　　　（富山県）

(2)　2つのさいころを同時に投げるとき，出る目の数の和が5の倍数である確率を求めよ。
　　　　　　　　　　　　　　　　　　　　　　　　　　　（大阪府）

(3)　大小2つのさいころの出た目の数の和が12の約数となる確率を求めよ。
　　　　　　　　　　　　　　　　　　　　　（豊島岡女子学園高）

〈さいころの基本問題〉

(1) 大きいさいころの目は6通り，小さいさいころの目も6通りなので，大小2つのさいころを投げるときの場合の数は，積の法則より36通りです。つまり，**2つのさいころを投げるとき，全ての場合の数は36通り**です。これで，分母が決まりました。

これから分子，つまり求める場合の数を調べます。

テーマ**40**でも扱ったとおり，さいころ2個を投げるときは，6×6＝36マスの表を作りましょう。出る目の数の和が素数つまり，2，3，5，7，11となるのは，右の表の○印で**15通り**あります。←分子 これで，分子も決まりました。

よって，求める確率は，$\dfrac{15}{36} = \dfrac{5}{12}$ です。　**答** $\dfrac{5}{12}$

(2) この問題は，2つのさいころに区別がありませんが，一方をAさいころ，もう一方をBさいころとして調べます。

2つのさいころを区別できることにするんですか？

はい，確率を求めるときは，区別できるものとして考えなければなりません。それがポイントです。

全ての場合の数は36通り　←分母

AさいころとBさいころの目の和が5か10となるのは，右の表の○印で7通り　←分子

よって，求める確率は，$\dfrac{7}{36}$ です。　**答** $\dfrac{7}{36}$

（ポイント）
区別して数える

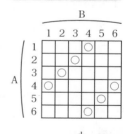

(3) 12の約数は，1，2，3，4，6，12ですが，2つのさいころの目の和なので2以上12以下です。よって，和が2，3，4，6，12となるところに○印をつけていきます。右の表より**12通り**です。

よって，求める確率は，$\dfrac{12}{36} = \dfrac{1}{3}$ です。　**答** $\dfrac{1}{3}$

さいころ2つを投げるときの，確率の求め方はわかりましたか？　確率の問題の中で特によく出るので，類題で練習しましょう。

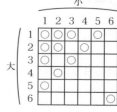

次の問に答えよ。

(1) 大小2つのさいころを同時に投げるとき，出る目の数の和が8に
なる確率を求めよ。 (山梨県)

(2) 大小2つのさいころを同時に投げるとき，出る目の数の積が6に
なる確率を求めよ。 (広島県)

(3) A，B2つのさいころを同時に投げるとき，2つの目の数の積が
15以上になる確率を求めよ。 (香川県)

(4) 2つのさいころを同時に投げるとき，目の数の差が3になる確率
を求めよ。 (近畿大附高)

例題 **2**

1，2，3，4，5，6の数字が書かれたカードがそれぞれ1枚ずつある。
この6枚のカードから1枚ずつ2回続けてひき，ひいた順に左から並
べて2桁の整数をつくるとき，次の確率を求めよ。

(1) 奇数になる確率 (2) 4の倍数になる確率

(3) 45以上になる確率 〈並べる問題〉

2桁の整数が何通りできるか調べます。十の位には6通
り，一の位には十の位に入った数以外の5通り入るので，
積の法則より，6×5＝**30通り** です。これが分母です。

(1) 奇数になるのは，一の位に奇数が入るときです。
初めに一の位の数を調べます。そして，十の位には，
一の位に入った数以外の5通りで，3×5＝**15通り**
つまり，右のマス目で，①→②の順に求めます。

問題文では十の位が先なのに，一の位から調べるんです
か？

はい，制約があるほうを先に調べます。

よって，求める確率は，$\dfrac{15}{30}=\dfrac{1}{2}$ 答

(2) 4の倍数となるのは，12，16，24，32，
36，52，56，64の**8通り**です。

よって，求める確率は，$\dfrac{8}{30}=\dfrac{4}{15}$ 答

（ポイント）
条件の制約がある
ほうから調べる

(3) 45以上となるのは，45，46，51，52，53，54，56，61，62，63，64，65の12通りです。

　　よって，求める確率は，$\dfrac{12}{30}=\dfrac{2}{5}$　㊂

　　1から5までの整数を1つずつ書いた5枚のカードがある。この5枚のカードをよくきってから1枚ずつ2回続けて引き，引いた順に左から並べて2桁の整数をつくる。このとき，次の問に答えよ。
(1)　この整数が偶数となる確率を求めよ。　（和洋国府台女子高・改）
(2)　この整数が3の倍数となる確率を求めよ。
(3)　この整数が43以上となる確率を求めよ。　　　　　　（石川県）

　　次の問に答えよ。
(1)　右の図のような，1，2，3，4，5の数字が1つ ずつ書かれた同じ大きさの5枚のカードがある。

　　この5枚のカードをよくきって，2枚のカードを同時に取り出すとき，取り出した2枚のカードに書かれてある数の積が偶数となる確率を求めよ。　　　　　　　　　　　　　（岡山県）
(2)　袋の中に赤玉が4個，白玉が2個入っている。この袋から同時に2個の玉を取り出すとき，玉の色が同じになる確率を求めよ。

　　　　　　　（東京学芸大附高）〈取り出す問題〉

　取り出すだけで並べない問題は，書き出して数えてみましょう。

(1)　5枚から2枚の取り出し方は，(1, 2)，(1, 3)，(1, 4)，(1, 5)，(2, 3)，(2, 4)，(2, 5)，(3, 4)，(3, 5)，(4, 5)の10通りです。

　　この中で，積が偶数となるのは，赤文字の7通りです。よって，$\dfrac{7}{10}$　㊂

(2)　赤玉どうし，白玉どうしは区別がつきませんが，確率を 求めるときは区別します。右の図のように番号をつけます。
(1, 2)，(1, 3)，(1, 4)，(1, 5)，(1, 6)，(2, 3)，(2, 4)，(2, 5)，(2, 6)，(3, 4)，(3, 5)，(3, 6)，(4, 5)，(4, 6)，(5, 6)
の15通り。

　　色が同じなのは，赤文字の7通りです。よって，$\dfrac{7}{15}$　㊂

　カードにしても玉にしても，**取り出す問題は書き出して数えます。**

次の問に答えよ。

(1) $\boxed{1}$, $\boxed{2}$, $\boxed{3}$, $\boxed{4}$, $\boxed{5}$ の5枚のカードがある。この中から1枚ずつ2回続けてカードを引くとき，カードに書かれた数の和が偶数となる確率を求めよ。 　　　　　　　　　　　　　（東京電機大高）

(2) 赤玉3個，白玉4個がはいっている袋から，同時に2個の玉を取り出すとき，2個とも同じ色の玉である確率を求めよ。 　　　（徳島県）

では，もう少しレベルの高い問題をやってみましょう。じっくり条件を読めば解けるので，がんばってください。

次の問に答えよ。

(1) 大小1つずつのさいころを同時に1回投げる。大きいさいころの出た目の数をa，小さいさいころの出た目の数をbとするとき，$\dfrac{1}{3} \leqq \dfrac{a}{b} < 2$ となる確率を求めよ。 　　（都立併設型中高一貫教育校）

(2) 1つのさいころを2回投げて，1回目に出た目の数をa，2回目に出た目の数をbとする。$\dfrac{3a+b}{5}$が整数となる確率を求めよ。（桐朋高）

〈文字に代入して求める問題〉

(1) 一方の文字を固定して考えていきます。

$b=1$ のとき，式を満たす a の値は，$a=1$ だけです。

$b=2$ のとき，$\dfrac{1}{3} \leqq \dfrac{a}{2} < 2$ より，$a=1$, 2, 3

$b=3$ のとき，$\dfrac{1}{3} \leqq \dfrac{a}{3} < 2$ で，$a=1$, 2, 3, 4, 5

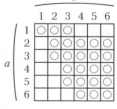

このように考えていき，右上の $6 \times 6 = 36$ マスの表が完成します。

$b=4$ 以降は，自分で確かめてみてください。

○印は24個で，$\dfrac{24}{36} = \dfrac{2}{3}$ **答**

一方の文字の値を固定して，もう一方を調べるんですね。

はい，そのとおりです。2つの文字を同時に求めようとしないのです。

(2)　これも同じように，一方の文字の値を
固定して考えます。

$a=1$ のとき，$\dfrac{3+b}{5}$ が整数より，$b=2$

$a=2$ のとき，$\dfrac{6+b}{5}$ が整数より，$b=4$

　　⋮　　やってみてください。　　⋮

〇印は7通りで，$\dfrac{7}{36}$　答

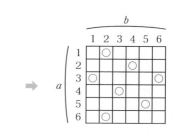

類題 4

　大小1つずつのさいころを同時に1回投げる。大きいさいころの目の数をa，小さいさいころの目の数をbとするとき，$\dfrac{a+3}{b}$ の値が整数となる確率を求めよ。　　　　　　　（都立進学指導重点校）

例題 5

　正六角形ABCDEFがあって，いま駒が頂点Aにある。大小2つのさいころを同時に投げ，出た目の数の和だけ，駒が反時計まわりに頂点を移動する。移動したあと，駒が頂点Dにくる確率を求めよ。

　〈点が動く問題〉

　一見難しそうですが，点Dに行くには何個の頂点を移動するか考えれば簡単になります。

　Aから3個か9個移動すればDにきますね。ということは，さいころの目の和が3か9の確率です。

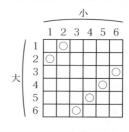

　〇印のところで，6通りなので，$\dfrac{6}{36}=\dfrac{1}{6}$　答

類題 5

　正五角形ABCDEの頂点Aに2点P，Qがある。さいころ2つを同時に1回投げて，出た目の数の和だけ，点Pは左回りに，点Qは右回りに頂点を1つずつ順に動く。点Pが頂点Cに止まる確率は□，点Qが頂点Cに止まる確率は□なので，点□のほうが頂点Cに止まりやすい。　　　　　　　　（高知県・改）

類題の

解答・解説

テーマ 1 分配・過不足・集金に関する文章題

類題 1　妹の持っていたおはじきを x 個とする。姉は $2x$ 個持っていた。

姉が妹に10個あげた後は，姉が $2x-10$（個），妹が $x+10$（個）となる。

$$2x-10=(x+10)+4$$

これを解いて，$x=24$

答　姉は48個，妹は24個

類題 2　ケーキを x 個買ったとする。シュークリームは $14-x$（個）買ったから，代金の合計について，

$$200x+130(14-x)=2380$$

これを解いて，$x=8$

シュークリームは $14-8=6$（個）

答　ケーキ8個，シュークリーム6個

類題 3　子どもの人数を x 人とする。

←数が少ないほうを x とする

お菓子の個数は，$3x+8$（個），$5x-4$（個）と表せる。

これが等しいから，$3x+8=5x-4$

これを解いて，$x=6$

お菓子の数は，$3\times6+8=26$（個）

答　子ども6人，お菓子26個

類題 4　長いすの数を x 脚とする。

←数が少ないほうを x とする

団体の人数は，$6x+13$（人），$8x-7$（人）と表せる。

これが等しいから，$6x+13=8x-7$

これを解いて，$x=10$

団体の人数は，$6\times10+13=73$（人）

答　団体の人数73人，長いすの数10脚

類題 5　クラスの人数を x 人とする。

花束の値段は，$60x-100$（円），$50x+250$（円）←＋，－に注意

$$60x-100=50x+250$$

これを解いて，$x=35$

花束の値段は，

$$60\times35-100=2000（円）$$

答　2000円

テーマ 2 図形に関する文章題

類題 1　（ア）縦の長さは10cmになる。できる長方形の周の長さが38cmより，縦と横の和は19cm。よって，横の長さは9cm 答

（イ）縦の長さは $7+x$（cm）で，縦と横の和が19cmより，横の長さは，

$$19-(7+x)=12-x（cm）答$$

（ウ）縦の長さを x cmのばしたとする。

（イ）より横は $12-x$（cm）だから，

$$(7+x)(12-x)=60$$

整理して，$x^2-5x-24=0$

$(x-8)(x+3)=0$ より，$x=8$，-3

$x>0$ より，$x=8$

このとき横は4cmで適する。

答　8cm

類題 2　縦の長さを x mとすると，横の長さは $2x$（m）

道を端に寄せて考えて，

$$(x-2)(2x-2)=84$$

整理して，$x^2-3x-40=0$

$(x-8)(x+5)=0$ より，$x=8$，-5

$x>2$ より，$x=8$

答　8m

類題 3　道の幅を x mとする。

道を端に寄せて考えて，

$$(12-x)(16-2x)=90$$

整理して，$x^2-20x+51=0$

$(x-3)(x-17)=0$ より，$x=3$，17

$0<x<8$より，$x=3$

答　3m

類題 4

ア　底面の長方形は縦2cm，横5cmなので，$2\times5\times4=40$（cm^3）答

イ　底面の長方形は縦 $x-8$（cm），
横 $x-5$（cm）なので，
$4\,(x-8)\,(x-5)=280$　答

ウ　イでできた方程式を4でわって，
整理すると，
$$x^2-13x-30=0$$
$$(x-15)(x+2)=0\ \text{より，}$$
$$x=15,\ -2$$
$$x>8\ \text{より，}\ x=15$$

答　15cm

類題 5　正方形の1辺をx cmとする。
底面積について，
$$(32-2x)(46-2x)=480$$
整理して，$x^2-39x+248=0$
$(x-8)(x-31)=0$　より，$x=8$，31
$0<x<16$　より，$x=8$

答　8cm

テーマ

③ 速さに関する文章題

類題 1　Bさんが出発してx分後に
Aさんに追いつくとする。

Bさんの進む道のりは，$240x$（m）

Aさんは $12+x$（分）歩いているから，
進む道のりは $60\,(12+x)$（m）

AさんとBさんの進む道のりが等し
いので，
$$240x=60\,(12+x)$$
これを解いて，$x=4$

Bさんが進んだ道のり$240x$に$x=4$
を代入して，$240\times4=960$（m）

答　4分後，家から960mの地点

類題 2　道のりについて，
$$\boxed{x+y}=3000\ \ \cdots\cdots①$$

地点Aから地点Cまでに$\dfrac{x}{120}$（分），

地点Cから地点Bまでに$\dfrac{y}{210}$（分）かか

るので，

$$\boxed{\dfrac{x}{120}+\dfrac{y}{210}}=16\ \ \cdots\cdots②$$

②×840より，
$$7x+4y=13440\ \ \cdots\cdots②'$$
①と②'を連立して解くと，
$$x=\boxed{480},\ y=\boxed{2520}$$
よって，地点Aから地点Cまで $\boxed{480}$
m，地点Cから地点Bまで $\boxed{2520}$ m

類題 3　列車の秒速をx m，長さを
y mとする。
$$\begin{cases}210+y=20x &\leftarrow\text{鉄橋を渡るとき}\\690-y=30x &\leftarrow\text{トンネルにかくれて}\\ &\quad\text{いるとき}\end{cases}$$
これを解いて，$x=18$，$y=150$

答　秒速18m，長さ150m

類題 4　AよりBのほうが速いこと
がわかる。
$$\begin{cases}10x+10y=1800 &\leftarrow\text{反対の向きに歩}\\ &\quad\text{いて出会うとき}\\50y-50x=1800 &\leftarrow\text{同じ向きに歩い}\\ &\quad\text{て追いぬくとき}\end{cases}$$
これを解いて，$x=72$，$y=108$　答

類題 5　兄の速さを分速x m，弟の
速さを分速y mとする。

この問題では，反対方向に向かって
いる2人の道のりの和が一周となる。
同時に出発するとき，兄も弟も30分
移動しているので，
$$30x+30y=6000\ \ \cdots\cdots①$$
兄が40分遅れて出発するとき，兄
は分速x mで20分進むから，$20x$（m），
弟は $40+20=60$（分）歩くので，$60y$（m）
進むことになる。
$$20x+60y=6000\ \ \cdots\cdots②$$
①，②を連立して解くと，
$x=150$，$y=50$

答　兄は分速150m，弟は分速50m

④ 整数に関する文章題

類題 1

(1) ある整数をxとする。
$$3(x-2)=2x+1$$
これを解いて，$x=7$ 　**答** 　7

(2) 最小の数をxとする。
$$x+2=x+(x+1)-10$$
これを解いて，$x=11$
答 　11，12，13

類題 2

(1) 十の位の数をx，
一の位の数をyとする。
$$\begin{cases} x+y=12 \\ 10y+x=10x+y-18 \end{cases}$$
これを解いて，$x=7$，$y=5$
答 　75

(2) 十の位の数をx，一の位の数をyとする。
$$\begin{cases} 10x+y=4(x+y) \\ 10y+x=2(10x+y)-9 \end{cases}$$
これを解いて，$x=3$，$y=6$
答 　36

類題 3

(1) 小さいほうの自然数をxとする。
$$x^2+(x+1)^2=113$$
整理して，$x^2+x-56=0$
$(x+8)(x-7)=0$ より，$x=-8$，7
$x>0$より，$x=7$
答 　7

(2) 最小の自然数をxとする。
$$x^2+(x+1)^2+(x+2)^2+(x+3)^2=366$$
整理して，$x^2+3x-88=0$
$(x+11)(x-8)=0$ より，$x=-11$，8
$x>0$より，$x=8$
答 　8

類題 4

(1) $a=7b+c$
これをbについて解く。

$7b=a-c$より，$b=\dfrac{a-c}{7}$ 　**答**

(2) nを5でわった商をaとすると，
$n=5a+3$
$$\begin{aligned} n^2 &= (5a+3)^2 \\ &= 25a^2+30a+9 \\ &= 25a^2+30a+5+4 \end{aligned}$$
$\underleftarrow{}$ 5の倍数
$$= 5(5a^2+6a+1)+4$$
答 　4

⑤ 食塩水に関する文章題

類題 1

(1) $100\times\dfrac{a}{100}+200\times\dfrac{11}{100}=300\times\dfrac{10}{100}$
これを解いて，$a=8$ 　**答**

(2) $\begin{cases} x+y=50 \leftarrow 食塩水について \\ x\times\dfrac{8}{100}+y\times\dfrac{3}{100}=50\times\dfrac{5}{100} \end{cases}$
$\uparrow$ 食塩について
これを解いて，$x=20$，$y=30$ 　**答**

(3) 5%の食塩水をxg加えるとする。
$$100\times\dfrac{2}{100}+x\times\dfrac{5}{100}$$
$$=(100+x)\times\dfrac{4}{100}$$
これを解いて，$x=200$
答 　200g

類題 2

(1) 水をxg加えるとする。
$$200\times\dfrac{12}{100}=(200+x)\times\dfrac{10}{100}$$
これを解いて，$x=40$
答 　40g

(2) 18%の食塩水xgに，水をyg加えるとする。

$$\begin{cases} x+y=360 \leftarrow \text{食塩水，水について} \\ x\times\dfrac{18}{100}=360\times\dfrac{10}{100} \leftarrow \text{食塩について} \end{cases}$$

これを解いて，$x=200$，$y=160$

(答) 18%の食塩水200gに，
水160gを加える。

類題 3 食塩を x g加えるとする。

$$300\times\dfrac{4}{100}+x=(300+x)\times\dfrac{10}{100}$$

両辺を100倍して，
$$1200+100x=10(300+x)$$
これを解いて，$x=20$

(答) **20g**

類題 4 8%の食塩水を x g，9%の
食塩水を y g加えるとする。

$$\begin{cases} 120+x+y=300 \leftarrow \text{食塩水について} \\ 120\times\dfrac{5}{100}+x\times\dfrac{8}{100}+y\times\dfrac{9}{100} \\ =300\times\dfrac{7}{100} \leftarrow \text{食塩について} \end{cases}$$

それぞれの式を整理して，
$$\begin{cases} x+y=180 \\ 8x+9y=1500 \end{cases}$$
$x=120$，$y=60$となる。

(答) 8%の食塩水120g，
9%の食塩水60g

**テーマ 6 原価・定価・利益に
関する文章題**

類題 1 定価を x 円とする。

$$x\left(1-\dfrac{8}{100}\right)=x-300$$

これを解いて，$x=3750$

(答) **3750円**

類題 2

(1) 原価を x 円とする。

$$\left\{x\left(1+\dfrac{3}{10}\right)-500\right\}-x=700$$

これを解いて，$x=4000$

(答) **4000円**

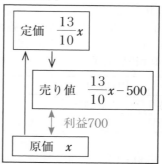

(2) 定価を x 円とする。

$$x\left(1-\dfrac{20}{100}\right)-1000=1000\times\dfrac{12}{100}$$

これを解いて，$x=1400$

(答) **1400円**

類題 3

(1) $$1000\left(1+\dfrac{x}{10}\right)\left(1-\dfrac{x}{10}\right)=1000-90$$
$$1000\left(1-\dfrac{x^2}{100}\right)=910$$

カッコをはずして整理すると，
$x^2=9$ より，$x=\pm3$
$x>0$ より，$x=3$

(答) $x=3$

(2) $$10000\left(1+\dfrac{2x}{10}\right)\left(1-\dfrac{x}{10}\right)-10000$$
$$=1200$$

カッコをはずして整理すると，
$$x^2-5x+6=0$$
$(x-2)(x-3)=0$ より，$x=2$，3
$0<x<10$ より，どちらも適する。

(答) $x=2$，3

類題 4 (1) x 円値下げしたとする。
↑ポイント

売れる個数は $200+8x$（個）だか
ら，売上金額について，
$$(50-x)(200+8x)=11200$$
カッコをはずして整理すると，
$$x^2-25x+150=0$$

$(x-10)(x-15)=0$ より，

$x=10$，15

$0<x<50$ より，どちらも適する。

🖙 **10円または15円値下げする**

(2) $15x$ 円値上げするとする。←ポイント

入場料 （円）	$300+15x$
入場者数（人）	$1500-50x$
入場料合計	$(300+15x)(1500-50x)$

↑表を作る

$(300+15x)(1500-50x)=462000$

展開して整理すると，

$-750x^2+7500x-12000=0$

両辺を -750 でわって，

$x^2-10x+16=0$

$(x-2)(x-8)=0$ より，$x=2$，8

$x=2$ のとき，30円の値上げで適する。

$x=8$ のとき，120円の値上げで，問題の条件に反する。

よって，30円値上げするから，新しい入場料は330円。

🖙 **330円**

テーマ ⑦ 増減に関する文章題

類題 1 先月の男子を x 人，女子を y 人とする。

表を作ると，次のようになる。

	男子	女子	合計
先月	x 人	y 人	660人
今月	$+5\%$ / $1.05x$人	-10% / $0.9y$人	

$\begin{cases} x+y=660 \\ 0.9y=1.05x+9 \end{cases}$

これを解いて，$x=300$，$y=360$

今月の男子は，$1.05\times300=315$（人）

今月の女子は，$0.9\times360=324$（人）

🖙 **男子315人，女子324人**

類題 2 (1) 昨年の男子を x 人，女子を y 人とする。

	男子	女子	合計
昨年	x人	y人	1000人
今年	-6% / $0.94x$人	$+10\%$ / $1.1y$人	$+4$人 / 1004人

昨年についての式と，増加分についての式を立てる。

$\begin{cases} x+y=1000 \\ -0.06x+0.1y=4 \end{cases}$

これを解いて，$x=600$，$y=400$

今年の男子は，$0.94\times600=564$（人）

今年の女子は，$1.1\times400=440$（人）

🖙 **男子564人，女子440人**

(2) 昨年の男子を x 人，女子を y 人とする。

	男子	女子	合計
昨年	x 人	y 人	700人
今年	-2% / $0.98x$人	$+6\%$ / $1.06y$人	$+2\%$ / 714人

700×1.02

全体として2%増えたので，

増えた人数は，$700\times0.02=14$（人）

したがって，

$\begin{cases} x+y=700 \\ -0.02x+0.06y=14 \end{cases}$

これを解いて，$x=350$，$y=350$

今年の男子は，$0.98\times350=343$（人）

今年の女子は，$1.06\times350=371$（人）

🖙 **男子343人，女子371人**

テーマ ⑧ 動点に関する文章題

類題 1

(1) x 秒後とする。AP＝BQ となればよい。

AP＝$2x$，BQ＝$12-3x$ より，

$2x=12-3x$

これを解いて，$x = \dfrac{12}{5}$

答 $\dfrac{12}{5}$ 秒後

(2) 台形の上底 $AP = 2x$，
下底 $BQ = 12 - 3x$ より，
台形ABQP

$\quad = \{2x + (12 - 3x)\} \times 12 \times \dfrac{1}{2}$

$\quad = -6x + 72 \ (cm^2)$ 答

(3) x 秒後とする。(2)の結果を利用して，$-6x + 72 = 60$
これを解いて，$x = 2$

答 2秒後

類題 2

(1) 4秒後は，直線 l が点Dを通るとき。
アの面積は△ADPなので，
$6cm^2$ 答

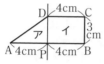

(2) l が点Dより右にあり，台形の面積は $18cm^2$ なので，**イの面積が $9cm^2$ となればよい。**←ヒント参照
アとイの面積が等しくなるのを x 秒後とする。
$PB = 8 - x \ (cm)$ なので，
$3(8 - x) = 9$
これを解いて，$x = 5$ 答 5秒後

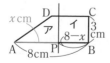

類題 3 それぞれの図をかいて考える。

(1)① $AP = x \ cm$ で，これを底辺としたとき，高さ $BC = 6cm$
$y = x \times 6 \times \dfrac{1}{2}$ より，

$y = 3x \quad (0 \leqq x \leqq 4)$ 答

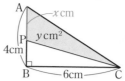

② △APCの底辺をPCと考えれば，
$PC = 10 - x \ (cm)$，高さ $AB = 4cm$
$y = (10 - x) \times 4 \times \dfrac{1}{2}$ より，

$y = -2x + 20 \quad (4 \leqq x \leqq 10)$ 答

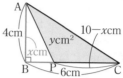

(2) $y = 3x$ に $x = 4$ を代入すると，
$y = 12$ より，①のグラフは，原点と点 $(4, 12)$ を結ぶ線分となる。
次に②のグラフを考える。
$y = -2x + 20$ に
$x = 4$ を代入して，$y = 12$
$x = 10$ を代入して，$y = 0$ となる。
よって，②のグラフは，2点
$(4, 12)$，$(10, 0)$ を結ぶ線分となる。
このグラフをつなぐと，次のようなグラフができる。

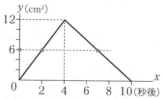

(3) (2)のグラフと，赤い点線との交点を求める。$y = 3x$ と $y = -2x + 20$ にそれぞれ $y = 6$ を代入すると，$x = 2$ と $x = 7$ が求まる。

答 2秒後と7秒後

ア　25秒後の図は，次の
とおり。

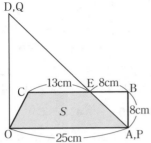

　　PはAに，QはDに重なる。
　　PQとBCの交点をEとすれば，
　　∠OPQ＝45° より，
　　∠BPE＝45° となるので，△BPEは
直角二等辺三角形である。
　　よって，BE＝BP＝8cm
$$S = (13+25) \times 8 \times \frac{1}{2}$$
$$= 152 \, (\text{cm}^2) \quad 答$$
イ　$x=12$ のとき，CからOAに
垂線CHを下せば，CH＝PH＝8cm
より，PQはCを通る。

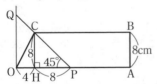

　　したがって，$12 \leqq x \leqq 25$ のとき，
PQはBCと交わる。PQとBCの交点
をEとすれば，PA＝$25-x$ より，
　　四角形PABE
$$= 8 \times 8 \times \frac{1}{2} + 8 \times (25-x)$$
$$= 232 - 8x$$
　　四角形OABC＝184 (cm^2) だから，
$$S = 184 - (232 - 8x)$$
$$= 8x - 48 \, (\text{cm}^2) \quad 答$$

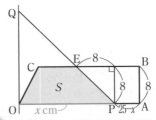

9 方程式の解と係数

(1)　$x=3$ を代入して，$9-a=3a+1$
　　より，$a=2$ 答
(2)　方程式を整理してから，代入する。
　　両辺に20をかけて，
　　$4x - 5(ax - 4) = 80$
　　整理して，$4x - 5ax = 60$
　　これに $x=-10$ を代入
　　$-40 + 50a = 60$ より，$a=2$ 答

　(1)　$x=4$，$y=5$ をそれぞ
れの式に代入して，
$$\begin{cases} 4a + 5b = 7 \\ 5a + 4b = 2 \end{cases}$$
　　これを解いて，$a=-2$，$b=3$ 答
(2)　$x=2$，$y=3$ を代入して，
$$\begin{cases} 2a - 3 = b \\ 2b + 6a = 14 \end{cases}$$
　　整理して，
$$\begin{cases} 2a - b = 3 \\ 6a + 2b = 14 \end{cases}$$
　　これを解いて，$a=2$，$b=1$ 答
(3)　$x=2$，$y=-3$ を代入して，
$$\begin{cases} 4 - 3a = 2b \\ 2b - 2 = -2a \end{cases}$$
　　整理して，
$$\begin{cases} 3a + 2b = 4 \\ 2a + 2b = 2 \end{cases}$$
　　これを解いて，$a=2$，$b=-1$ 答

(1)　x，yだけでできた式を組み合わせ
　　る。

$$\begin{cases} 2x - y = 2 \\ 5x + 10y = -2 \end{cases}$$

これを解いて，

$$x = \frac{18}{25}, \quad y = -\frac{14}{25} \quad \leftarrow \text{少し複雑！}$$

これを $x + 2y = a$ に代入して，

$$\frac{18}{25} - \frac{28}{25} = a$$

計算して，$a = -\dfrac{2}{5}$ 　㊪

(2) $\begin{cases} 2x + y = 1 \\ 3x - y = 5 \end{cases}$ を解く。

$x = \dfrac{6}{5}, \quad y = -\dfrac{7}{5}$ と求まる。

これが求める解と同じである。

このまま，残りの式に代入しても求められるが，整理してから代入してみる。

4倍して，$x - 2y = 12a$

これに代入して，$\dfrac{6}{5} + \dfrac{14}{5} = 12a$

これを計算して，$a = \dfrac{1}{3}$

㊪ $a = \dfrac{1}{3}$

連立方程式の解　$x = \dfrac{6}{5}, \quad y = -\dfrac{7}{5}$

類題 4

(1) x, y だけでできた式を組み合わせる。

$$\begin{cases} 3x - 4y = 23 \\ 5x + 3y = 19 \end{cases}$$

これを解いて，$x = 5$, $y = -2$

これを残りの式に代入して，

$$\begin{cases} 5a + 2b = -11 \\ -2a + 5b = 16 \end{cases}$$

これを解いて，$a = -3$, $b = 2$ 　㊪

(2) $\begin{cases} 5x + 2y = 1 \\ 2x - 3y = -30 \end{cases}$

これを解いて，$x = -3$, $y = 8$

これを残りの式に代入して，

$$\begin{cases} -3a + 32 = 11 \\ -9 + 8b = -25 \end{cases}$$

これを解いて，$a = 7$, $b = -2$ 　㊪

類題 5

(1) $x = 3$ を代入して，

　$9 - 3 + a = 0$ より，$a = -6$ 　㊪

(2) $x = 1$ を代入して，

　$1 + k + 2k^2 - 7 = 0$

　整理して，

　$2k^2 + k - 6 = 0$ $\leftarrow$解の公式で解く

　$k = \dfrac{-1 \pm \sqrt{1 + 48}}{4}$ より，$k = \dfrac{-1 \pm 7}{4}$

　$k = \dfrac{3}{2}, \quad -2$

　$k > 0$ の条件より，$k = \dfrac{3}{2}$ 　㊪

(3) $x = 1$ を代入して，

　$(1 - a)^2 - 4(1 - a) + 4 = 0$

　これを解いて，$a = -1$ 　㊪

(4) $x = 1 + \sqrt{2}$ を代入して，

　$(1 + \sqrt{2})^2 - 2(1 + \sqrt{2}) + a = 0$

　$1 + 2\sqrt{2} + 2 - 2 - 2\sqrt{2} + a = 0$ より，

　$a = -1$ 　㊪

　もとの方程式は，$x^2 - 2x - 1 = 0$

　これを解くと，$x = 1 \pm \sqrt{2}$

　㊪ 他の解は $1 - \sqrt{2}$

(5) $x = 4$ を代入して，

　$(4 + 1) \times (4 - 2) = a$ より，$a = 10$

　① 　$a = 10$ 　㊪

　② 　$(x + 1)(x - 2) = 10$

　を展開して整理すると，$x^2 - x - 12 = 0$

　$(x - 4)(x + 3) = 0$ より，$x = 4$, -3

　㊪ 他の解は -3

類題 6　①の方程式を解く。

　$(x - 5)(x + 3) = 0$ より，$x = 5$, -3

　$x = 5$ が②の解のとき，

$25 + 20 + a = 0$ より，$a = -45$

　これは，a が正の定数である条件を満たさない。

$x = -3$ が②の解のとき，

$9 - 12 + a = 0$ より，$a = 3$

これは適している。

$a = 3$ であることがわかったので，もとの2次方程式②に $a = 3$ を代入すると，

$x^2 + 4x + 3 = 0$ となる。

$(x+1)(x+3) = 0$ より，$x = -1$，-3

したがって，もう1つの解は，

$x = -1$ である。

答 $a = \boxed{3}$，$x = \boxed{-1}$

類題 7 $x^2 + ax + 8 = 0$ の左辺が因数分解されるケースを考える。

定数項の8に着目すると，

$(x+1)(x+8) = 0$ ……①

$(x+2)(x+4) = 0$ ……②

$(x-1)(x-8) = 0$ ……③

$(x-2)(x-4) = 0$ ……④

のいずれかである。

①のとき，$a = 9$，②のとき，$a = 6$，③のとき，$a = -9$，④のとき，$a = -6$ となる。

答 $a = 9$，6，-9，-6

テーマ 10 いろいろな式の展開

類題 1

(1) $2a + b = A$ とおくと，

与式 $= (A + 3c)(A - 3c)$

$= A^2 - 9c^2$

$= (2a+b)^2 - 9c^2$

$= 4a^2 + 4ab + b^2 - 9c^2$ 答

(2) $x - 2y = A$ とおくと，

与式 $= (A + z)(A - z)$

$= A^2 - z^2$

$= (x - 2y)^2 - z^2$

$= x^2 - 4xy + 4y^2 - z^2$ 答

(3) $x - 3y = A$ とおくと，

与式 $= (A + 2)(A - 5)$

$= A^2 - 3A - 10$

$= (x - 3y)^2 - 3(x - 3y) - 10$

$= x^2 - 6xy + 9y^2 - 3x + 9y - 10$ 答

(4) $2a + b = A$ とおくと，

与式 $= (A + c)(A + 4c)$

$= A^2 + 5cA + 4c^2$

$= (2a+b)^2 + 5c(2a+b) + 4c^2$

$= 4a^2 + 4ab + b^2 + 10ac$
$\qquad + 5bc + 4c^2$ 答

(5) $2a + b = A$ とおくと，

与式 $= (A + c)^2$

$= A^2 + 2cA + c^2$

$= (2a+b)^2 + 2c(2a+b) + c^2$

$= 4a^2 + 4ab + b^2 + 4ac$
$\qquad + 2bc + c^2$ 答

(6) $3a - 2b = A$ とおくと，

与式 $= (A - c)^2$

$= A^2 - 2cA + c^2$

$= (3a-2b)^2 - 2c(3a-2b) + c^2$

$= 9a^2 - 12ab + 4b^2 - 6ac$
$\qquad + 4bc + c^2$ 答

(7) 共通なものは，$a + c$

$a + c = A$ とおくと，

与式 $= (A + b)(A - b)$

$= A^2 - b^2$

$= (a + c)^2 - b^2$

$= a^2 + 2ac + c^2 - b^2$ 答

(8) 共通なものは，$a + 3c$

$a + 3c = A$ とおくと，

与式 $= (A + 2b)(A - b)$

$= A^2 + bA - 2b^2$

$= (a + 3c)^2 + b(a + 3c) - 2b^2$

$= a^2 + 6ac + 9c^2 + ab$
$\qquad + 3bc - 2b^2$ 答

類題 2

(1) 与式 $= \{a + (2b + c)\}\{a - (2b + c)\}$

より，共通なものは，$2b + c$

$2b + c = B$ とおくと，

与式 $= (a + B)(a - B)$

$= a^2 - B^2$

$= a^2 - (2b + c)^2$

$$= a^2 - (4b^2 + 4bc + c^2)$$
$$= a^2 - 4b^2 - 4bc - c^2 \quad \text{答}$$

(2) 与式 $= \{x + (2y + 3z)\}\{x - (2y + 3z)\}$

$2y + 3z = A$ とおくと，

与式 $= (x + A)(x - A)$
$$= x^2 - A^2$$
$$= x^2 - (2y + 3z)^2$$
$$= x^2 - (4y^2 + 12yz + 9z^2)$$
$$= x^2 - 4y^2 - 12yz - 9z^2 \quad \text{答}$$

(3) $y - 1 = A$ とおくと，

与式 $= (2x - A)(2x + A)$
$$= 4x^2 - A^2$$
$$= 4x^2 - (y - 1)^2$$
$$= 4x^2 - (y^2 - 2y + 1)$$
$$= 4x^2 - y^2 + 2y - 1 \quad \text{答}$$

(4) $2y - 3z = A$ とおくと，

与式 $= (4x - A)(4x + A)$
$$= 16x^2 - A^2$$
$$= 16x^2 - (2y - 3z)^2$$
$$= 16x^2 - (4y^2 - 12yz + 9z^2)$$
$$= 16x^2 - 4y^2 + 12yz - 9z^2 \quad \text{答}$$

類題 3

(1) 与式 $= \{(x + 2y)(x - 2y)\}^2$
$$= (x^2 - 4y^2)^2$$
$$= x^4 - 8x^2 y^2 + 16y^4 \quad \text{答}$$

(2) $(x - 1)(x - 6) \times (x - 2)(x - 3)$
$$= (x^2 - 7x + 6)(x^2 - 5x + 6)$$

$x^2 + 6 = A$ とおくと，

与式 $= (A - 7x)(A - 5x)$
$$= A^2 - 12xA + 35x^2$$
$$= (x^2 + 6)^2 - 12x(x^2 + 6) + 35x^2$$
$$= x^4 + 12x^2 + 36 - 12x^3 - 72x + 35x^2$$
$$= x^4 - 12x^3 + 47x^2 - 72x + 36$$
$$\text{答}$$

類題 4 $\quad x^2$ の項が出てくるところだけを計算する。

$$(5x^2 - 7x - 3)(2x^2 - 4x - 5)$$
$$-25x^2 + 28x^2 - 6x^2 = -3x^2$$

答 x^2 の係数は -3

類題 1

(1) 与式 $= x^2 - 4x - 12 - 9$
$$= x^2 - 4x - 21$$
$$= (x - 7)(x + 3) \quad \text{答}$$

(2) 展開して整理すると，

与式 $= 9x^2 - 49$
$$= (3x + 7)(3x - 7) \quad \text{答}$$

(3) 展開して整理すると，

与式 $= x^2 - 4x - 21$
$$= (x - 7)(x + 3) \quad \text{答}$$

(4) 展開して整理すると，

与式 $= x^2 + 14x + 45$
$$= (x + 9)(x + 5) \quad \text{答}$$

類題 2

(1) 与式 $= 2(x^2 + 2x - 24)$
$$= 2(x + 6)(x - 4) \quad \text{答}$$

(2) 与式 $= 2x(y^2 - 9)$
$$= 2x(y + 3)(y - 3) \quad \text{答}$$

(3) 与式 $= 3xy(x^2 + xy - 2y^2)$
$$= 3xy(x + 2y)(x - y) \quad \text{答}$$

(4) 与式 $= ax(x^2 - x - 2)$
$$= ax(x - 2)(x + 1) \quad \text{答}$$

(5) 与式 $= ab(a^2 + 6a - 16)$
$$= ab(a + 8)(a - 2) \quad \text{答}$$

類題 3

(1) 与式 $= x(y - 6) - (y - 6)$

$y - 6 = A$ とおくと，

与式 $= xA - A$
$$= A(x - 1) \quad \text{〉Aでくくる}$$
$$= (y - 6)(x - 1) \quad \text{答}$$

(2) 与式 $= b(2a - 3) + 2(2a - 3)$

$2a - 3 = A$ とおくと，

与式 $= bA + 2A$
$$= A(b + 2) \quad \text{〉Aでくくる}$$
$$= (2a - 3)(b + 2) \quad \text{答}$$

(3) $x - y = A$ とおくと，

与式 $= A^2 - 14A + 48$
$$= (A - 6)(A - 8) \quad \text{〉公式}$$

$$= (x-y-6)(x-y-8) \quad 答$$

(4) $a+b=A$ とおくと,

与式 $= A^2 - 16$

$\quad = (A+4)(A-4)$ ⟩公式

$\quad = (a+b+4)(a+b-4) \quad 答$

類題 4

(1) $x^2+4xy+4y^2$ と, $-2x-4y$ と -3 に分ける。

与式 $= (x+2y)^2 - 2(x+2y) - 3$

$x+2y=A$ とおくと,

与式 $= A^2 - 2A - 3$

$\quad = (A-3)(A+1)$

$\quad = (x+2y-3)(x+2y+1) \quad 答$

(2) $4x^2-4xy+y^2$ と $-64z^2$ に分ける。

与式 $= (2x-y)^2 - 64z^2$

$2x-y=A$ とおくと,

与式 $= A^2 - 64z^2$

$\quad = (A+8z)(A-8z)$

$\quad = (2x-y+8z)(2x-y-8z) \quad 答$

(3) x^2-1 と $ax+a$ に分ける。

与式 $= (x+1)(x-1) + a(x+1)$

$x+1=A$ とおくと,

与式 $= A(x-1) + aA$

$\quad = A\{(x-1)+a\}$

$\quad = (x+1)(x-1+a) \quad 答$

テーマ 12 平方根の性質を用いた問題

類題 1　ア　7の平方根は ± 7

イ　$\sqrt{(-3)^2} = \sqrt{9} = 3$ なので, 正しい。

ウ　$\sqrt{25} = 5$

エ　$\sqrt{5} < \sqrt{16}$ より, $\sqrt{5} < 4$

よって, 正しいのは, イ　答

類題 2

(1) $4^2=16$, $(2\sqrt{3})^2=12$,

$5^2=25$, $(3\sqrt{2})^2=18$ より,

$2\sqrt{3} < 4 < 3\sqrt{2} < 5$ 　答

(2) $(\sqrt{10})^2=10$, $3^2=9$, $2.5^2=6.25$,

$(\sqrt{6})^2=6$ より,

$\sqrt{6} < 2.5 < 3 < \sqrt{10}$

負の数の大小は絶対値とは逆なので,

$-\sqrt{10} < -3 < -2.5 < -\sqrt{6}$ 　答

類題 3

(1) それぞれ2乗して, $4 < n < 9$

よって, $n=5, 6, 7, 8$ 　答

(2) それぞれ2乗して, $9 < 7a < 25$

これをみたす自然数 $a=2, 3$ 　答

(3) 四捨五入の表し方より,

$1.5 \leqq \sqrt{n} < 2.5$

それぞれ2乗して,

$2.25 \leqq n < 6.25$

これをみたす自然数は,

$n=3, 4, 5, 6$ 　答

類題 4

・$\sqrt{17} < a < \sqrt{65}$

それぞれ2乗して, $17 < a^2 < 65$

これをみたす正の整数 a は,

$a=5, 6, 7, 8$ ……①

・b は $2\sqrt{10}$ の整数部分

$2\sqrt{10} = \sqrt{40}$ より,

40を平方数ではさむ。

$36 < 40 < 49$

それぞれに $\sqrt{}$ をかぶせて,

$6 < 2\sqrt{10} < 7$

よって, 整数部分は6なので, $b=6$

・$a \times b \times c = 84$ に, $b=6$ を代入すると, $6ac=84$

よって, $ac=14$ となり, a, c は14の約数

①より, $a=7$, $c=2$

答　$c=2$

類題 5

(1) 150を素因数分解する。

$150 = 2 \times 3 \times 5^2$ より, $2 \times 3 \times 5^2 \times n$ が平方数となればよい。

指数をすべて偶数にするための最小の n は, $2 \times 3 = 6$ 　答　$n=6$

(2) 240を素因数分解する。

$240 = 2^4 \times 3 \times 5$ より,

$\dfrac{2^4 \times 3 \times 5}{n}$ が平方数となればよい。

　　指数をすべて偶数にするための最小のnは，$3 \times 5 = 15$

　　答　$n = 15$

(3)　23未満の平方数は，1，4，9，16

　　① $23 - 2n = 1$ のとき，$n = 11$

　　② $23 - 2n = 4$ のとき，

　　　nは分数となり，不適

　　③ $23 - 2n = 9$ のとき，$n = 7$

　　④ $23 - 2n = 16$ のとき，

　　　nは分数となり，不適

　　答　$n = 11$，7

テーマ⑬　式 の 値

類題 1

(1)　$(-6xy^2) \div 3y = -2xy$

　　代入して，-12　答

(2)　計算すると，$a - 3b$

　　代入して，-3　答

(3)　計算すると，$-21a + 24$

　　代入して，$-18 + 24 = 6$　答

類題 2　因数分解してから代入する。

(1)　$x^2 y - xy^2 = xy(x - y)$

　　代入して，$7 \times 5 \times (7 - 5) = 70$

　　答　70

(2)　$x^2 - 7x + 10 = (x - 5)(x - 2)$

　　代入して，$(12 - 5) \times (12 - 2) = 70$

　　答　70

(3)　$x^2 - 5x + 6 = (x - 2)(x - 3)$

　　代入して，

　　$-\sqrt{3} \times (-1 - \sqrt{3}) = \sqrt{3} + 3$

　　答　$\sqrt{3} + 3$

(4)　$x^2 - 6x + 9 = (x - 3)^2$

　　代入して，$(\sqrt{7})^2 = 7$　答　7

類題 3

(1)　$a^2 - b^2 = (a + b)(a - b)$

　　$a + b = 4$，$a - b = 2\sqrt{6}$ を代入して，$4 \times 2\sqrt{6} = 8\sqrt{6}$

　　答　$8\sqrt{6}$

(2)　$x^2 - 4y^2 = (x + 2y)(x - 2y)$

　　$x + 2y = (2\sqrt{3} + 2\sqrt{2}) + 2(\sqrt{3} - \sqrt{2})$

　　　　　$= 4\sqrt{3}$

　　$x - 2y = (2\sqrt{3} + 2\sqrt{2}) - 2(\sqrt{3} - \sqrt{2})$

　　　　　$= 4\sqrt{2}$

　　代入して，$4\sqrt{3} \times 4\sqrt{2} = 16\sqrt{6}$

　　答　$16\sqrt{6}$

(3)　$x^2 y + xy^2 = xy(x + y)$

　　$xy = 1$，$x + y = 6$ を代入して，

　　$1 \times 6 = 6$　答　6

(4)　$3x^2 - 6x - 9$

　　$= 3(x^2 - 2x - 3) = 3(x + 1)(x - 3)$

　　$x + 1 = \sqrt{3} + 2$，$x - 3 = \sqrt{3} - 2$

　　を代入して，

　　　$3 \times (\sqrt{3} + 2)(\sqrt{3} - 2) = -3$

　　答　-3

類題 4

$x + y$，xyだけの式にする。

(1)　$x^2 + y^2 = (x + y)^2 - 2xy$

　　$= (3\sqrt{2})^2 - 2 \times 3$

　　$= 12$　答

(2)　$x^2 - 4xy + y^2 = (x + y)^2 - 6xy$

　　$= (3\sqrt{2})^2 - 6 \times 3$

　　$= 0$　答

(3)　通分して，$\dfrac{1}{x} + \dfrac{1}{y} = \dfrac{x + y}{xy} = \sqrt{2}$　答

類題 5　$x + y = 6$，$x - y = 2\sqrt{5}$，

$xy = 4$　これを利用する。

(1)　$x^2 - 5xy + y^2$

　　$= (x + y)^2 - 7xy$

　　$= 6^2 - 7 \times 4$

　　$= 8$　答

(2)　$x^2 - y^2 + xy$

　　$= (x + y)(x - y) + xy$

　　$= 6 \times 2\sqrt{5} + 4$

　　$= 12\sqrt{5} + 4$　答

(3)　$\dfrac{1}{x} + \dfrac{1}{y} = \dfrac{x + y}{xy} = \dfrac{6}{4} = \dfrac{3}{2}$　答

⑭ 1次関数の式

類題 1

(1) yの増加量＝変化の割合×xの増加量

より，yの増加量は $\dfrac{5}{3} \times 6 = 10$

答 **10**

(2) 変化の割合＝$\dfrac{y\text{の増加量}}{x\text{の増加量}} = -\dfrac{1}{2}$

より，$y = -\dfrac{1}{2}x + b$ とおく。

$x = 0$，$y = 1$ を代入して，$b = 1$

答 $y = -\dfrac{1}{2}x + 1$

(3) 変化の割合＝$\dfrac{-2-1}{5-2} = -1$

$y = -x + b$ とおく。

$x = 2$，$y = 1$ を代入して，$b = 3$

答 $y = -x + 3$

類題 2

(1) $y = -2x + b$ とおく。

$x = 5$，$y = -1$ を代入して，

$-1 = -10 + b$ より，$b = 9$

答 $y = -2x + 9$

(2) 傾き＝$\dfrac{-2-(-4)}{6-3} = \dfrac{2}{3}$

$y = \dfrac{2}{3}x + b$ とおく。

$x = 3$，$y = -4$ を代入して，$b = -6$

答 $y = \dfrac{2}{3}x - 6$

(3) 傾きが $\dfrac{1}{3}$ $y = \dfrac{1}{3}x + b$ とおく。

$x = 6$，$y = -3$ を代入して，

$b = -5$

答 $y = \dfrac{1}{3}x - 5$

(4) 切片が3 $y = ax + 3$ とおく。

$x = 4$，$y = 1$ を代入して，$a = -\dfrac{1}{2}$

答 $y = -\dfrac{1}{2}x + 3$

類題 3

点Pの座標は $\begin{cases} y = x + 4 \\ y = -2x + 10 \end{cases}$

を連立して解くと，P$(2, 6)$

点A，Bは，それぞれ l，m の式に，

$y = 0$ を代入して，

A$(-4, 0)$，B$(5, 0)$

よって，△PAB＝27 答

類題 4

(1) 点$(2, -7)$，$(7, 3)$ を通る直線を

求める。

その直線の式は，$y = 2x - 11$

この直線上に点$(5, a)$ があるから，

代入して，$a = -1$ 答

(2) $\begin{cases} y = x + 14 \\ y = 2x + 15 \end{cases}$ を連立させる。

$x + 14 = 2x + 15$ より，

$x = -1$，$y = 13$

よって，交点$(-1, 13)$

$y = 4x + m$が$(-1, 13)$を通ればよ

いから，$x = -1$，$y = 13$ を代入して，

$13 = -4 + m$ より，$m = 17$ 答

(3) $\begin{cases} y = x - 1 \\ y = -2x + 5 \end{cases}$ を連立して解くと，

$x = 2$，$y = 1$

傾きが3で，点$(2, 1)$を通る直線の

式を求めると，

$y = 3x - 5$ 答

⑮ 1次関数の変域・傾きや切片の範囲

類題 1

(1) グラフは右上がりの直線である。

$x = 2$のとき，$y = 8$ となり，

$x = 4$のとき，$y = 12$ となるので，

yの変域は，$8 \leqq y \leqq 12$ 答

(2) 傾きが負より，グラフは右下がりの直線である。
$x=-3$ のとき，$y=5$ となり，
$x=6$ のとき，$y=-4$
大小関係に注意して，
yの変域は，$-4\leqq y\leqq5$ 答

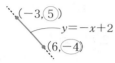

(3) 傾きが負より，グラフは右下がりである。
$⑫\leqq x\leqq④$，$⑨\leqq y\leqq⑦$ より，
　左　　　右　　下　　　上
両端の点は$(p,\ 7)$，$(4,\ q)$となる。

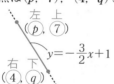

それぞれ代入して$p,\ q$を求めると，
$p=-4,\ q=-5$ 答

(4) 傾きaが負だから，グラフは右下がりである。

$y=ax+b$

$⑫-3\leqq x\leqq①$，$③\leqq y\leqq⑪$ より，
　　左　　　右　　下　　　上
両端の点は，$(-3,11)$，$(1,3)$
となるので，傾きは，
$$a=\frac{3-11}{1-(-3)}=-2$$
$y=-2x+b$ に $x=-3$，$y=11$ を

代入して，$b=5$
答 $a=-2,\ b=5$

類題 2

(1) 点$(0,1)$を通る直線を考える。

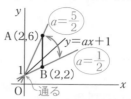

Aを通るとき，$a=\dfrac{5}{2}$

Bを通るとき，$a=\dfrac{1}{2}$

以上より，
答 $\dfrac{1}{2}\leqq a\leqq\dfrac{5}{2}$

(2) 平行移動して考える。

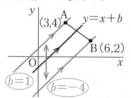

Aを通るとき，$b=1$，
Bを通るとき，$b=-4$
以上より，
答 $-4\leqq b\leqq1$

類題 3 切片が文字である。切片bが最大のときは，グラフが最も高いところを通るので，点Cを通るときである。

$x=6$，$y=6$ を代入して，$b=12$

逆に切片bが最小のときは，グラフが最も低いところを通るので，点Aを通るときである。

$x=2$，$y=2$ を代入して，$b=4$

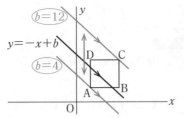

答 $4 \leqq b \leqq 12$

16 変化の割合・変域

類題 1 (1) 表をつくって考える。

x	2	4
y	-6	-3

変化の割合 $= \dfrac{(-3)-(-6)}{4-2} = \dfrac{3}{2}$ 答

(2) $a(p+q)$ の公式を用いて，
$-1 \times (1+3) = -4$ 答

(3) $3 \times (1+3) = 12$ 答

類題 2

(1) $a(1+3) = 2$ より，$a = \dfrac{1}{2}$ 答

(2) $1 \times \{a+(a+5)\} = 7$
これを解いて，$a = 1$ 答

類題 3

(1)

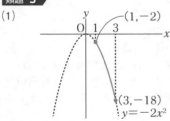

答 $-18 \leqq y \leqq -2$

(2)

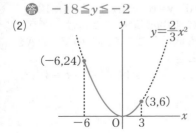

答 $0 \leqq y \leqq 24$

(3) $a > 0$ より，グラフは上に開いている。

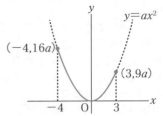

答 $0 \leqq y \leqq 16a$

類題 4

(1) 点 $(-2, 8)$ を通る。

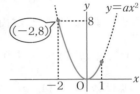

代入して解き，$a = 2$ 答

(2) 点 $(4, -9)$ を通る。

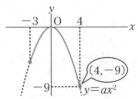

代入して解き，$a = -\dfrac{9}{16}$ 答

17 座標平面上にある 図形の面積

類題 1 直線ABの式を求めると，
$y = -x + 4$

ABとy軸との交点をCとすると，
C$(0, 4)$

$$\triangle\text{OAB} = \text{OC} \times \text{A}'\text{B}' \times \frac{1}{2}$$

$$=4\times5\times\frac{1}{2}=10 \quad ⊛$$

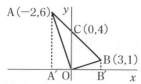

類題 **2** 直線ABの式を求めると,

$y=-x+6$

ABとx軸との交点をPとする。

点P；$0=-x+6$ より，$x=6$

よって，P$(6,0)$

$\triangle$OAB$=\triangle$OAP$-\triangle$OBP

$$=6\times4\times\frac{1}{2}-6\times1\times\frac{1}{2}$$

$$=9 \quad ⊛$$

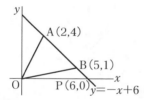

類題 **3**

(1) Cを通ってy軸に平行な直線をひき，ABとの交点をC′とする。

直線AB：$y=\frac{1}{4}x+\frac{7}{2}$ で，C′のx座標は2だから，C′$(2,4)$となる。

CC′$=3$ より，

$$\triangle ABC=CC'\times A'B'\times\frac{1}{2}$$

$$=3\times8\times\frac{1}{2}$$

$$=12 \quad ⊛$$

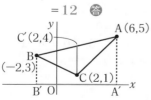

(2) Cを通ってy軸に平行な直線をひき，ABとの交点をC′とする。

直線AB；$y=\frac{1}{3}x+\frac{2}{3}$ で，

C′のx座標は$\frac{1}{4}$だから，C′$\left(\frac{1}{4},\frac{3}{4}\right)$

CC′$=5$ より，$\triangle ABC=15$ ⊛

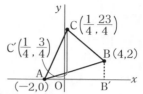

類題 **4** ACとy軸の交点をPとする。

直線AC；$y=\frac{1}{2}x+3$ より，P$(0,3)$

$$\triangle AOC=3\times6\times\frac{1}{2}=9$$

よって，平行四辺形OABC$=9\times2$

$$=18 \quad ⊛$$

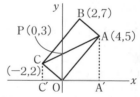

類題 **5** BCの中点$(5,4)$を通る。A$(3,8)$と$(5,4)$を通る直線の式を求めて，$y=-2x+14$ ⊛

類題 **6** ACの中点$(4,6)$とP$(0,8)$を通るので，

傾き $\frac{6-8}{4-0}=-\frac{1}{2}$ より，

$$y=-\frac{1}{2}x+8 \quad ⊛$$

18 放物線と直線・三角形

類題 1

(1) $\begin{cases} y = \dfrac{1}{2}x^2 \\ y = \dfrac{1}{2}x + 6 \end{cases}$ を連立させる。

$$\dfrac{1}{2}x^2 = \dfrac{1}{2}x + 6$$

$$x^2 - x - 12 = 0$$

$$(x - 4)(x + 3) = 0 \qquad x = 4, \ -3$$

よって, $A(4, 8)$, $B\left(-3, \dfrac{9}{2}\right)$ 答

$$\triangle OAB = 6 \times 7 \times \dfrac{1}{2} = 21 \quad \text{答}$$

(2) $\begin{cases} y = -x^2 \\ y = -2x - 8 \end{cases}$ を連立させる。

$$-x^2 = -2x - 8$$

$$x^2 - 2x - 8 = 0$$

$$(x - 4)(x + 2) = 0 \qquad x = 4, \ -2$$

よって, $A(4, -16)$, $B(-2, -4)$ 答

$$\triangle OAB = 8 \times 6 \times \dfrac{1}{2} = 24 \quad \text{答}$$

類題 2

(1) $A(1, 1)$ が $y = ax^2$ 上より, $1 = a$

答 $a = 1$

(2) 傾き $1 \times (-3 + 1) = -2$,

切片 $-1 \times (-3) \times 1 = 3$ より,

$y = -2x + 3$ 答

(3) 直線ABの切片3より,

$$\triangle OAB = 3 \times 4 \times \dfrac{1}{2} = 6 \quad \text{答}$$

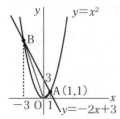

類題 3

(1) 傾き $1 \times (-1 + 2) = 1$,

切片 $-1 \times (-1) \times 2 = 2$ より,

$y = x + 2$ 答

(2) 直線ABの切片2より,

$$\triangle AOB = 2 \times 3 \times \dfrac{1}{2} = 3 \quad \text{答}$$

(3) OP//AB となればよい。

ABの式が $y = x + 2$ より,

OPの式は $y = x$

$\begin{cases} y = x^2 \\ y = x \end{cases}$ を連立して解くと,

$x = 0, \ 1$

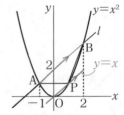

答 $P(1, 1)$

類題 4

(1) 傾き $2 \times (-3 + 2) = -2$,

切片 $-2 \times (-3) \times 2 = 12$

よって, $y = -2x + 12$ 答

(2) y軸上に点Qを, $\triangle ABQ = \triangle ABO$ となるようにとる。

直線ABの切片12より, $Q(0, 24)$ をとればよい。

ABの式が, $y = -2x + 12$ だから,

QCの式は, $y = -2x + 24$

$\begin{cases} y = 2x^2 \\ y = -2x + 24 \end{cases}$ を連立させる。

$$2x^2 = -2x + 24$$

$$x^2 + x - 12 = 0$$

$(x + 4)(x - 3) = 0$ より, $x = -4, 3$

$x > 0$ より, $x = 3$

答 $C(3, 18)$

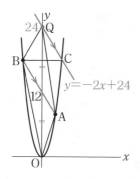

テーマ ⑲ 1次関数の文章題

類題 1

(1) AB間…4時間で8km進むから，
$8 \div 4 = 2\,(\text{km/時})$ 🖎

　BC間…3時間で12km進むから，
$12 \div 3 = 4\,(\text{km/時})$ 🖎

(2) 1時間 🖎

(3) 原点と$(4, 8)$を通るから，
$y = 2x,\ 0 \leqq x \leqq 4$ 🖎

(4) $(5, 8)$と$(8, 20)$を通る直線の式を求めて，$y = 4x - 12$ 🖎
　xの変域は5時間後から8時間後なので，$5 \leqq x \leqq 8$ 🖎

類題 2

(1) 原点と$(60, 6000)$を通るから，
$y = 100x$ 🖎

(2) $(20, 0)$，$(50, 6000)$を通る直線。
$$\text{傾き} = \frac{6000 - 0}{50 - 20} = 200$$
$y = 200x + b$ とおき，
$x = 20,\ y = 0$ を代入すると，
$b = -4000$
　よって，$y = 200x - 4000$ 🖎

(3) $\begin{cases} y = 100x \\ y = 200x - 4000 \end{cases}$ を連立させる。
$x = 40,\ y = 4000$
🖎 40分後，家から4000mの地点

類題 3

Aさんのグラフは，原点と$(30, 2000)$を通るので，$y = \dfrac{200}{3}x$

Bさんのグラフは，$(3, 2000)$，$(18, 0)$を通るので，
$$y = -\frac{400}{3}x + 2400$$

これを連立して解くと，
$x = 12,\ y = 800$ 🖎 800m

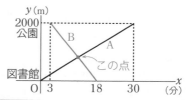

類題 4

(1) 28分で1400m進むから，
$1400 \div 28 = 50\,(\text{m/分})$ 🖎

(2) $(40, 1400)$，$(70, 5000)$を通る直線の式を求めて，
$y = 120x - 3400$ 🖎

(3) まず，Bさんのグラフは$(10, 5000)$を通る。そして，毎分60mでグラフは右下がりなので，傾き-60である。
　よって，$y = -60x + 5600$
　これと(2)で求めた式を連立して解くと，$x = 50,\ y = 2600$
　Bさんが出発して40分後 🖎

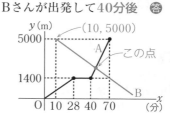

テーマ ⑳ 1次関数における文字の利用

類題 1

(1) 点Pのx座標をpとおくと，$P(p, p)$と表せる。

点Qのx座標はPと等しいので，p

よって，$Q\left(p, \dfrac{1}{3}p\right)$

$PQ = 6$ より，$p - \dfrac{1}{3}p = 6$

これを解いて，$p = 9$

答 P$(9, 9)$

(2) 点Pのx座標をpとすると，P(p, p)
点Qのy座標はPと等しい。

$y = \dfrac{1}{3}x$ に $y = p$ を代入して解く

と，$x = 3p$

よって，Q$(3p, p)$
$PQ = 6$ より，$3p - p = 6$
これを解いて，$p = 3$

答 P$(3, 3)$

類題 2　P$(p, -p + 20)$ とおくと，
△OAPの高さはp，
△OBPの高さは$-p + 20$

$$4 \times p \times \dfrac{1}{2} = 6 \times (-p + 20) \times \dfrac{1}{2}$$

これを解いて，$p = 12$

答 P$(12, 8)$

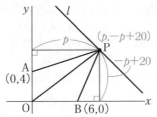

類題 3

(1) 点A$(p, 2p)$ とおくと，
点Dのy座標も$2p$となる。
$y = -x + 10$ に $y = 2p$ を代入する。
$x = -2p + 10$ より，
D$(-2p + 10, 2p)$　答

(2) $AB = AD$ となれば正方形になる。
ABは点Aのy座標と等しいので，$2p$
ADは点Dのx座標からAのx座標をひ
けば求まるので，次の方程式となる。

$2p = (-2p + 10) - p$
これを解いて，$p = 2$

答 A$(2, 4)$

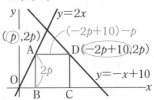

類題 4

(1) A$(4, 4)$，B$(4, 8)$ より，$AB = 4$

よって，$S = 4 \times 4 \times \dfrac{1}{2} = 8$　答

(2) A$(6, 6)$，B$(6, 6m)$ より，

$$S = (6m - 6) \times 6 \times \dfrac{1}{2} = 18m - 18$$

よって，$18m - 18 = 6$　$m = \dfrac{4}{3}$　答

(3) A(a, a)，B$(a, 3a)$，
C$(a + 3, a + 3)$，D$(a + 3, 3a + 9)$ と
なる。

$$S = (3a - a) \times a \times \dfrac{1}{2} = a^2$$

$CD = (3a + 9) - (a + 3) = 2a + 6$，
$AB = 3a - a = 2a$，台形の高さ3より，

$$T = \{(2a + 6) + 2a\} \times 3 \times \dfrac{1}{2}$$

$$= 6a + 9$$

よって，$T - S = 17$ より，
$(6a + 9) - a^2 = 17$
整理して，$a^2 - 6a + 8 = 0$
$(a - 2)(a - 4) = 0$ より，$a = 2, 4$
どちらも適する。

答 $a = 2, 4$

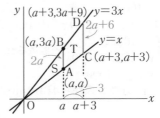

テーマ 21 2次関数における文字の利用

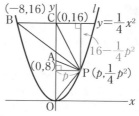

類題 1

(1) 点$P\left(p, \dfrac{1}{2}p^2\right)$とおく。

$$6 \times p \times \frac{1}{2} = 8 \times \frac{1}{2}p^2 \times \frac{1}{2}$$

整理して，$2p^2 - 3p = 0$

$$p(2p - 3) = 0$$

よって，$p = 0, \dfrac{3}{2}$

$p > 0$ より，$p = \dfrac{3}{2}$

答　$P\left(\dfrac{3}{2}, \dfrac{9}{8}\right)$

(2) 点$P\left(p, \dfrac{1}{4}p^2\right)$とおく。

$B(-8, 16)$，$C(0, 16)$ より，

$$\triangle CBP = 8 \times \left(16 - \frac{1}{4}p^2\right) \times \frac{1}{2}$$
$$= 64 - p^2$$

$$\triangle AOP = 8 \times p \times \frac{1}{2} = 4p$$

よって，

$$64 - p^2 = 4p \times 3$$

が成り立つ。

整理して，$p^2 + 12p - 64 = 0$

$(p + 16)(p - 4) = 0$ より，$p = -16, 4$

$0 < p < 8$ より，$p = 4$

答　$P(4, 4)$

類題 2

(1) 傾き $1 \times (-4 + 6) = 2$，

切片 $-1 \times (-4) \times 6 = 24$

答　$y = 2x + 24$

(2) 点$P(p, 2p + 24)$とおく。$Q(p, p^2)$

より，$PQ = (2p + 24) - p^2$，$QR = p^2$

よって，$(2p + 24) - p^2 = p^2$

整理して，$p^2 - p - 12 = 0$

$(p - 4)(p + 3) = 0$ より，

$p = 4, -3$

$-4 \leqq p \leqq 6$ より，どちらも適する。

答　$P(4, 32)$，$(-3, 18)$

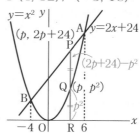

類題 3　点$P\left(p, \dfrac{1}{3}p^2\right)$とおく。

$Q\left(-p, \dfrac{1}{3}p^2\right)$ より，

$$PR = \frac{1}{3}p^2, \quad PQ = 2p$$

$PR = PQ$となればよいので，

$$\frac{1}{3}p^2 = 2p$$

整理して，$p^2 - 6p = 0$

$p(p - 6) = 0$ より，$p = 0, 6$

$p > 0$ より，$p = 6$

答　$P(6, 12)$

(1) $S(p, p^2)$ とおくと，点Rのy座標は点Sのy座標と等しいので，p^2となる。

$y = -x + 6$ に $y = p^2$ を代入すると，$p^2 = -x + 6$ より，$x = -p^2 + 6$

よって，$R(-p^2 + 6, p^2)$ と表せる。

$$SR = (-p^2 + 6) - p$$
$$= -p^2 - p + 6,$$
$$RQ = p^2$$

長方形PQRSの周の長さが10なので，

$$2\{(-p^2 - p + 6) + p^2\} = 10$$

整理して，$-p + 6 = 5$

よって，$p = 1$

答 $S(1, 1)$

(2) $RQ = SR$ より，
$$p^2 = -p^2 - p + 6$$
整理して，$2p^2 + p - 6 = 0$
解の公式で解いて，
$$p = \frac{-1 \pm \sqrt{49}}{4} = \frac{-1 \pm 7}{4}$$ より，
$$p = \frac{3}{2}, \quad -2$$

$p > 0$ より，$p = \frac{3}{2}$

答 $S\left(\frac{3}{2}, \frac{9}{4}\right)$

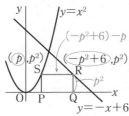

点A$\left(p, \dfrac{1}{4}p^2\right)$とおくと，

$B(p, p^2)$，$C(-p, p^2)$ となる。

$$BA = p^2 - \frac{1}{4}p^2 = \frac{3}{4}p^2,$$

$$BC = p - (-p) = 2p$$

で，$BA = BC$ となればよい。

よって，$\dfrac{3}{4}p^2 = 2p$

整理して，$3p^2 - 8p = 0$

$$p(3p - 8) = 0 \qquad p = 0, \frac{8}{3}$$

$p > 0$ より，$p = \dfrac{8}{3}$

答 $A\left(\dfrac{8}{3}, \dfrac{16}{9}\right)$

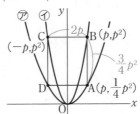

テーマ ㉒ 関数と動点

(1) t秒後の点Pのx座標はt

$y = 2x^2$ に $x = t$ を代入して，$y = 2t^2$

よって，$P(t, 2t^2)$ 答

点Qは4より$2t$上に動くから，

$Q(0, 4 + 2t)$ 答

点Rは12より$3t$左に動くから，

$R(12 - 3t, 0)$ 答

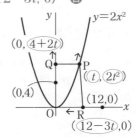

(2) 点Pと点Qのy座標が等しくなるとき，平行になる。

$$2t^2 = 4 + 2t$$

整理して，$t^2 - t - 2 = 0$

$(t-2)(t+1) = 0$ より，$t = 2，-1$

$t > 0$ より，$t = 2$

㊙ **2秒後**

(3) 点Pと点Rのx座標が等しくなる
とき，平行になる。

$t = 12 - 3t$

これを解いて，$t = 3$

㊙ **3秒後**

類題 **2** t秒後とすれば，P$(t, 2t)$，
Q$(8-t, 0)$ と表せる。

△OPQ$= 12$ より，

$(8-t) \times 2t \times \dfrac{1}{2} = 12$

整理して，$t^2 - 8t + 12 = 0$

$(t-2)(t-6) = 0$ より，$t = 2，6$

$0 \leqq t \leqq 8$ なので，どちらも適している。

㊙ **2秒後，6秒後**

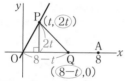

類題 **3** t秒後とすると，
P$(2t, 0)$ であり，点Qのx座標も$2t$だ
から，Q$(2t, 2t)$

正方形の一辺は点Qのy座標に等し
く，$2t$

QS$= 2t$ より，S$(4t, 2t)$

Sが直線上より，代入して，

$2t = -\dfrac{1}{2} \times 4t + 12$

これを解いて，$t = 3$

㊙ **3秒後**

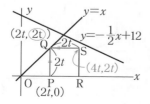

類題 **4** t秒後とすると，

P$\left(t, \dfrac{1}{2}t^2\right)$，Q$(0, 12-t)$

$6 \times \dfrac{1}{2}t^2 \times \dfrac{1}{2} = (12-t) \times t \times \dfrac{1}{2}$

を解くと，

$t = 0，3$

$t > 0$ より，$t = 3$

㊙ **3秒後**

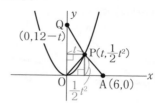

テーマ
㉓ 定規とコンパスを
　　用いた作図

類題 **1**

(1)　点Aから辺BCに下ろした垂線が，
　求める線分APである。

　　まず，辺BCを延長し，その直線
　にAから垂線を下ろす。

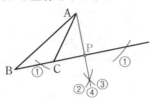

(2)　辺OX，OYから等しい距離にある。
　　　　　　　　↓
　　　　∠XOYの二等分線上
　　∠XOYの二等分線と直線*l*との交
　点が点Pである。

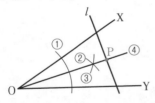

(3)　2点A，Bから等しい距離にある
　　　　　　　　↓
　　　線分ABの垂直二等分線上
　　線分ABの垂直二等分線と円Oの
　周との交点がPとなるが，下のよう
　に，2つあることに注意する。

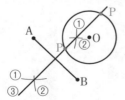

類題 **2**　　ACの垂直二等分線と
∠ABCの二等分線の交点が点P。

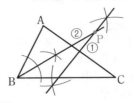

類題 **3**

(1)　OPと直線*l*は垂直である。

　　よって，Oから*l*に下した垂線の
　足が，接点Pである。

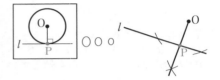

(2)　折るということは，折り目の線を
　軸とした対称移動である。

　　折り目は，対応する点を結んだ線
　分BPの垂直二等分線になっている。

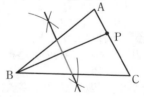

(3)　∠APC = 90°より，
　PはACを90°で見込むので，
　PはACを直径とする円周上。

　　そして，AP＝ABとなる点を作図
　する。

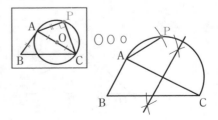

(1) $\angle x = 33° + 38° = \boxed{71°}$ 答

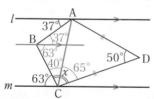

(2) $\angle x = 62° + 13° = \boxed{75°}$ 答

(3) $\angle ABC = 37° + 63° = 100°$ で，
AB＝BCなので，
$$\angle ACB = \frac{180° - 100°}{2} = 40°$$

同様に，CD＝DAなので，
$\angle ACD = 65°$
よって，$\angle x = 40° + 65° = \boxed{105°}$ 答

(1) $360° \div 20° = 18$ より，**正十八角形。**
よって，内角の和は，
$180° \times (18 - 2) = \boxed{2880°}$ 答

(2)① 外角が89°の頂点は内角が91°
で，五角形の内角の和は540°より，
$\angle x = 540° - (115° + 125° + 91° + 117°)$
$= \boxed{92°}$ 答

② △ACDの外角として，
$\angle BDC = 71° + 31° = 102°$
△BDFの外角として，
$\angle x = 102° + 33° = \boxed{135°}$ 答

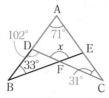

③ ブーメランの形です。
$\angle x + 53° + 47° = 140°$ より，
$\angle x = \boxed{40°}$ 答

(3) BA＝BEより，
$$\angle BAE = \frac{180° - 70°}{2} = 55°$$

AD//BCより，
$\angle BAD = 180° - 70° = 110°$
よって，$\angle x = 110° - (55° + 20°)$
$= \boxed{35°}$ 答

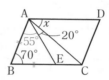

(4) CA＝CBより，$\angle CAB = 72°$
$\angle DCA = \angle CAB = 72°$
△DCEの外角が104°なので，
$\angle CDE = 104° - 72° = \boxed{32°}$ 答

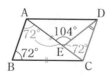

(1)① 図のようにa, bを定めると，
$2a + 2b = 140°$ より，$a + b = 70°$
$\angle x = 180° - 70° = \boxed{110°}$ 答

② 図のようにa, bを定めると，
$2a + 2b = 212°$より，$a + b = 106°$
$\angle x = 180° - 106° = 74°$ 答

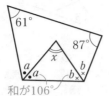

61°
87°
a a x b b
和が106°

(2) Cのもとの頂点をC′とすれば，
　　　∠EFC = ∠EFC′
平行線の錯角で，
　　　∠EFC′ = ∠FEA = 63°
よって，∠x = 180° − 63°×2
　　　　　　　= 54° 答

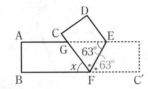

D
A　C　E
G 63°
x 63°
B　F　C′

テーマ
25 三角形の合同の証明

類題 **1** 　　∠ABD = ∠BCE = 60°，
AB = BC が，かくれた条件。

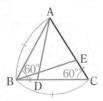

A
E
60° 60°
B　D　C

〔証明〕　△ABDと△BCEにおいて，
　仮定より，BD = CE ……①
　△ABCは正三角形だから，
　　　AB = BC ……②
　　　∠ABD = ∠BCE = 60° ……③
　①，②，③より，2組の辺とその間
の角がそれぞれ等しいから，
　　　△ABD ≡ △BCE
　よって，AD = BE （証明終）

類題 **2** 　　AHが共通なことと，正
方形なので，∠ABH = ∠AGH = 90°，
AB = AGが成り立つ。

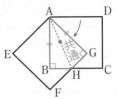

A　　　　D
E　　　共通　G
　B　　　C
　H
F

〔証明〕　△ABHと△AGHにおいて，
　正方形の辺は等しいので，
　　　AB = AG ……①
　正方形の内角で，
　　　∠ABH = ∠AGH = 90° ……②
　共通な辺だから，AH = AH ……③
　①，②，③より，直角三角形の斜辺
と他の1辺がそれぞれ等しいから，
　　　△ABH ≡ △AGH （証明終）

類題 **3**

(1) 平行四辺形の向かいあう辺で，
　AB = CD，また，向かいあう角で，
　∠ABE = ∠CDF を用いる。

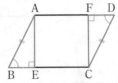

A　F　D
B　E　C

〔証明〕　△ABEと△CDFにおいて，
　仮定より，
　　　∠AEB = ∠CFD = 90° ……①
　　平行四辺形の向かいあう辺は等し
いから，
　　AB = CD ……②
　　平行四辺形の向かいあう角は等し
いから，
　　∠ABE = ∠CDF ……③
　①，②，③より，直角三角形の斜
辺と1つの鋭角がそれぞれ等しいか
ら，
　　　△ABE ≡ △CDF

よって，AE＝CF　（証明終）

(2)　平行四辺形の対角線で，
　OA＝OC，AD//BC より錯角が
　等しくなる。
　あとは対頂角が等しいことが，か
　くれた条件である。

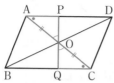

〔証明〕　△AOPと△COQにおいて，
　対頂角は等しいから，
　　　∠AOP＝∠COQ　……①
　平行四辺形の対角線はそれぞれの
　中点で交わるから，
　　　AO＝CO……②
　AD//BCより，錯角は等しいから，
　　　∠OAP＝∠OCQ　……③
　①，②，③より，1組の辺とその
　両端の角がそれぞれ等しいから，
　　　△AOP≡△COQ
　　　よって，OP＝OQ　（証明終）

類題 4　∠BAFも∠GAEも，
90°－∠EAFなので，等しいといえる。

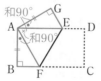

〔証明〕　△ABFと△AGEにおいて，
　四角形ABCDは長方形だから，
　　　AB＝AG　……①
　　　∠ABF＝∠AGE＝90°　……②
　∠BAE＝90°より，
　　　∠BAF＝90°－∠EAF　……③
　∠GAF＝90°より，
　　　∠GAE＝90°－∠EAF　……④
　③，④より，∠BAF＝∠GAE……⑤
　①，②，⑤より，1組の辺とその

両端の角がそれぞれ等しいから，
　　　△ABF≡△AGE
　よって，BF＝GE　（証明終）

類題 5　円周角の定理で，
∠ABE＝∠ACDが成り立つ。

〔証明〕　△ABEと△ACDにおいて，
　仮定より，AB＝AC　……①
　仮定より，∠BAE＝∠CAD　……②
　$\overset{\frown}{AD}$に対する円周角として，
　　　∠ABE＝∠ACD　……③
　①，②，③より，1組の辺とその
　両端の角がそれぞれ等しいから，
　　　△ABE≡△ACD　（証明終）

テーマ 26　三角形の相似の証明

類題 1

(1)

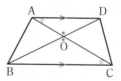

〔証明〕　△OADと△OCBにおいて，
　対頂角は等しいから，
　　　∠AOD＝∠COB　……①
　AD//BCより，錯角は等しいから，
　　　∠OAD＝∠OCB　……②
　①，②より，2組の角がそれぞれ等
　しいから，
　　　△OAD∽△OCB　（証明終）

(2)

〔証明〕 △ABCと△HBAにおいて，仮定より，

∠BAC＝∠BHA＝90° ……①

共通な角だから，

∠ABC＝∠HBA ……②

①，②より，2組の角がそれぞれ等しいから，

△ABC∽△HBA （証明終）

類題 2 ∠AFEは，もとにもどせば∠ABEなので90°となる。

∠CFEに∠CEFをたしても90°，∠DFAをたしても90°。

よって，∠CEF＝∠DFA を示す。

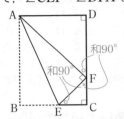

〔証明〕 △CFEと△DAFにおいて，長方形の内角で，

∠ECF＝∠FDA＝90° ……①

∠ECF＝90° より，

∠CFE＋∠CEF＝90°

よって，

∠CEF＝90°－∠CFE ……②

∠AFE＝∠ABE＝90° より，

∠CFE＋∠DFA＝90°

よって，

∠DFA＝90°－∠CFE ……③

②，③より，

∠CEF＝∠DFA ……④

①，④より，2組の角がそれぞれ等しいから，

△CFE∽△DAF （証明終）

類題 3

(1) ∠EADと∠DACは共通な角で等しい。弧の長さが等しいとき，円周角は等しいことから，$\widehat{AB}$に対する

円周角∠ADEと，$\widehat{AD}$に対する円周角∠ACDが等しくなる。

〔証明〕 △AEDと△ADCにおいて，共通な角だから，

∠EAD＝∠DAC ……①

仮定より，$\widehat{AB}＝\widehat{AD}$ だから，円周角は等しいので，

∠ADE＝∠ACD ……②

①，②より，2組の角がそれぞれ等しいから，

△AED∽△ADC （証明終）

(2) ABは直径なので，半円に対する円周角で∠ACB＝90°となり，∠AEDと等しい。$\widehat{AC}$に対する円周角で∠ABC＝∠ADEがいえる。

〔証明〕 △ABCと△ADEにおいて，仮定より，∠AED＝90° ……①

仮定よりABは直径だから，半円に対する円周角で，

∠ACB＝90° ……②

①，②より，

∠ACB＝∠AED＝90° ……③

$\widehat{AC}$に対する円周角で，

∠ABC＝∠ADE ……④

③，④より，2組の角がそれぞれ等しいから，

△ABC∽△ADE （証明終）

類題 **1**

(1)① DE//BCなので，
　　△DEB＝△DEC　答

② △DBC＝△EBCで，両方から
　　△FBCをとり除けば，
　　△DFB＝△EFC　答
　　（左右の向かいあった三角形）

③ △DEB＝△DECで，両方に
　　△ADEをつけ加えれば，
　　△ABE＝△ACD　答

(2) DC//EBなので，左右の向かい
　あった三角形の面積は等しくなる。
　△ABC＝△ADE＝12　答
　（底辺3，高さ8）

類題 **2** 　AB//DCより，
　　△ACE＝△ADE　……①
　また，AC//EFより，
　　△ACE＝△ACF　……②
　が成り立つ。
　　そして，主役を△ACFにかえれば，
AD//BCより，
　　△ACF＝△DCF　……③
とわかる。

①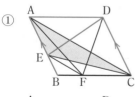

②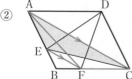

③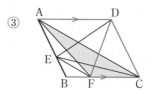

答　△ADE，△ACF，△DCF

類題 **3** 　BOを結び，△ABPと四角
形OABCから△OABをとり除いた面
積が等しいので，△OBC＝△OBP が
成り立つ。
　　したがって，BO//CP
OBの傾き2より，CPの傾きも2となる。
　　よって，CPは，$y=2x+6$
$y=0$ を代入して，$x=-3$
答　P$(-3, 0)$

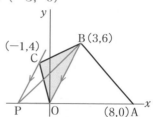

類題 **1**

(1) △AEB∽△CEDより，
　　BE：DE＝6：9＝2：3
　　△BEF∽△BDCより，
　　$x:9=2:5$　$x=\dfrac{18}{5}$　答

(2) △BEF∽△BDCより，
　　BE：BD＝4：10＝2：5
　　△AEB∽△CEDより，
　　$x:10=2:3$　$x=\dfrac{20}{3}$　答

類題 **2**

(1) △ABC∽△DBA∽△DACと
　　△ABC∽△DBA より，

$AC : DA = AB : DB$

$x : 6 = 10 : 8$ $x = \dfrac{15}{2}$ 答

$BC : BA = AB : DB$

$y : 10 = 10 : 8$ $y = \dfrac{25}{2}$ 答

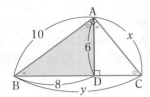

(2) △AGE∽△CGBより，
　　AG：GC＝2：3
　　△CGF∽△CADより，$x : 6 = 3 : 5$

$x = \dfrac{18}{5}$ 答

$y : 3 = 3 : 2$ より，$y = \dfrac{9}{2}$ 答

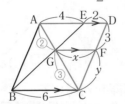

類題 **3**

(1) △AOD∽△COBより，
　　AO：OC＝1：2
　　△AEO∽△ABCより，

$EO : 8 = 1 : 3$ $EO = \dfrac{8}{3}$

　　△COF∽△CADより，

$OF : 4 = 2 : 3$ $OF = \dfrac{8}{3}$

よって，$x = \dfrac{16}{3}$ 答

(2) Aを通ってDCに平行な直線をひ
　き，図のようにP，Qを定める。
　　△AEP∽△ABQより，
　　$(x - 6) : 9 = 8 : 12$

これを解いて，$x = 12$ 答

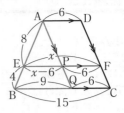

類題 **4**

(1) △CABで中点連結定理より，
　　$AB = RQ \times 2 = $ **6cm** 答

(2) $PR = \dfrac{1}{2} BC = 4cm$，

$AC = 4cm$ より，$PQ = \dfrac{1}{2} AC = 2cm$

　　よって，
　　$PQ + QR + RP = 2 + 3 + 4 = $ **9cm** 答

類題 **5**

(1) △BPE∽△DPAより，
　　BP：PD＝2：3
　　△AQB∽△FQDより，
　　BQ：QD＝2：1

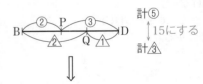

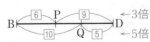

　　よって，
　　BP：PQ：QD＝6：4：5 答

(2)① DC//ABより，錯角は等しく，
　　　∠CFB＝∠ABF
　　また，仮定より，
　　　∠ABF＝∠CBFだから，
　　　∠CFB＝∠CBF
　が成り立つ。よって△CBFは二等
　辺三角形となるので，
　　FC＝4 答

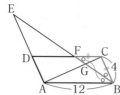

② △BCF∽△EDFより，
　　BF：FE＝CF：DF＝1：2　🈺

③ △BCF∽△EDFより，ED＝8
　　△BGC∽△EGAより，
　　BG：GE＝BC：EA＝1：3

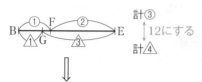

計③
↕12にする
計④

←4倍
←3倍

よって，
　　BG：GF：FE＝3：1：8　🈺

類題 6　BFの延長とCDの延長との交点をPとする。
　△DFP≡△AFBより，DP＝AB，
DPに③が入る。
　そして，△AGB∽△EGPより，
AG：GE＝AB：EP＝3：5　🈺

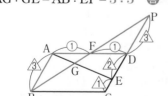

類題 7　Eを通ってADに平行な直線をひき，BCとの交点をQとすると，
　BP：PE＝BD：DQ
EQ//ADより，
　CQ：QD＝CE：EA＝3：2
よって，BDを③とすると，

DQは④の$\frac{2}{5}$

　　BP：PE＝3：4×$\frac{2}{5}$＝15：8　🈺

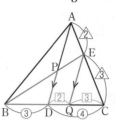

テーマ
㉙ 円と角

類題 1

(1)① BDを結ぶと，
　　∠BDE＝90°より，∠ADB＝55°
　　∠x＝∠ADB＝55°　🈺

② ∠AOB＝∠ACB×2＝64°で，
　△CBDの外角で，
　　　∠ODC＝48°＋32°＝80°
　△OADの外角80°より，
　　∠x＝80°－64°＝16°　🈺

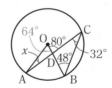

③ 下のように点を定めれば，
　△ABPの外角で，
　　　∠BAP＝84°－69°＝15°
　　　∠ADE＝∠ABE＝69°
　△ACDの外角で，
　　∠x＝69°－15°＝54°　🈺

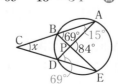

(4) ∠ADC = ∠ABC = 64° で,
AD = CD より, ∠DCA = 58°
∠ACB = 90° より, ∠DCB = 32°
よって, ∠x = $32°$ （答）

(2) △BDEの外角で,
∠DBE = 105° − 50° = 55°
∠EAC = ∠EBC = 55°
∠BAD = 55°, ∠ADB = 105° より,
△ABDの内角の和について,
∠x = 180° − (55° + 105°) = $20°$ （答）

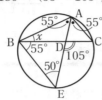

(1) △BCDで,
∠BCD = 180° − (68° + 32°) = 80°
∠A + ∠C = 180° より,
∠x = 180° − 80° = $100°$ （答）

(2) ∠BCD = 109° より, ∠A = 71°
△ABEの内角の和について,
∠x = 180° − (71° + 68°) = $41°$ （答）

(3) ∠CDE = 180° − 35° = 145°
△ABEの外角で,
∠AEF = 30° + 35° = 65°
△DEFの外角について,
∠x = 145° − 65° = $80°$ （答）

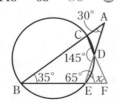

(4) CBを結べば, ∠ACB = 90° より,
∠ABC = 63°
四角形ABCDは円に内接するから,
∠x = 180° − 63° = $117°$ （答）

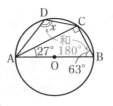

(1) x : 27 = 4 : 3 より, ∠x = $36°$ （答）

(2) ∠COE = 360° × $\frac{2}{6}$ = 120°
よって, ∠x = $60°$ （答）

(3) OBを結べば, ∠AOB = 40°
よって, ∠x = $20°$ （答）

(1) △ABCで, ∠ACB = 74°
∠x = $74°$ （答）

(2) ∠ABC = 52° より, ∠ACB = 64°
接弦定理より, ∠x = $64°$ （答）

(3) ABを結ぶ。円外の点Pからひい
た接線の長さは等しいから,
PA = PBとなる。
∠PBA = 63°
接弦定理より, ∠x = $63°$ （答）

③⓪ 円と相似

(1) △ABE∽△DCEより,
AE : DE = AB : DC
6 : DE = 9 : 3
これを解いて, DE = $2cm$ （答）
BE : CE = AB : DC で,
BE = 8cm より, 8 : CE = 9 : 3
これを解いて, CE = $\frac{8}{3}$ cm （答）

(2) △PAC∽△PBD より,
PC : PD = PA : PB
x : 4 = 6 : (x + 5)
整理して, $x^2 + 5x − 24 = 0$
$(x + 8)(x − 3) = 0$ より, $x = −8$, 3

$x>0$ より，$x=3$ 答

類題 2

(1) $\triangle$PAD∽$\triangle$PCBより，

$\qquad$ PD：PB = PA：PC

$\qquad$ $(x+4)：3 = 12：4$

$\qquad$ これを解いて，$x=5$ 答

$\qquad$ AD：CB = PA：PC

$\qquad\qquad$ $y：2 = 12：4$

$\qquad$ これを解いて，$y=6$ 答

(2) $\triangle$PAC∽$\triangle$PCBより，

$\qquad$ PA：PC = PC：PB

$\qquad$ $12：x = x：5 \qquad x^2 = 60$

$\qquad$ これを解いて，$x = \pm 2\sqrt{15}$

$\qquad$ $x>0$ より，$x=2\sqrt{15}$ 答

類題 3

(1) CとEを結ぶ。

$\qquad$ $\overset{\frown}{\text{AC}}$に対する円周角で，

$\qquad$ $\angle$ABD = $\angle$AECなので，

$\qquad\qquad$ $\triangle$ABD∽$\triangle$AEC

$\qquad$ よって，AB：AE = AD：AC

$\qquad$ $6：(x+2) = x：4$

$\qquad$ 整理して，$x^2 + 2x - 24 = 0$

$\qquad$ $(x+6)(x-4) = 0$ より，$x = -6, 4$

$\qquad$ $x>0$ より，$x=4$ 答

(2) ADは直径なので，$\angle$ACD = 90°

$\qquad$ $\overset{\frown}{\text{AC}}$に対する円周角で，

$\qquad$ $\angle$ABH = $\angle$ADCなので，

$\qquad\qquad$ $\triangle$ABH∽$\triangle$ADC

$\qquad$ よって，BH：DC = AB：AD

$\qquad$ $x：6 = 5：10$

$\qquad$ これを解いて，$x=3$ 答

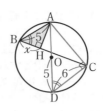

31 三角形の内接円・外接円

類題 1

(1) 点AからBCに垂線AHを下ろす。

$\qquad$ $\triangle$ABHは30°定規だから，

$$AH = \sqrt{3} \times \frac{\sqrt{3}}{2} = \frac{3}{2} \text{(cm)}$$

$\qquad$ AI：IH = 2：1 より，

$$IH = \frac{3}{2} \times \frac{1}{3} = \frac{1}{2} \text{(cm)}$$

答 $\dfrac{1}{2}$ cm

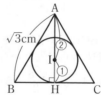

(2) AB = 12，AC = 5より，三平方の定理を用いて，BC = 13

$\qquad$ AB，ACと円との接点をP，Qとすれば，四角形APIQは正方形になる。

$$\text{半径 } QI = AP = \frac{12+5-13}{2} = 2$$

答 2

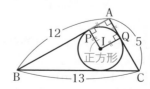

類題 2 AからBCに垂線AHを下ろす。

BH＝5，AB＝13 より，AH＝12cm

ABと円との接点をPとすれば，

△ABH∽△AIP が成り立つ。

BH：IP＝AH：AP

なので，BP＝BH＝5 より，

AP＝13－5＝8（cm）

よって，5：IP＝12：8

これを解いて，IP＝$\dfrac{10}{3}$（cm）

答 $\dfrac{10}{3}$ cm

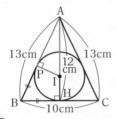

類題 3

(1) AからBCに垂線AHを下ろす。

△ABHは30°定規だから，

AH＝$4\sqrt{3} \times \dfrac{\sqrt{3}}{2} = 6$（cm）

AO：OH＝2：1 より，

AO＝$6 \times \dfrac{2}{3} = 4$（cm）

答 4cm

(2) ∠A＝90° より，BCは直径である。

AB＝4，AC＝8 より，

BC＝$4\sqrt{5}$（cm）

これが直径なので，半径は，

$2\sqrt{5}$ cm 答

類題 4 AからBCに垂線AHを，OからABに垂線OPを下ろす。

AB＝$2\sqrt{5}$，BH＝2 より，AH＝4cm

△ABH∽△AOPより，

AB：AO＝AH：AP

が成り立ち，AP＝$\sqrt{5}$ なので，

$2\sqrt{5}$：AO＝4：$\sqrt{5}$

これを解いて，半径AO＝$\dfrac{5}{2}$ cm 答

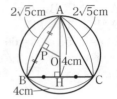

テーマ
32 折り返し問題

類題 1

(1)① C′B＝CB＝10cm。

△ABC′で三平方の定理を用いて，

AC′＝8cm

よって，C′D＝2cm 答

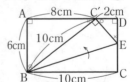

② △ABC′∽△DC′Eより，

BC′：C′E＝AB：DC′

10：C′E＝6：2

これを解いて，C′E＝$\dfrac{10}{3}$

CE＝C′E＝$\dfrac{10}{3}$ cm 答

(2)① AE＝xとおく。

EM＝EB＝16－xと表せるので，

△AEMで三平方の定理より，

$x^2 + 8^2 = (16-x)^2$

これを解いて，$x＝6$ 答 6cm

② 　△AEM∽△DMGより，
　　　AM：DG＝AE：DM
　　　　8：DG＝6：8
　　これを解いて，
　　　DG＝$\dfrac{32}{3}$ cm 🔲

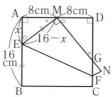

y

類題 2 折り返しと同じ問題。

　正三角形の1辺は30だから，
BE＝6より，CE＝24
　△BDE∽△CEFより，
DE：EF＝BD：CE が成り立ち，
DE＝DA＝14 なので，
　　14：EF＝16：24
　　これを解いて，**EF＝21** 🔲

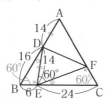

類題 3

(1) 　AD＝3cm，ED＝4cm より，
　　△AEDで三平方の定理を用いて，
　　AE＝5cm
　　AB＝EB，∠ABC＝∠EBC＝90°
　　△ADE∽△CBEより，
　　　AE：CE＝DE：BE
　　　5：CE＝4：$\dfrac{5}{2}$

　　これを解いて，CE＝$\dfrac{25}{8}$ cm

　　よって，CD＝4－$\dfrac{25}{8}$＝$\dfrac{7}{8}$ cm 🔲

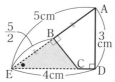

(2) 　△ADE∽△CBEより，
　　　DA：BC＝DE：BE
　　　3：BC＝4：$\dfrac{5}{2}$

　　これを解いて，BC＝$\dfrac{15}{8}$ cm 🔲

テーマ 33 三角形の面積比

類題 1

　△ABD＝70×$\dfrac{3}{7}$＝30 (cm²)

　△BPD＝30×$\dfrac{3}{5}$＝18 (cm²) 🔲

類題 2

(1) 　△ABPで三平方の定理より，
　　AP＝⬚5⬚ cm
(2) 　△ABP∽△PCQで，
　　相似比 AB：PC＝4：1
　　　よって，面積比 $4^2：1^2$＝⬚16：1⬚

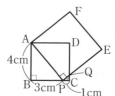

類題 3

(1) 　AからBCに垂線BHを下ろす。
　　△ABHは30°定規より，
　　　AH＝4×$\dfrac{\sqrt{3}}{2}$＝$2\sqrt{3}$ (cm)

　　よって，
　　平行四辺形ABCD＝6×$2\sqrt{3}$
　　　＝$12\sqrt{3}$ (cm²) 🔲
(2) 　△ADC＝$6\sqrt{3}$ cm²で，
　　△AFD∽△CFE より，

y

AF : CF = 3 : 1 なので，

$$\triangle ADF = \triangle ADC \times \frac{3}{4}$$

$$= \frac{9\sqrt{3}}{2} \text{ (cm}^2) \quad ㊂$$

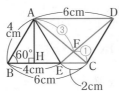

テーマ

㉞ 特 別 角

類題 1

(1) △ABDで，

$$x = 4\sqrt{3} \times \frac{1}{2} = 2\sqrt{3} \quad ㊂$$

$$BD = 4\sqrt{3} \times \frac{\sqrt{3}}{2} = 6$$

$$\triangle BCDで，\quad y = 6 \times \frac{1}{\sqrt{2}} = 3\sqrt{2} \quad ㊂$$

(2) △ACHで，$x = 3 \times \dfrac{\sqrt{2}}{1} = 3\sqrt{2}$ ㊂

AH = 3 より，

$$\triangle ABHで，\quad y = 3 \times \frac{2}{\sqrt{3}} = 2\sqrt{3} \quad ㊂$$

類題 2

(1) AからBCに垂線AHを下ろすと，
△ABHで，BH = AH = 4

△ACHで，CH $= 4 \times \dfrac{1}{\sqrt{3}} = \dfrac{4\sqrt{3}}{3}$

よって，BC $= 4 + \dfrac{4\sqrt{3}}{3}$ ㊂

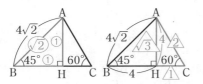

(2) AからBCに垂線AHを下ろすと，
△ABHで，AH = 4，BH = $4\sqrt{3}$
△ACHで，CH = AH = 4
よって，BC $= 4\sqrt{3} - 4$ ㊂

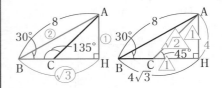

類題 3

(1) CからABに垂線CHを下ろす。
△BCHで，CH = 3，BH = $3\sqrt{3}$
△ACHで，AH = CH = 3
よって，

$$\triangle ABC = (3\sqrt{3} + 3) \times 3 \times \frac{1}{2}$$

$$= \frac{9\sqrt{3} + 9}{2} \quad ㊂$$

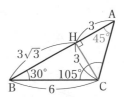

(2) CAの延長にBから垂線BHを下ろ
す。BAの延長にCから垂線を下ろ
してもよい。

△ABHで，BH $= 10 \times \dfrac{1}{\sqrt{2}} = 5\sqrt{2}$ より，

$$\triangle ABC = AC \times BH \times \frac{1}{2}$$

$$= 4 \times 5\sqrt{2} \times \frac{1}{2} = 10\sqrt{2} \quad ㊂$$

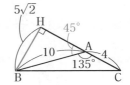

類題 1

(1) AB $=x$ とおくと，
　BC $=x+7$，AC $=x+8$
　　三平方の定理より，
　　　　$x^2+(x+7)^2=(x+8)^2$
　　整理して，$x^2-2x-15=0$
　　$(x-5)(x+3)=0$ より，
　　$x=5$，-3
　　　$x>0$より，$x=5$
　　答 **5cm**

(2) OAを結べば，$\angle OAP=90°$
　　半径OA $=x$ とおくと，OB $=x$
　　△OAPで三平方の定理より，
　　　$(\sqrt{55})^2+x^2=(x+5)^2$
　　これを解いて，$x=3$
　　答 **3cm**

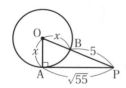

類題 2　　AからBCに垂線AHを下ろ
し，BH $=x$ とおく。
　△ABHで，
　　$AH^2+x^2=5^2$
　　$AH^2=5^2-x^2$
　△ACHで，
　　$AH^2+(6-x)^2=7^2$
　　$AH^2=7^2-(6-x)^2$
　よって，$5^2-x^2=7^2-(6-x)^2$
　これを解いて，$x=1$
　よって，$AH=2\sqrt{6}$
　答 △ABC $=6\sqrt{6}$ cm^2

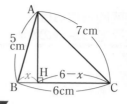

類題 3

(1) 中心Oと接点Pを結べば，
　　$\angle OPB=90°$
　　　△OBPで三平方の定理より，
　　　　$x^2+2^2=3^2$
　　これを解いて，$x>0$より，$x=\sqrt{5}$ 答
　　Aから円にひいた接線で，
　　　AC $=$ AP $=y$
　　　△ABCで，$5^2+y^2=(y+\sqrt{5})^2$
　　これを解いて，$y=2\sqrt{5}$ 答

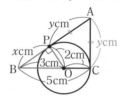

(2) △ADE∽△PCEより，
　　　$12:x=8:4$　$x=6$ 答
　　AD//BPより，錯角は等しいので，
　　　$\angle APB=\angle PAD$
　　仮定より，$\angle PAD=\angle PAF$だから，
　　　$\angle APF=\angle PAF$
　　よって，△FAPはPF $=$ AFの二等
辺三角形。
　　また，PF $=$ AF $=y$ でBP $=18$ より，
BF $=18-y$ と表せる。
　　△ABFで，$(18-y)^2+12^2=y^2$
　　これを解いて，$y=13$ 答

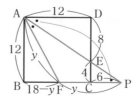

類題 1

(1) 円錐の高さは4cmである。
半球＋円錐だから，

$$\frac{4}{3}\pi \times 3^3 \times \frac{1}{2} + 9\pi \times 4 \times \frac{1}{3}$$
$$= 18\pi + 12\pi = 30\pi \ (\text{cm}^3) \quad 答$$

(2) △ABCで三平方の定理より，
AC$= 6\sqrt{2}$ cm，
AH$= 3\sqrt{2}$ cmより，△OAHで
$$\text{OH}^2 + (3\sqrt{2})^2 = 5^2$$
OH>0 より，OH$= \sqrt{7}$ (cm)
よって，

$$6 \times 6 \times \sqrt{7} \times \frac{1}{3}$$
$$= 12\sqrt{7} \ (\text{cm}^3) \quad 答$$

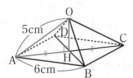

類題 2

(1) 直方体の対角線の公式より，
$$\text{CE} = \sqrt{7^2 + 5^2 + 4^2}$$
$$= 3\sqrt{10} \ (\text{cm}) \quad 答$$

(2) $\sqrt{3} \times \sqrt{6} = 3\sqrt{2}$ (cm) 答
$\boxed{\uparrow \sqrt{3}\,a \ \text{より}}$

(3) 縦2cm，横4cm，高さ4cmの直方
体の対角線なので，
AM$= \sqrt{2^2 + 4^2 + 4^2} = 6$ (cm) 答

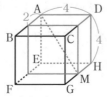

(4) 1辺をa cmとおくと，対角線が
1 cmより，$\sqrt{3}\,a = 1$
よって，$a = \dfrac{\sqrt{3}}{3}$ (cm)

体積は，$\left(\dfrac{\sqrt{3}}{3}\right)^3 = \boxed{\dfrac{\sqrt{3}}{9}}$ cm^3 答

類題 3

(1) △AEHで，三平方の定理より，
AH$= \sqrt{4^2 + 16^2} = 4\sqrt{17}$ cm 答

(2) OA∥CBより，△OQP∽△BQC
PQ：QC ＝ OP：BC ＝ 1：2 答

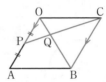

類題 4 側面のおうぎ形の中心角は，
$$360 \times \frac{1}{3} = 120°$$

図のように点を定めると，△OPHは
30°定規で，

$$\text{PH} = 3 \times \frac{\sqrt{3}}{2} = \frac{3}{2}\sqrt{3}$$

$$\text{PP}' = \frac{3}{2}\sqrt{3} \times 2 = 3\sqrt{3} \text{ cm} \quad 答$$

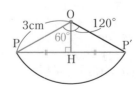

類題 **1**

(1) 求める図形は下図の長方形。

△PBFで，三平方の定理より，

$PF = \sqrt{3^2 + 6^2} = 3\sqrt{5}$ cm

面積は，$18\sqrt{5}$ cm^2 答

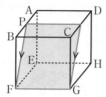

(2)① DM = a cmとおけば，

1辺AD = $2a$ cm

△ADMで，$a^2 + (2a)^2 = (2\sqrt{5})^2$

$5a^2 = 20$　$a^2 = 4$

$a > 0$ より，$a = 2$

よって，1辺AD = 4cm 答

② できる切断面はひし形。

AG = $4\sqrt{3}$ cm，　←$\sqrt{3}\,a$ より

MN = CF = $4\sqrt{2}$ cm より，

$AG \times MN \times \dfrac{1}{2} = 4\sqrt{3} \times 4\sqrt{2} \times \dfrac{1}{2}$

$= 8\sqrt{6}$ cm^2 答

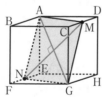

類題 **2**

(1)① △CABで中点連結定理より，

$GH = \dfrac{1}{2} AB = 3$cm 答

② 切断面の台形GDEHを取り出す。

∠DEH = ∠GHE = 90°

△BEHで，

$EH = \sqrt{3^2 + 6^2} = 3\sqrt{5}$ (cm)

よって，

$(3 + 6) \times 3\sqrt{5} \times \dfrac{1}{2}$

$= \dfrac{27\sqrt{5}}{2}$ (cm^2) 答

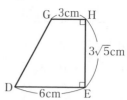

(2) 等脚台形になる。△OCDで中点
連結定理より，PQ = 2cm

PBは，正三角形OBCの高さなので，

$PB = \dfrac{\sqrt{3}}{2} \times 4 = 2\sqrt{3}$ cm ←

$$\boxed{1辺aの正三角形の高さ \dfrac{\sqrt{3}}{2}a}$$

点P，Qから辺ABに垂線PI，QK
を下ろせば，

AK = BI = 1cm

△QAKで，三平方の定理より，

$QK = \sqrt{(2\sqrt{3})^2 - 1^2} = \sqrt{11}$ cm

答 面積は $\boxed{3\sqrt{11}}$ cm^2

類題 **3**

(1)① △CDFで，CF = 3，DF = 4より，

CD = 5cm 答

② △CDEをとり出す。

CE = CD = 5cm，DE = 4cm

CからDEに垂線CHを下ろせば，

$CH = \sqrt{5^2 - 2^2} = \sqrt{21}$ cm

よって，△CDE = $2\sqrt{21}$ cm^2 答

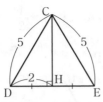

③ △DEFは正三角形なので，

$$\triangle DEF = \frac{\sqrt{3}}{4} \times 4^2 = 4\sqrt{3}\ (cm^2)$$

> 1辺aの正三角形の面積 $\frac{\sqrt{3}}{4}a^2$

体積は，

$$\triangle DEF \times CF \times \frac{1}{3}$$

$$= 4\sqrt{3} \times 3 \times \frac{1}{3} = 4\sqrt{3}\ (cm^3)\quad \text{(答)}$$

④ 求める長さをhとおけば，

$$2\sqrt{21} \times h \times \frac{1}{3} = 4\sqrt{3}$$

$$2\sqrt{21}\ h = 12\sqrt{3}$$

$$h = \frac{6}{\sqrt{7}} = \frac{6\sqrt{7}}{7}$$

(答) $\frac{6\sqrt{7}}{7}$ cm

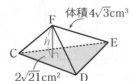

体積$4\sqrt{3}$cm³

$2\sqrt{21}$cm²

(2) E-BDFの体積は，

$$\triangle DEF \times BE \times \frac{1}{3} = \frac{32}{3}\ (cm^3)$$

△BDFは1辺 $4\sqrt{2}$ の正三角形より，

$$\triangle BDF = \frac{\sqrt{3}}{4} \times (4\sqrt{2})^2$$

$$= 8\sqrt{3}\ (cm^2)$$

EH＝hとおけば，

$$8\sqrt{3} \times h \times \frac{1}{3} = \frac{32}{3}$$

これを解いて，$h = \dfrac{4\sqrt{3}}{3}$ cm　(答)

類題 4

(1) Oと円錐の頂点を含む平面で切断
する。図のように点を定め，
半径OA＝r とすれば，

$$OH = r - 2$$

△OAHで三平方の定理より，

$$4^2 + (r-2)^2 = r^2$$

これを解いて，$r = 5$cm　(答)

(2) Oと円錐の頂点を含む平面で切断
する。図のように点を定める。

BH＝5，AH＝12 より，

$$AB = 13cm$$

△ABH∽△AOP より，

$$BH : OP = AH : AP$$

BP＝BH＝5 より，AP＝8cm

よって，5：OP＝12：8

これを解いて，OP＝$\dfrac{10}{3}$

(答) $\dfrac{10}{3}$ cm

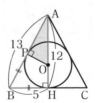

類題 **1**

(1) $4^2 \times \pi \times 6 \times \dfrac{1}{3} = 32\pi$ (cm^3) 答

(2) 下の図のように点を定めれば，
AB $= 2$，BC $= \sqrt{3}$

① 円柱の体積から円錐の体積をひいて，

$\pi \times \sqrt{3} - \pi \times \sqrt{3} \times \dfrac{1}{3} = \dfrac{2\sqrt{3}}{3}\pi$ 答

② 円柱の底面積＋円柱の側面積＋円錐の側面積で求められる。

$$\pi + \sqrt{3} \times 2\pi + 2 \times 1 \times \pi$$
$$= 3\pi + 2\sqrt{3}\pi$$ 答

類題 **2** 図のように点Hを定めれば，
$\angle EAH = 60°$ より，

AH $= 2$cm，EH $= 2\sqrt{3}$ cm
円柱から円錐をひくと，

$$4^2 \times \pi \times 6 - (2\sqrt{3})^2 \times \pi \times 2 \times \dfrac{1}{3}$$
$$= \boxed{88}\pi \ \text{(cm}^3\text{)}$$ 答

類題 **3**

$$\begin{cases} y = \dfrac{1}{2}x^2 \\ y = x + 12 \end{cases}$$ を連立させる。

$$\dfrac{1}{2}x^2 = x + 12$$

整理して，$x^2 - 2x - 24 = 0$
$(x - 6)(x + 4) = 0$ より，$x = 6$，-4
と求められるので，2点A，Bの座標は，
A$(6,\ 18)$，B$(-4,\ 8)$ となる。

(1) OC $= 12$ より，$6^2 \times \pi \times 12 \times \dfrac{1}{3}$

$= 144\pi$ 答

(2) $4^2 \times \pi \times 12 \times \dfrac{1}{3}$

$= 64\pi$ 答

テーマ
39 ヒストグラム・
　　箱ひげ図・標本調査

類題 1

(1) この階級の度数8の，全体の度数40に対する割合だから，
　　$8 \div 40 = 0.2$ 答

(2) 40人なので，小さい方から数えて20番目と21番目の平均。
　　どちらも30分以上40分未満の階級にあるから，**30分以上40分未満の階級** 答

(3) 累積度数は，最初の階級からこの階級までの度数の和だから，
　　$4 + 6 + 8 = 18$ 答
　　累積相対度数は，累積度数18を全体の度数40でわって，0.45 答
　　その階級までの相対度数を加えてもよい。

類題 2

第1四分位数　第2四分位数　第3四分位数
　　9　　　　11.5　　　　16
最小値　　　　　　　　　　最大値

平均値は，$(3 + 5 + 8 + 10 + 10 + 11 + 12 + 12 + 15 + 17 + 19 + 22) \div 12 = 12$
よって，次の箱ひげ図が書ける。

類題 3

①と③は大小が対称で，①の方がちらばりが小さい。
よって，①がウ，③がイ
②は小さい値が多いのでエ，④は大きい値が多いのでア
①**ウ**，②**エ**，③**イ**，④**ア** 答

類題 4

(1) 黒玉の個数をx個とする。
　　（白＋黒）：（黒）の比として，
　　　$10000 : x = 300 : 75$
　　これを解いて，$x = 2500$
　　答 **およそ2500個**

(2) はじめに袋に入っていた小豆の数をx粒とする。
　　（小豆全部）：（印のついた小豆）の比として，$x : 200 = 160 : 10$
　　これを解いて，$x = 3200$
　　答 **およそ3200粒**

類題 5

(1) 青玉の個数をx個とする。
　　全体と赤玉の個数の比について，
　　　$(x + 100) : 100 = 18 : 3$
　　これを解いて，$x = 500$
　　答 **およそ500個**

100個

青x個 ⇒ 青x＋赤100 ⇒ 青15個 赤3個

合計 $x+100$個　合計 18個

(2) 黒ゴマの数をx粒とする。
　　全体と白ゴマの数の比について，
　　　$(x + 500) : 500 = 300 : 125$
　　　$(x + 500) : 500 = 12 : 5$
　　これを解いて，$x = 700$
　　答 **およそ700粒**

500粒

黒x粒 ⇒ 黒x＋白500 ⇒ 黒175粒 白125粒

合計 $x+500$粒　合計 300粒

類題 1

(1) 樹形図を書くと,

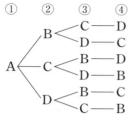

よって, 6通り ㊜

(2) 選ぶので, 書き出すと,

(白, 黒, 赤), (白, 黒, 青)
(白, 黒, 黄), (白, 赤, 青)
(白, 赤, 黄), (白, 青, 黄)
(黒, 赤, 青), (黒, 赤, 黄)
(黒, 青, 黄), (赤, 青, 黄)

の10通り ㊜

(3) 6×6 のマス目を作る。

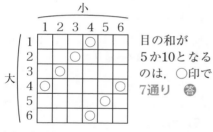

目の和が
5か10となる
のは, ○印で
7通り ㊜

(4) (鉛筆, ノート)を書き出すと,

(0, 1), (0, 2), (0, 3), (1, 0),
(1, 1), (1, 2), (2, 0), (2, 1),
(2, 2), (3, 0), (3, 1), (4, 0),
(4, 1), (5, 0), (6, 0), (7, 0)

の16通り ㊜

類題 2

(1) $2 \times 3 = 6$通り ㊜

往復するとき,

$2 \times 3 \times 3 \times 2 = 36$通り ㊜

(2) $5 \times 4 \times 3 \times 2 \times 1 = 120$通り ㊜

(3)

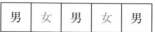

千	百	十	一

$3 \times 3 \times 2 \times 1$

千の位には, 0以外の3通り
百の位には, 千の位に入った数以外
の3通り, 十の位2通り, 一の位1通り
よって, **18通り** ㊜

類題 3 5人の並び方は,

$5 \times 4 \times 3 \times 2 \times 1 = \boxed{120}$通り ㊜

男女が交互になるのは, 次のように
なったとき。

男	女	男	女	男

男子3人を並べると,

$3 \times 2 \times 1 = 6$通り

女子の場所に女子2人を並べると,

$2 \times 1 = 2$通り

よって, $6 \times 2 = \boxed{12}$通り ㊜

男女の人数が異なるので, この場合
は男女の場所が逆にはならない。

類題 4

(1) Aがグーを出した場合の樹形図を
書くと, 下のようになる。

A　　　B　　　C
グー <チョキ——チョキ
　　　　パー　——パー

Aがチョキやパーのときも2通り
ずつあるので, $2 \times 3 = 6$通り ㊜

(2) 3人組を書き出す。

(A, B, C), (A, B, D), (A, B, E),
(A, C, D), (A, C, E), (A, D, E),
(B, C, D), (B, C, E), (B, D, E),
(C, D, E) の10通りある。

残りの2人は自動的に2人組とな
るので, $\boxed{10}$ 通り ㊜

2人組の方を書き出してもよい。

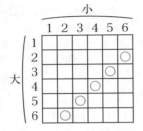

テーマ ㊶ 確　率

類題 1

(1) ○印で5通りある。

よって、$\dfrac{5}{36}$ 答

大＼小	1	2	3	4	5	6
1					
2						○
3					○	
4				○		
5			○			
6	○				

(2) 積が6に注意する。○印で4通り

よって、$\dfrac{4}{36}=\dfrac{1}{9}$ 答

大＼小	1	2	3	4	5	6
1						○
2			○			
3		○				
4					
5					
6	○				

(3) ○印で13通り

よって、$\dfrac{13}{36}$ 答

A＼B	1	2	3	4	5	6
1					
2					
3					○	○
4				○	○	○
5			○	○	○	○
6		○	○	○	○	○

(4) 2つのさいころを、A、Bとして区別する。○印で6通り

よって、$\dfrac{6}{36}=\dfrac{1}{6}$ 答

A＼B	1	2	3	4	5	6
1				○		
2					○	
3						○
4	○				
5		○			
6			○			

類題 2　できる整数は、
$5×4=20$通り

(1)

十の位の数が偶数になるので、初めに一の位の数から調べる。

一の位は2と4の2通りで、十の位は一の位に入った数以外の4通り

よって、$2×4=8$通り で、$\dfrac{2}{5}$ 答

(2) 書き出すと、12, 15, 21, 24, 42, 45, 51, 54の8通り

よって、$\dfrac{8}{20}=\dfrac{2}{5}$ 答

(3) 書き出すと、43, 45, 51, 52, 53, 54の6通り

よって、$\dfrac{6}{20}=\dfrac{3}{10}$ 答

類題 3

(1) カードの引き方を書き出すと、
(1, 2), (1, 3), (1, 4), (1, 5),
(2, 3), (2, 4), (2, 5), (3, 4),
(3, 5), (4, 5) の10通りある。

和が偶数となるのは、赤文字の4通り。

よって、$\dfrac{4}{10}=\dfrac{2}{5}$ 答

(2) 下の図のように、赤玉に1〜3、

白玉に4〜7の番号をつける。

2個の取り出し方は,

$(1, 2)$, $(1, 3)$, $(1, 4)$, $(1, 5)$, $(1, 6)$, $(1, 7)$, $(2, 3)$, $(2, 4)$, $(2, 5)$, $(2, 6)$, $(2, 7)$, $(3, 4)$, $(3, 5)$, $(3, 6)$, $(3, 7)$, $(4, 5)$, $(4, 6)$, $(4, 7)$, $(5, 6)$, $(5, 7)$, $(6, 7)$ の21通り

同じ色となるのは,赤文字の9通り

よって,$\dfrac{9}{21} = \dfrac{3}{7}$ （答）

類題 4 $b = 1$ のとき,$a = 1, 2, 3, 4, 5, 6$
$b = 2$ のとき,$a = 1, 3, 5$
$b = 3$ のとき,$a = 3, 6$
$b = 4$ のとき,$a = 1, 5$
$b = 5$ のとき,$a = 2$
$b = 6$ のとき,$a = 3$

⬇

a \ b	1	2	3	4	5	6
1	○	○		○		
2	○			○		
3	○	○	○			○
4	○					
5	○	○		○		
6	○		○			

15通りあるから,$\dfrac{15}{36} = \dfrac{5}{12}$ （答）

類題 5 2つのさいころをA,Bと区別して考える。

点Pが頂点Cに止まるのは,さいころの目の和が2か7か12のとき。

表の○印で8通りあるので,

$$\dfrac{8}{36} = \boxed{\dfrac{2}{9}}$$ （答）

A \ B	1	2	3	4	5	6
1	○					○
2					○	
3				○		
4			○			
5		○				
6	○					○

点Qが頂点Cに止まるのは,さいころの目の和が3か8のとき。

表の△印で7通りあるので,

$$\boxed{\dfrac{7}{36}}$$ （答）

A \ B	1	2	3	4	5	6
1		△				
2	△					△
3					△	
4				△		
5			△			
6		△				

よって,点 $\boxed{P}$ （答） のほうが頂点Cに止まりやすい。

			中1	中2	中3
第1章　数と式	テーマ①	分配・過不足・集金に関する文章題	●		
	テーマ②	図形に関する文章題	●	●	●
	テーマ③	速さに関する文章題	●	●	
	テーマ④	整数に関する文章題	●	●	●
	テーマ⑤	食塩水に関する文章題		●	
	テーマ⑥	原価・定価・利益に関する文章題	●	●	
	テーマ⑦	増減に関する文章題		●	
	テーマ⑧	動点に関する文章題	●	●	
	テーマ⑨	方程式の解と係数	●	●	●
	テーマ⑩	いろいろな式の展開			●
	テーマ⑪	いろいろな因数分解			●
	テーマ⑫	平方根の性質を用いた問題			●
	テーマ⑬	式の値	●	●	●
第2章　関数	テーマ⑭	1次関数の式		●	
	テーマ⑮	1次関数の変域・傾きや切片の範囲		●	
	テーマ⑯	変化の割合・変域			●
	テーマ⑰	座標平面上にある図形の面積		●	
	テーマ⑱	放物線と直線・三角形			●
	テーマ⑲	1次関数の文章題		●	
	テーマ⑳	1次関数における文字の利用		●	●
	テーマ㉑	2次関数における文字の利用			●
	テーマ㉒	関数と動点		●	●

			中1	中2	中3
第3章 図形	テーマ㉓	定規とコンパスを用いた作図	●		●
	テーマ㉔	平行線と角・多角形		●	
	テーマ㉕	三角形の合同の証明		●	●
	テーマ㉖	三角形の相似の証明			●
	テーマ㉗	平行線と面積		●	
	テーマ㉘	相似を利用して長さ・線分比を求める			●
	テーマ㉙	円 と 角			●
	テーマ㉚	円と相似			●
	テーマ㉛	三角形の内接円・外接円			●
	テーマ㉜	折り返し問題			●
	テーマ㉝	三角形の面積比			●
	テーマ㉞	特 別 角			●
	テーマ㉟	三平方の定理を利用して方程式を立てる			●
	テーマ㊱	空間図形における三平方の定理の利用			●
	テーマ㊲	立体の切断			●
	テーマ㊳	回転体の体積と表面積	●		●
第4章 データの活用	テーマ㊴	ヒストグラム・箱ひげ図・標本調査	●	●	●
	テーマ㊵	場合の数		●	
	テーマ㊶	確 率		●	

横関俊材（よこぜき　としき）
　元・学校法人河合塾数学科講師。
　わかりやすい授業・成績を伸ばす指導・数学に興味を持たせる解説
に定評があり、生徒・保護者からの信頼が厚い。中学生を対象とした
河合塾の教室長を長年務め、難関高校に多くの受験生を合格させてき
た実績がある。また、高校合格のためのオリジナルテキストやテスト
の作成にも携わり、河合塾における講師研修の中心者として授業研修
を長年行ってきた。著書に『中1数学が面白いほどわかる本』『中2
数学が面白いほどわかる本』『中3数学が面白いほどわかる本』（いず
れもKADOKAWA）がある。

かいていばん　こうこうにゅうし　ちゅうがくすうがく　おもしろ　　　　　　　ほん
改訂版 高校入試 中学数学が面白いほどわかる本

2021年2月13日　初版発行
2024年11月5日　　4版発行

よこぜき　とし き
著者／横関　俊材

発行者／山下　直久

発行／株式会社KADOKAWA
〒102-8177　東京都千代田区富士見2-13-3
電話　0570-002-301(ナビダイヤル)

印刷所／株式会社加藤文明社

●お問い合わせ
https://www.kadokawa.co.jp/ (「お問い合わせ」へお進みください)
※内容によっては、お答えできない場合があります。
※サポートは日本国内のみとさせていただきます。
※Japanese text only

定価はカバーに表示してあります。